普通高校文化传播类专业系列教材

编委会

主　　编　杨柏岭

执行主编　秦宗财

编　　委（按姓氏笔画排序）

马　梅	王玉洁	王艳红	王霞霞
卢　婷	刘　琴	阳光宁	苏玫瑰
杨龙飞	杨柏岭	肖叶飞	张书端
张军占	张宏梅	张泉泉	陆　耿
陈久美	罗　铭	周建国	周钰橱
赵忠仲	胡　斌	秦　枫	秦宗财
秦然然			

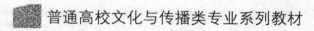

普通高校文化与传播类专业系列教材

影视非线性编辑教程

第2版

周建国　杨龙飞　编著

中国科学技术大学出版社

内容简介

　　随着数字技术特别是视频压缩技术的迅猛发展,影像传播已经成为当下信息传播的主要方式,影像制作也就越来越普及。影像创作分为前期的策划、拍摄和后期的编辑、合成两个阶段。每个阶段都与技术的发展息息相关。本书使用目前国际通用的 Adobe Premiere Pro CS4 编辑软件,介绍怎样利用数字非线性编辑软件编辑、合成一个完整的影视节目。主要包括:影视编辑技术发展概述、Premiere Pro CS4 非编系统概述、素材的采集与压缩、影视编辑程序流程、视频转场效果、运动和透明度、视频特效、字幕、音频剪辑与音频特效、输出剪辑、综合技能拓展等内容。

　　本书可以作为高等院校新闻、广告、广播电视、数字媒体等专业的实验教材,也可以作为影视制作爱好者自学用书。

图书在版编目(CIP)数据

影视非线性编辑教程/周建国,杨龙飞编著.—2版.—合肥:中国科学技术大学出版社,2020.8

安徽省高等学校"十三五"省级规划教材

ISBN 978-7-312-05023-7

Ⅰ.影…　Ⅱ.①周…②杨…　Ⅲ.视频编辑软件—教材　Ⅳ.TP317.53

中国版本图书馆 CIP 数据核字(2020)第 132599 号

影视非线性编辑教程
YINGSHI FEIXIANXING BIANJI JIAOCHENG

出版	中国科学技术大学出版社
	安徽省合肥市金寨路 96 号,230026
	http://press.ustc.edu.cn
	https://zgkxjsdxcbs.tmall.com
印刷	安徽国文彩印有限公司
发行	中国科学技术大学出版社
经销	全国新华书店
开本	787 mm × 1092 mm　1/16
印张	22
字数	521 千
版次	2015 年 8 月第 1 版　2020 年 8 月第 2 版
印次	2020 年 8 月第 3 次印刷
定价	55.00 元

总　序

　　文化传播是人类社会的本质属性,也是人类社会形成的基本途径。一部人类发展史就是一部文化传播史,走进历史和现实深处,我们便会发现,人类发展的历史就是文化传播的历史。文化传播随着人类的产生而产生,随着社会的发展而发展。文化为人们提供了宝贵的精神财富,是连接民族情感、增进民族团结的重要纽带,承载着不同国家、不同民族、不同地域各具特色的文化记忆。文化借助各种传播手段,使得人们增长见闻,了解不同时间、不同地域的历史文化,满足精神消费的需求。文化本身具有的历史和价值对于人们的生存和发展具有重要意义,不断汲取文化价值是人们获得更好发展的客观需求。文化传播与人类文明互动互进、休戚相关。没有文化传播,便没有人类的文明。

　　文化是人类社会发展动力系统中的重要一环。马克思辩证唯物主义认为,经济、政治、文化、社会、生态文明五位一体的动力系统,构成了人类社会发展的驱动力。经济动力是社会发展的基础性的、决定性的动力因素。"仓廪实而知礼节",当物质生产水平和物质生活水平极大提高以后,物质需求就不能完全满足人们的生活需要,精神需求便日益成为人们的主导需要。在此情境下,文化传播的功能已不仅仅是人们精神交往的需要了,精神娱乐和价值实现的需求更加凸显,文化因素对社会生产力的影响作用迅速增大。文化生产虽然依托于有形的物质载体(即媒介),但其核心要素是无形的精神(人的创意思维),其满足的不仅仅是视听审美,更在于提高人的科学文化水平、思想道德素质,塑造人的世界观、人生观和价值观。

　　有鉴于当代大学生亟须培养文化传播的基本素质和能力,编委会组织编写这套"文化与传播"系列教材,目的是一方面帮助大学生学习并理解社会生活中传播的现象、表现形式、发生发展规律及其社会功能等,关注传播与社会政治、经济、文化、生活的相互关系,认识传播媒介对人的作用、传播与社会发展和社会阶层的互动关系等;另一方面培养大学生文化传播的思维,以期让学生从文化传播的视角对社会发展尤其是文化的繁荣创新有更深入的了解,提高认识社会文化、理解文化传播的水平,提升分析媒体、运用媒体的能力。

　　"普通高校文化产业管理专业系列教材"为本套教材奠定了前期基础。编委会2013年组织编写面向文化产业管理专业的系列教材,由中国科学技术大学出版社陆续推出,成为全国普通高校新闻学、广告学、文化产业管理、广播电视学、旅游管理等相关专业学生的专业教材,同时也成为相关科研工作者重要的参考资料。为更好地适应新时代文化繁荣发展新形势,更好地满足高校相关专业教学研究需要,编委会决定对"普通高校文化产业管理专业系列教材"从内容到形式进行大幅度修订。

经过充分吸收前期教材使用者的反馈意见,并细致地调研国内外"文化与传播"类相关高校教材,在系统分析此类教材的共性与差异的基础上,力求编写一套既重基础,又突出差异化、特色化的系列教材。基于此,编委会经过多次邀请同行专家深入讨论,决定从文化与传播的基本理论素养、媒介与传播、文化与产业三大方面,构建"文化与传播"的知识体系。经过精心遴选,确定11部教材作为建设内容,定名为"普通高校文化与传播类专业系列教材"。本套教材编写启动于2017年7月,计划在2021年12月全部完成出版。本套教材包括《文化与传播十五讲》(杨柏岭等主编)、《数字影视传播教程》(秦宗财主编)、《广播电视新闻学教程》(马梅等编著)、《文化资源概论》(秦枫编著)、《影视非线性编辑教程》(周建国等编著)、《传媒经营与管理》(肖叶飞著)、《文化产业项目策划与实务》(陆耿主编)、《文化市场调查与分析》(阳光宁等主编)、《文化创意产业品牌:理论与实践》(秦宗财主编)、《文化企业经营与管理》(罗铭等主编)、《文化旅游产业概论》(张宏梅等主编)。在丛书主编统一了编写体例之后,由各分册主编组织人员分工编写,并由各分册主编负责统稿。最后由丛书主编、执行主编审稿。本套教材有幸入选了2017年安徽省高等学校省级质量工程"规划教材"立项项目(项目编号:2017ghjc043)。由于水平和时间的限制,书中一定存在着某些不足与错误,敬请学界、业界同行以及广大读者批评指正。

杨柏岭 秦宗财

2020年5月

前 言

　　随着数字技术特别是视频压缩技术的迅猛发展,影像传播已经成为当下信息传播的主流。影像传播之所以能成为传播主体,不仅因为技术的发展为影像传播带来极大的便利,更因为影像的传播以视觉符号和听觉符号作用于人们的感官,是最符合人类感知习惯的传播方式。因此影像传播被人们称为"无障碍传播""全息传播"。

　　影像创作分为前期的策划、拍摄和后期的编辑、合成两个阶段。每个阶段都与技术的发展息息相关。本书的主要内容就是介绍怎样利用数字非线性编辑软件编辑、合成一个完整的影视节目。

　　本书使用的编辑软件是目前国际通用的 Adobe Premiere Pro CS4。该软件功能比较全面,不仅可以对视音频素材进行随意剪辑与合成,还可以利用视音频物资功能制作丰富多彩的特技效果和栏目片头,是影视创作人员最为有效的创作工具。

　　本书有以下特点:

　　其一,本书是按照影视制作的工作流程而不是软件的功能来组织的。课程按照创作人员完成项目所使用的典型顺序步骤来编排,避免了面面俱到的各个软件功能的介绍,突出了常见的、重要的功能操作,起到举一反三的作用。力求以通俗、简洁的语言,最小的篇幅使读者尽享影视制作的乐趣。

　　其二,本书在内容上做到循序渐进,前后呼应。尽管每一章节都是相对独立的完整的内容,但是每一章都是在前一章的基础上进行了提升,前一章的内容在后一章中得到强化。因此,建议读者按照顺序进行阅读和操作。

　　其三,本书刻意避开一些数字技术的罗列,着重操作步骤的介绍和创作效果的详细分析。目的是保障那些即使不懂数字技术的文科的读者也能对软件自如操作。

　　本书各章主要内容:

　　第1章:对影视剪辑的发展历程做简单的梳理,有利于读者对影视剪辑有一个完整的、历史的把握。

　　第2章:对 Adobe Premiere Pro CS4 的硬件要求、兼容的视音频格式等进行了介绍,并结合实例对一些主要功能做了详细讲解,而不是对各种功能的面面俱到的描述。

　　第3章:主要介绍素材的采集过程,以及记录在数字磁带上的素材的采集方法。

　　第4章:通过"梦里老家"节目的具体制作过程,完整地介绍了影视后期制作的操作流程。

　　第5章:介绍了视频切换(转场)效果的运用。

第6章:介绍了"运动"和"透明"两个基本的视频特效的制作,重点是"关键帧"的设置方法。

第7章:介绍了常见的视频特效的制作和外挂插件的使用方法。

第8章:介绍了字幕窗口的特性和一些字幕特效的创作方法。

第9章:介绍了音频剪辑和音频特效的使用。

第10章:介绍了常见的几种视音频格式的输出方法。

第11章:通过四个综合操作实例把全书内容加以整合贯通。

需要特别说明的是:(1)本书有些插图中出现的椭圆(或圆)圈,是编者特意添加的,这是考虑到有些插图中的菜单命令(或按钮)比较多,或者需要操作的菜单命令(按钮)不显眼,读者一时难以找到,所以用圆圈加以框定,目的是起到引导和限定作用,以帮助读者提高阅读效率。(2)凡是连续的菜单命令(或按钮)的选择操作,用带双引号的菜单命令(或按钮)名称加斜杠表示。如要点击菜单栏的"文件"命令后弹出子菜单,然后在子菜单中再选择"新建"命令,再弹出"新建"子菜单,然后再在子菜单中选择"字幕",这样的连续选择,我们用"文件"/"新建"/"字幕"来表述。

本书在编写过程中参阅了相关的资料,如中国青年出版社出版的《Premiere Pro 2.0影视剪辑与特技108例》、清华大学出版社出版的《Premiere Pro CS4中文版入门与提高》、中国青年出版社出版的《Premiere Pro CS4从入门到精通》、北京联合出版公司出版的《中文Premiere Pro 影视动画非线性编辑与合成》、人民邮电出版社出版的《Adobe Premiere Pro CS4经典教程》等,在此向这些图书的作者表示感谢。本书中所使用的肖像图片得到了同事、学生和朋友的大力支持和帮助,特别是已毕业多年的殷帆、陈玉和陆媛媛,在此表示衷心的感谢。

随着图像处理技术的迅猛发展,近年来,Adobe公司又在Premiere Pro CS4(简称Pr CS4)的基础上开发了Preniere Pro CC(简称Pr CC),相较Pr CS4更为智能,操作更为方便。但需要在64位处理器的电脑上才能运行,考虑到多数学校的实验室机房大多数还是32位处理器的电脑,所以这次修订仍以Pr CS4为主,在第7章和第11章的结尾部分结合实例介绍了Pr CC的相关操作内容,以供参考。

本书可以作为大专院校新闻、广告、广播电视、数字媒体等专业的实验教材,也可以作为影视制作爱好者自学用书。由于编者水平的限制,书中难免有疏漏和不足之处,欢迎广大读者批评指正。

编　者

2020 年 6 月 10 日

目　录

影视非线性编辑教程

第1章　影视编辑技术发展概述

【学习目标】

知识目标	技能目标
掌握影视编辑技术的概念、分类与发展历程	理解影视编辑各发展阶段的本质区别
了解影视编辑技术的产生与发展	初步认识影视编辑技术产生与发展的规律
了解非线性编辑的特点	掌握非线性编辑特点间的关系

【知识结构】

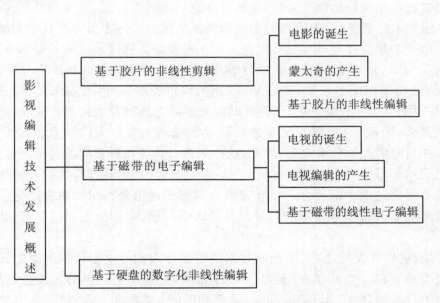

　　众所周知，电影、电视已经成为当下人们精神、文化生活中的宠儿。它们自诞生以来，便一直因其非凡的魅力而吸引着人们的关注与青睐。影视的诞生是现代科技发展的产物，影视制作也随着技术的进步而不断发展。综观影视编辑的发展历史，它经历了"合—分—合"的演变过程，也就是我们常说的"非线性编辑—线性编辑—非线性编辑"。不过前后两个时期的非线性编辑不可同日而语，可以说有着本质的区别。

现在所说的非线性编辑主要是指随着数字视频压缩技术的发展所形成的数字非线性编辑技术。而实际上,非线性编辑的雏形在影片制作的初期就已经产生,它最早诞生于电影的蒙太奇剪辑阶段,以胶片为载体的影片剪辑就具有非线性编辑的某些特点。在电视制作的初期也是一种机械式的非线性编辑方法。但由于影视记录和编辑的载体不同,非线性编辑在电视的磁带编辑时期难以发挥作用,所以,电视编辑发展出了"线性编辑"技术(又叫"电子编辑")。20 世纪 90 年代中期以后,计算机技术的发展给非线性编辑带来了新的曙光,非线性编辑以前所未有的速度进入影视制作领域,数字化技术又使得影视制作合二为一。

因此从时间上划分,影视编辑有三个发展阶段:基于胶片、磁带的物理剪辑的机械阶段,基于盒式磁带编辑的线性(电子)编辑阶段,以及基于数字视频技术的数字化非线性编辑阶段。

1.1　基于胶片的非线性剪辑

1.1.1　电影的诞生

电影是人类历史上的一大发明,照相化学、光学、机械学、电子学、声学是电影这一艺术形式诞生和发展的物质基础,电影是在这一基础上形成、充实和发展起来的。

在照相术的基础上,先驱者们为电影的诞生做出了许多努力。其中贡献最大的有:发明了感光胶片的乔治·伊斯曼,以及发明了可供一人通过放大镜观看活动影像的电影视镜的托马斯·爱迪生。1895 年 12 月 28 日,伴随着嘈杂的放映机噪声和一群晃动着的黑白无声、模模糊糊的人影,奥古斯特·卢米埃尔和路易·卢米埃尔兄弟在巴黎卡普辛路 14 号"大咖啡馆"的地下室,用具有间隙装置的电影机首次把影片放映在银幕上供多人一同观看,公映了《拆墙》《火车进站》《婴儿喝汤》《工厂大门》《水浇园丁》等 14 部影片。这在当时引起了轰动效应,因此,这一天被公认为电影诞生的日子。电影和稍后诞生的电视虽非孪生,但它们对声、光、电等媒介的依赖,确有其与生俱来的共性:都是通过视觉和听觉这两个最符合人类感知事物的感知通道来感知事物和接受信息,都是用语言符号和非语言符号表达人们对世界的认识与感悟,带给人们以视觉和听觉上的精神享受。

但是,电影在发明之初,受当时技术的限制和人们对电影认识的限制,是既没有声音又没有剪辑的。电影是在"旋盘"和"照相术"的基础上诞生的。旋盘是依据人眼的视觉暂留现象解决了"运动"的问题(速度和时间)。"旋盘"是通过静态形象的迅速、连续地出现而造成运动感觉。把连续曝光的 24 张底片在一秒钟的时间内通过摄影机或放映机的片门,就产生了正常运动的感觉,所以电影以每秒 24 格的运动速度是标准的正常运动。而照相术解决了"录影"(记录媒介)的问题。由于早期的摄影机体积较为笨重,移动起来不甚方便,所以当时的电影只是在一个恒定的位置和角度进行记录(这可能也与照相观念的影响有关),人们还不知道更换角度、更换位置对同一场景进行拍摄,一部电影其实就只是一个镜头,因为人们还没有镜头的概念,也没有景别的概念。由于是记录在胶片上,记录的载体与照相术的载体相同,受其影响,当时的电影胶片也比较短,一卷胶片(90英尺)只能拍一分钟左右,因此卢米埃尔兄弟放映的影片又称为"一分钟电影"。早期的影片长度是用英尺和格(在需要更小的单位时才用格)来计算的。每英尺影片有16格,所以以每秒24格的标准速度拍摄或放映时,每秒走片一英尺半或每分钟走片90英尺。另外,早期的摄影机是没有电动开关的,都是手摇式机械转动,一部电影也没有停机关机的概念,就是将一卷胶片摇完为止。当然,由于是用手摇动,所以摇的速度会有快有慢,很难均匀。可以说早期的电影,一部影片就是一个镜头,也是一个场景,也是一卷胶片,只是把静态的照片变成了活动的影像,是没有任何剪辑的。

1.1.2 蒙太奇的产生

爱迪生、卢米埃尔在电影发明期所拍摄的都是角度单一、机位恒定、场面刻板的纪实性影片,观众在满足了电影技术所带来的新奇感后,很快就厌弃了这种原始的视觉记录。电影摄制技术的原始,必然导致发明期电影的没落。观众期待着电影人寻找到新的语言表述方式。

当观众对电影最初的好奇心减弱之后,摆在电影人面前的问题就是要设法增加长度,用它来叙述较为复杂的情节以吸引观众。1897年,卢米埃尔拍过4部描写消防队员生活的影片,即《水龙出动》《水龙救火》《扑灭火灾》和《拯救遭难者》。这4部影片每一部大约可以放映一分钟,由于当时放映机的改善,已能将其连接成为一组影片。这便形成了影片最初的剪接,但也只是将四本影片按照原来拍摄的先后顺序用胶水将它们头尾相接,把原来的一部影片由一个镜头、一个场景构成变成了一部影片由四个镜头、四个场景构成而已,还没做到打破现实时空对镜头进行有目的的选择与组合。

紧随卢米埃尔兄弟之后的法国人乔治·梅里爱和美国人大卫·格里菲斯为电影成为艺术作出了杰出的贡献。

1896年,35岁的梅里爱对刚刚问世的电影机产生了兴趣。经潜心研究,他于1897年制成了电影机,并且在经营木偶剧场的同时又新建起了制片厂。对魔术的兴趣和对电影的喜好促成了梅里爱的成就。

最初,梅里爱只是把摄影机放在剧场里,把舞台上的表演实录下来。梅里爱的创造性完全出于偶然:有一次,他把摄影机搬到大街上拍摄街景时,他的手摇摄影机突然发生了故障,导致机器转不动了,等机械师修好后才能继续拍摄。当他事后观看拍下的影片时,惊讶地发现银幕上的一辆街车突然变成了一辆枢车,男人突然变成了女人。这个偶然的发现使他从此醉心于利用摄影机来制造种种魔法。他用手摇摄影机制造了慢镜头、快动作、停机再拍、叠化等一系列原始的技巧镜头,用在他的一大批神话片和科幻片里。这一偶发性成果,突破了一个场景只有一个镜头的观念,开始从根本上改变电影语言的叙述方式,濒于死亡的发明期电影就此重获新生。

格里菲斯对电影的贡献主要在于改变了影片的构成单位。在格里菲斯之前,构成影片的单位是场景——摄影机方位固定不变的场景。一般的影片是一部片子一个场景,长一点的影片可能有若干个场景。例如,在1904年美国的埃德温·鲍特拍摄的《火车大劫案》中已经有14个场景,并且用了剪接和特写。但是这些东西并没有使电影与舞台演出分家,剪和接无非是幕落幕起的同义词,也没有打破现实时空顺序对镜头进行选择和重新组合。而从格里菲斯起,电影的最小构成单位便改成了镜头,由若干镜头构成一个场景,再由若干场景构成一个段落,继而由若干个段落构成一部影片。正是由于他把镜头作为影片构成单位,才产生了蒙太奇的手法。格里菲斯在他的早期作品《一个国家的诞生》和《党同伐异》中都运用了著名的"最后一分钟营救法"经典剪辑。如《党同伐异》中的一段情节描述的是:一个年轻人正被押赴刑场准备执行绞刑,这时他的妻子找到了丈夫不是凶手的证据,正急忙赶去见州长,而州长又正好在外地。剪辑把这同一时间发生在不同空间的镜头交错组接在一起,而且镜头长度越来越短,形成加快的剪辑节奏,让观众看得喘不过气来。最终在正要进行绞刑的刹那间,妻子手拿赦免令赶到,营救丈夫成功。这种平行蒙太奇把紧张的情绪通过延缓的时间放大出来造成令人窒息的紧张效果。格里菲斯打破了镜头的现实时空顺序,对镜头进行选择并对顺序进行了重新排列。这应该是最初的蒙太奇剪辑。

但是格里菲斯的蒙太奇只是一个不自觉的手段,他只是注意到如何利用蒙太奇来处理场面和两个戏剧性场面之间的关系,只是作为一种更加戏剧化、对观众更有吸引力的技巧。从严格的意义上说,蒙太奇和剪辑是两回事,当年格里菲斯基本上是创造了剪辑,而不是严格意义上的蒙太奇。蒙太奇理论的真正确立和深化要到苏联导演爱森斯坦和普多夫金手里才告以完成。

1920年后,苏联成立了国立莫斯科电影学院,以库里肖夫和普多夫金为代表的学院派,以及爱森斯坦为代表的实践派在共同试验和不断地探索总结下,形成了电影的蒙太奇理论,使"蒙太奇"成为影视语法规则和影视创作思维方式。

1.1.3 基于胶片的非线性编辑

电影胶片的剪辑就是一个非线性编辑的过程,它包括胶片的裁剪、排列和组合三个环节。在剪辑影片时,剪辑师利用剪辑台把需要的镜头从胶片(一般是将底片冲洗过后再复制的)中选取并分剪开来,成为一条条独立的、可以随意组接的素材片段,然后按照导演和剪辑师的创作意图利用接片器把一个个镜头(素材片段)重新排列连接起来。这种方式很适合重新安排镜头,只要去掉胶带和接头,把影片按照新的顺序重新排列并把各个镜头再接起来即可。这种方式可以用来制作那些特别难做的镜头,可以一边琢磨,一边修改,甚至可以把整个片段抽出来重新放置到任意的部位。由此而言,电影剪辑一开始就具有非线性编辑的特点,选取随意,组合灵活,变化方便,为艺术创作提供了较大的自由度,促进了电影艺术的发展。

但是电影剪辑的过程非常复杂繁琐,包括了太多的体力劳动,而且,虽说它在镜头的组接上可以做到非线性的处理方式,但在技术上却做不到随机存取。所谓随机存取就是指剪辑人员不必按照顺序进行倒片就可以随意找到位于胶片卷中某个镜头的位置。在胶片上画面是顺序排列的,查找镜头必须按顺序进行,不能跳过间隔在其间的其他段落,如果影片能够和激光视盘这种随机存取载体一样,那么在寻找某个镜头时就不必非要经过那些并不需要用到的画面了。

电影剪辑具有某些非线性编辑的特点,但是并没有被刻意称为非线性编辑,因为当时只有电影制作采用剪辑的方式。非线性编辑这一概念的提出,实际上是相对于电子编辑(即带式线性编辑)而提出的,这还得归因于电视的诞生。

1.2 基于磁带的电子编辑

1.2.1 电视的诞生

1884年,德国工程师保罗·尼普柯发明了一种机械式光电扫描圆盘并取得专利。这种扫描圆盘把图像分解成许多个像素,根据每个像素光线的变化产生不同的电信号,通过电传把图像从甲地传到乙地。这种用机械式扫描盘进行的图像传送叫做机械传真,是电视的雏形。

1923年至1929年,电子发射管和接收管发明的成功,使图像传真成为现实。静止图像技术的发明和无线电声音广播在商业上的成功,促使人们对电视广播的发明研究产生了浓厚的兴趣。其中,俄裔美国物理学家费拉基米尔·兹沃里金于1923年获得光电发射管的发明专利权。他发明的这种光电发射管采用电子扫描技术摄取图像,取代了尼普柯的机械扫描技术,成为电视发明的重大成果之一。

电视发明史上最著名的人物是英国科学家约翰·洛吉·贝尔德。贝尔德在十分艰苦的条件下研究电视,于1924年春天实验发射和接收了一个"十"字图形。1925年10月2日,他利用尼普柯发明的扫描盘成功地完成了播送和接受电视画面的实验,并第一次在电视上清晰地显示了一个人的头像。1926年1月26日,贝尔德在伦敦作公开表演,轰动了英国及世界。贝尔德在前人研究成果的基础上,制造出了第一台真正实用的电视传播和接收设备。他的实验成功标志着电视的真正诞生。贝尔德因此被称为"电视之父"。贝尔德发明的机械电视把电视画面从英国伦敦发射传送到美国纽约。这一重大成就,证明图像是能够通过无线电远距离传送的。自此以后,电视作为一种技术上比较成熟的新型传播媒介,开始进入社会,进入人们的生活。1936年,英国广播公司在伦敦以北的亚历山大宫建成了英国第一座公共电视台,11月2日正式播放电视节目,一般公认为1936年11月2日英国广播公司电视节目的开播是世界上第一座电视台的广播。

1.2.2 电视编辑的产生

早期的电视节目大都是采取直播的形式,因为当时还没有发明录像机,没有能够记录电视节目的载体。当时的电视节目要么是用切换传送法进行现场直播,要么就是利用电影摄影机对准电视接收机屏幕把图像拍摄在胶片上,经过洗印加工后播出,这种方式不仅成本高,而且画面质量差。

磁带录像机的发明改变了电视的历史。1951年,以美国无线电公司为主的一些公司开始进行录像机和录像磁带的研究。1953年12月,宾得劳斯比研究所采用多磁迹的方法,率先推出了彩色多磁迹录像带及其播放系统,但播出的画面比较模糊,未能马上投入使用。

1956年4月，美国的安培公司率先研制出了世界上第一台实用的磁带录像机。这种录像机采用了旋转磁头和宽度为50毫米的录像磁带，磁带移动的速度为每秒380毫米，录制节目共有三个轨道，其中两个轨道用于录制图像信号，一个轨道用于录制声音信号。1958年初，该系统安装在美国最大的电视演播室并投入使用。从此，电视节目只能来源于电影式现场直播的被动局面一举结束。各国的电视台也纷纷地采用了这种办法，安培公司因此而闻名于世。随后，日本的东芝、日立、索尼等电气公司也投入了录像机的研究仿制，相继推出了自己的机型。日本的胜利公司另辟新径，发明了使用25毫米宽度录像带的新型录像机。

20世纪70年代初，日本的东芝、日立、索尼等公司联手合作，共同研究出了一种"U"制式的录像机，把磁带的宽度降低到19毫米，并开始使用盒式录像带，从而使录像机向简单化、小型化的方向迈出了重要的一步。到了20世纪70年代中期，使用25毫米磁带的录像机逐渐地取代了50毫米磁带的录像机，作为专业用的高级录像机被各国电视台广泛应用。

20世纪70年代初出现了小型化的家用录像机，最先是由荷兰菲利普公司推出的。这种录像机使用的磁带盒为正方形，带宽只有12毫米左右，销路极佳。日本索尼公司紧随其后，对自己生产的"U"制式录像机加以改进，也制成了一种家用录像机，命名为"BETA"规格，带宽也为12毫米左右，但磁带盒为长方形。与此同时，日本胜利公司也推出了另一种"VHS"规格的家用录像机，磁带宽度与菲利普和索尼相同，但带盒要稍大一些。随后，各厂家在录像带的录放时间上进行了激烈的竞争，以力保和拓展自己的市场。进入20世纪80年代后，以索尼为首的"BETA"集团联合研制，率先推出了一种集摄、录、放为一体的新型录像机，从而又为录像机家族增加了一个新品种。

20世纪90年代以后，随着电视技术的迅速发展，新一代的数字式录像机、高清晰度录像机、激光视盘等均已相继问世。近年来，人们又发明将摄像机拍摄的信号记录在闪存卡（盘）上，普及也许只是一个时间问题。

电视编辑技术和磁带录像技术有着密切的联系。在20世纪50年代末期，人们只能用把录像带剪断再粘接起来的方法进行画面剪辑，这就是所谓的机械剪辑。与电影的剪辑一样也被称之为剪辑。安培公司于1958年推出了一种录像带剪辑机，使这种方法更加简便易行，其他厂家纷纷仿效安培公司的做法，专业化的磁带编辑方法就这样诞生了。

这种磁带编辑方法与电影剪辑有相似之处，也是在物理实体上用极薄的金属胶带把两段录像带粘接起来完成镜头的组接。但是这种方法有着突出的弱点：首先，它虽然也具有非线性编辑的特点，但不能做到素材的随机存取，影响了非线性优越性的发挥，由于在编辑过程中要直接接触磁带，容易造成磁带的损伤；其次是要剪断原版的素材带（通常称为母带），编辑人员不能重复使用这些画面；还有就是这种方法编辑精度也不高。剪断磁带与剪短胶片还是有区别的，胶片经曝光冲洗后是可以直接看到画面的，一幅画面就是一格，24幅画面就是一秒，很精确；但是磁带上的信号是肉眼看不见的，即使我们在监视器上看到的很精确，但一旦被剪断再重新粘接就不是很准确了。所以这种剪断磁带的编辑方法在电视编辑中没能形成气候，而被线性编辑所取代。

1.2.3　基于磁带的线性电子编辑

电子编辑系统的出现解决了前述的这些问题。第一台电子编辑机于20世纪60年代初问世,采用这种方法不必剪断录像带就能进行画面剪辑。电子编辑就是用电子控制的方法完成录像带的节目编辑工作。通过电子方式把录制好的多个原始素材按照艺术要求进行筛选、重新排列,配上对白和音乐效果使之成为一个完整的节目,再按顺序转录到另外一盘磁带上的过程。这是电子编辑刚出现时的基本形式,并延续至今。

电子编辑主要得益于时间码的发明。为提高编辑精度,尤其是为提高编辑工作效率,故在专业级和广播级的录像机中,在记录视频图像的同时又加入了一个能够反映视频画面顺序、数目、时间、位置等内容的信息,记录在磁带某一特定的位置上,该信息称为时间码(Time Code,简称TC码)。它由一系列电脉冲组成,代表了具体的二进制数字,采用专门电路对应于每一帧图像在磁带上记录一个时间地址,计数方式按照××小时××分钟××秒××帧的形式,每一帧画面都对应一个特定的时间地址码组,这个码组不但包含画面的帧数、秒、分、小时等内容,而且用户自己还可以把拍摄该节目的年月日、摄像机编号、演播室编号等信息同时以数码的形式记录在时间码磁迹中,给磁带的操作使用带来了极大的方便。

时间码是一种绝对地址码,记录在磁带上的时间码和视频信号有着严格的对应关系,因此,无论从哪个位置开始重放磁带,显示的都是该位置的绝对时间信息。它与CTL码不同的是:编辑机的计时器清零按钮对它不起作用,只有录制时才能改变时间码。CTL信号是磁迹控制信号(Control)的缩写,它与TC码相似,是帧频方波脉冲,每25个CTL脉冲为1秒。它也是记录磁带上画面的地址信息,只不过是相对地址,计时器可以对它清零,便于计算每个镜头的长度。编辑入点清零,编辑出点的时间即为该剪辑的"镜头"长度。但是高速走带时,磁头与磁带会接触不良,丢失TCL信号,磁粉脱落也会造成计数误差,所以编辑精度不够高。但是一般来说在设置编辑入点和出点时,都是慢速播放,所以经常运用TC码和CTL码来编辑素材。

有了时间码,编辑人员可以利用时间码轻松地在素材带上找到所需素材,然后通过设置入点的时间码和出点的时间码,将入出点之间的画面复制到编辑带上。播出人员利用它即可准确地找到片头,从而避免出现失误,充分发挥自动播出系统的优越性。

在如今的数字化非线性编辑中,时间码同样起到非常重要的作用。只要输入素材起始点和结束点的时间码,系统就可实现自动采集。剪辑一段素材的长度同样以时间码作为标准来考量。电视节目制作和播出系统正走向计算机网络化,在节目采、编、播中都统一使用时间码,将极大地提高工作效率及质量,充分体现计算机网络化的优越性。

从电影和磁带的机械剪辑方法与磁带的电子编辑方法的比较中,我们可以看出磁带电子编辑方法的特点是顺序记录的,所有的素材都被连续记录在磁带上,编辑时,需要通过来回倒带选取所需的素材。一旦编辑好以后,如果要修改某一段的长度,必须将整条磁带重新翻录,因为不可能将镜头之间的磁带剪断,也不可能延长,因此被称作线性编辑,即连续的带式编辑,而电影剪辑则具有非连续的随机性的特点。

1.3 基于硬盘的数字非线性编辑

随着数字技术和计算机技术的迅猛发展,尤其是计算机图像图形处理技术和大容量数据存储载体的发展,1988 年出现了基于硬盘的数字非线性编辑系统。数字非线性编辑系统是通过对音、视频信号的数字化处理来实现的。具体而言,数字非线性编辑系统在编辑过程中以计算机取代磁带录像、录音设备,而将输入的模拟形式或数字形式的图像及声音信号转换为计算机数据,以文件的形式存储在大容量数据存储媒体(通常为大容量硬盘)中,并以计算机为工作平台,通过相应的软件支持,对所存的素材随机进行调用、浏览、挑选、处理和组合。编辑结果可以随时演示并及时修改,在编辑过程中还可以同时完成对素材的亮度和色度的调整及字幕生成,加入各种镜头转换特技以及完成各种特殊处理。这些主要都是依靠各种软件和计算机硬件的扩展来完成,不再需要其他常规电视制作所需的专用设备,从而形成了一种全新的数字式的非线性后期编辑方式。它集电影胶片剪辑方式的灵活和电视的电子编辑的快速方便优势为一体,为影视节目制作者提供了前所未有的、简便高效的后期制作工具。

由于现在数字摄像机拍摄的高清数字信号远远高于以往的模拟信号,画面的分辨率达到甚至超过了电影胶片的质量标准,因此电影电视的制作都采用了数字化非线性编辑,影视制作趋于合一。

非线性编辑是相对于线性编辑而言的,具体是指可以对画面(当然也包括声音)进行任意组合而无需从开始一直顺序编到结尾的影视节目制作方式,以视听信号能够随机记录和读取为基础。在非线性编辑时,可以随时任意选取素材,无论是一个镜头还是镜头中的一段;可以交叉跳跃的方式进行编辑;对已编部分的修改不影响其余部分,无需对其后面的所有部分进行重编或者再次转录。

非线性编辑首先要具有两个特征:第一,它在编辑上必须是非线性的,必须能够很容易地改变镜头顺序,而且不影响已经编辑好的素材;第二,在素材的选取上必须做到随机存取,所谓随机存取就是说素材可以在任意时间非常方便快捷地获取。也就是说,不需要像在磁带上查找素材那样进行卷带搜索,只能在一维的时间轴上按镜头的记录顺序逐一搜索,不能跳跃进行。这样既影响了编辑效率,又伤害录像机的伺服系统和放像磁头。

总体来说,非线性编辑具有以下几个特点:

(1) 信号处理数字化

非线性编辑的技术核心是将视频信号作为数字信号进行处理,非线性编辑是以文件为操作基础的。实际上,非线性编辑系统是一个扩展的计算机系统,它的一切操作都符合计算机的操作规范。非线性编辑系统进行工作时,首先要把所有需要处理的素材,包括录像带上的视频信号、线路上传输的视频信号等,经过数字化采集后转换成数字图像文件的形式，只不过这个图像不同于以往的静态图片文件，而是活动的影像，画面的内容随时间的变化而变化，是一个有时间长度的活动影像文件，通常称之为视频文件。这种数字化的视频文件在存储、复制和传输过程中不易受干扰，不容易产生失真，存储的视音频信号能高质量、长久地保存和多次重放，无论复制多少次图像的信号质量都不会下降。

（2）素材存取随机化

在非线性编辑系统中可以做到随机存取素材，这是由它对记录载体的控制方式决定的。非线性编辑的存储媒介以盘基为基础，采用硬盘为记录载体，硬盘的表面用一个个同心圆划分成磁道，数据是记录在磁道上，用编码的方式写入，使盘层磁化，不同的磁化状态表示"1"和"0"。视音频素材是一个个以文件的形式记录在硬盘上的数据块，每组数据块都有相应的地址码，查看素材就是通过硬盘或光盘上的磁头来快速地访问这些数据块，硬盘的磁头取代了录像机磁头来完成素材的选取工作。硬盘的磁头与录像机的磁头工作原理完全不同，它以跨越式、随机性的非线性方式来读取数据，因此访问不同的视音频文件是很容易的，画面可以很方便地随机调用，省去了磁带录像机线性编辑搜索编辑点的卷带时间，大大加快了编辑速度，提高了编辑效率。

（3）编辑方式非线性

线性编辑的过程是从一盘录像带挑选镜头并按特定次序复制到另一盘录像带上，它的工作实质是复制；而非线性编辑并不是复制具体的节目内容，而是将素材中所要画面的镜头挑选出来，得到一个编辑次序表，非线性编辑的实质是获取素材的数字编辑档案，更突出了素材调用的随机性，可以任意组合、方便灵活，编辑人员可以不受硬件功能的限制，将时间和精力投入到艺术创作之中。

非线性编辑有利于反复编辑和修改，发现错误可以恢复到若干个操作步骤之前。在任意一编辑点插入一段素材，入点以后的素材可以自动向后移动；删除一段素材，出点以后的素材可以自动向前补，整段内容的插入、删除、移动都非常方便，这样编辑效率就得以大大提高。

在具体运用中对镜头顺序可以任意编辑，可以从前到后进行编辑，也可以从后往前编辑；可以把一段画面直接插入到节目的任意位置，也可以把节目中的任意画面从编辑线（时间线）上删除，既可以把一段画面从一个位置移动到另一个位置，也可以用一段画面覆盖另一段画面。

（4）合成制作集成化

从非线性编辑系统的作用上看，它集线性编辑系统的放像机、录像机、切换台、特技台、调音台、字幕机等设备于一身，几乎涵盖了所有的后期制作设备。它省掉了线性编辑系统蛛网般的各种连接线，操作方便，性能均衡，大大简化了硬件结构，实际降低了整个系统的投资运行成本。

在接下来的章节中，就让我们来感受非线性编辑的无穷魅力吧。

◆ **内容提要**

影视行业在我国社会主义市场经济中占有重要的地位,是公认的朝阳产业,对于促进改革开放和现代化建设、维护社会稳定、丰富人民群众精神文化生活等方面具有不可替代的作用。本章主要介绍了影视编辑技术的总体概念,简述了影视编辑技术的发展历程,论述了影视编辑技术各阶段产生与发展的规律以及非线性编辑的主要特征,有利于读者对影视剪辑有一个历史性、完整性的认识与把握。

◆ **关键词**

影视编辑技术　　非线性编辑　　线性编辑　　蒙太奇　　数字技术

◆ **思考题**

1. 线性编辑与非线性编辑的本质区别是什么?
2. 磁带编辑与电影编辑最突出的弱点有哪些?
3. 影视编辑经历了哪几个发展历程?
4. 非线性编辑的特点是什么?
5. 比较影视编辑各阶段的优缺点?

第2章　Premiere Pro CS4 非编系统概述

【学习目标】

知识目标	技能目标
了解 Premiere Pro CS4 对计算机硬件要求	掌握 Premiere Pro CS4 对计算机的硬件要求
认知 Premiere Pro CS4 的基本概况	掌握 Premiere Pro CS4 兼容视音频格式
了解 Premiere Pro CS4 工作界面基本知识	掌握熟练使用 Premiere Pro CS4 工作界面
了解 Premiere Pro CS4 时间线窗口的使用方法	掌握时间线窗口的基本操作

【知识结构】

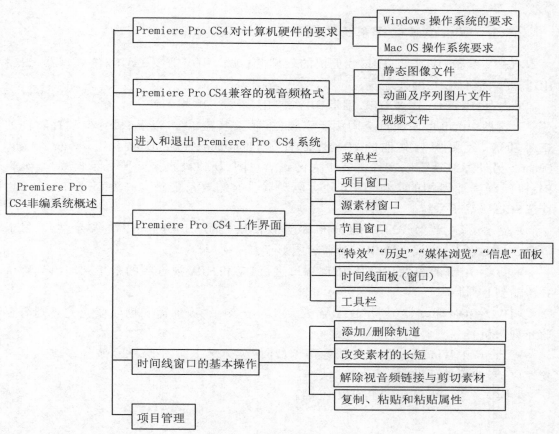

在使用 Premiere Pro CS4 非编系统之前,首先了解一下该系统的基本概况。

Premiere Pro CS4 是 Adobe 公司开发的一款非常优秀的非线性视音频编辑软件。它集视频、音频编辑于一身,加之与该公司的其他图形、图像处理软件如 Adobe Photoshop、Adobe After Effects、Adobe Illustrator、Adobe Flash、Adobe Encore 等无缝对接,所以被广泛地应用于电视节目制作、广告制作及电影剪辑等领域。它可以对 3D 的动态视频文件或者 DV 拍摄的视频素材进行专业处理并输出多种格式的影像文件。在 Premiere Pro CS4 之前,Adobe 公司先后开发了 Premiere 4.0、4.2、5.0、5.1、5.5、6.0 和 6.5,之后又开发了 Premiere Pro 1.0、Premiere Pro 1.5、Premiere Pro 2.0 和 Premiere Pro CS3,每次改进都使视音频处理更为方便和快捷,且兼容的视音频格式越来越多,相对于市面上其他同类的非线性编辑软件而言,其功能更为全面,可以满足各种家庭和个人以及专业化的视音频产品的创作需求。

2.1　Premiere Pro CS4 对计算机硬件的要求

随着 Premiere Pro CS4 的版本越来越高,对视频、音频文件处理能力越来越强,软件系统对硬件要求也相应提高。Premiere Pro CS4 可以运行于 Windows 等不同的操作系统。

2.1.1　Windows 操作系统的要求

➢CPU:编辑 DV 需要 1GHz 或更快的处理器;编辑 HDV 需要 3.4GHz 的处理器;编辑 HD 需要双核 1.8GHz 的处理器。

➢内存:编辑 DV 需要 1GB,编辑 HDV 或 HD 需要 2GB(推荐使用 4GB)。

➢硬盘:10GB 可用硬盘空间用于安装(推荐安装盘 50GB 以上,因为要发挥软件的兼容功能,还要安装其他的兼容性软件如 Photoshop、After Effects、Illustrator、Flash、Encore;另外存放视音频文件需要更大的磁盘空间,所以硬盘空间要尽量大些)。编辑 DV 和 HDV 需要专用的 7200 RPM 硬盘驱动器,HD 需要条带磁盘阵列存储(RAID 0),首选 SCIS 磁盘子系统。

➢显示设备:至少 1024×768 分辨率(建议使用 1280×1024 分辨率的显示器)。显卡需要 256MB 以上,建议 OpenGL 1.0 兼容图形卡。

➢需要 OHCI 兼容性 IEEE 1394 端口进行 DV 和 HDV 视音频的采集和输出到磁带并传输到 DV 设备。

➢DVD-ROM 驱动器(创建 DVD 需要 DVD+-刻录机,如需要创建蓝光光盘则需要蓝光刻录机)。

➢Microsoft Windows DirectX 兼容声卡(环绕立体声支持需要 ASIO 兼容多轨声卡),麦克风、音响等外部设施。

➢操作系统:Windows XP 或以上系统。

2.1.2　Mac OS 操作系统要求

➢多核Intel处理器。

➢Mac OS X10.4.11–10.5.4版。

➢1GB（建议使用4GB）内存。10GB可用硬盘空间（建议50GB 以上）。

➢1180×900分辨率显示器，OpenGL 1.0兼容图形卡。

➢编辑DV和HDV需要专用的7200 RPM硬盘驱动器，HD需要条带磁盘阵列存储（RAID 0），首选SCIS磁盘子系统。

➢DVD-ROM驱动器（创建DVD刻录需要SuperDrive），如需要创建蓝光光盘则需要蓝光刻录机。

➢Core Audio兼容声卡。

2.2　Premiere Pro CS4兼容的视音频格式

Premiere Pro CS4具有广泛的硬件支持和高清视频支持，而且支持无磁带工作流。Premiere Pro CS4不但支持价格便宜的用于DV（数字视频）和HDV（压缩的高清视频）格式编辑的廉价计算机，也支持用于采用高清（HD）视频的高性能工作站，可以支持目前存在的任意一种高清格式，包括HDV、AVCHD、XDCAM HD、DVCPRO HD、D5-HD和4K电影胶片扫描；在任何分辨率（720p、1080i、1080p）和帧速率（24帧/秒、23.98帧/秒、30帧/秒、60帧/秒等）下都支持这些格式。还支持基于闪存盘的格式文件，如P2、m2ts和手机拍摄的3GP等格式文件。

2.2.1　静态图像文件

➢JPEG：这是常见的图片格式文件，是专门为了存储照片而开发的文件格式，也是一种高效率的图像压缩格式。

➢PSD：这是Adobe Photoshop的专用格式，可以存储为RGB和CMYK色彩模式。

➢BMP：这是Microsoft Windows定义的文件格式。它是最普通的位图格式之一，是Windows系统下的标准格式。

➢GIF：这是英文Graphics Interchange Format（图像交换格式）的缩写，是Compuserve公司为方便网络和BBS用户传送图像数据而制定的一种图像文件格式，用于各种操作平台。

➢TIFF（TIF）与EPS：TIF是英文Tag Image file Format的缩写，它与EPS格式类似，都包含两个部分，一是屏幕显示的低分辨率影像，以方便图像处理时的预览和定位；二是包含各个分色的单独资料。TIF常用于彩色图像扫描，也是桌面出版和计算机操作平台之间的交换图片格式。而EPS格式是以DCS/CMYK的形式存储。

➢TGA：是计算机上应用最广泛的图像格式，具有JPEG的体积优势，并且还带有通道效果和方向特点，是后期制作经常遇到的文件格式。

此外,还支持 AL、PCX、PTL、FLV、PNG、ICO 等静态格式文件。

2.2.2　动画及序列图片文件

Premiere Pro CS4还支持以下动画及序列图片文件:AL、PSD、GIF、FLI 和 FLV、TIF、FLM、TGA、BMP、PIC 文件格式等。

2.2.3　视频文件

➢AVI:这是一种视像和音频交叉记录的数字视频文件格式。

➢MPEG:MPEG 是 Moving Pictures Experts Group(动态图像专家组)的缩写,是由国际标准化组织 ISO(International Standards Organization)与国际电工组织 IEC(International Electronic Committee)于 1988 年联合制定的音视频格式。MPEG 是运动图像压缩算法的国际标准,也是最常见的视频格式之一,如常见的 VCD 和 DVD 视频均是使用 MPEG 压缩算法。

➢MOV:Premiere Pro CS4 支持由视频编辑软件生成的 mov 格式的文件(需要安装 QuickTime)。QuickTime 是 Apple 公司开发出的一种音视频格式。由于 QuickTime 可以在保持音视频质量的前提下提供较高的压缩比,且可以跨平台使用,因此在业内得到广泛的认可。

➢DV:由 DV 摄像机拍摄的数字视频。

➢Windows Media Player 文件包括*.wma、*.wmv、*.asf。

2.3　进入和退出 Premiere Pro CS4 系统

步骤 1:用鼠标左键单击①(以下简称单击)电脑桌面"开始"/"所有程序"/"Adobe 文件夹"(如果安装了该公司的其他系列软件就会有这个文件夹)/"Adobe Premiere Pro CS4"[或者将快捷图标 Pr 拖放到桌面,在桌面用鼠标左键双击(以下简称双击)打开],弹出如图 2-1 所示的界面。

这个界面有一个"最近使用项目"和"新建项目""打开项目""帮助"三个按钮。

➢ 最近使用的项目:在图中可以看到"最近使用的项目"下面有两个项目名称,Premiere Pro CS4系统会记住创作人员最近打开的 5 个项目名称。按照打开的时间顺序排列,时间最近的一个排在最上面,时间最远的一个排在第五个。它的好处是不需要找到这 5 个项目中的某个项目此前保存的路径和名称就可以直接打开,这样可以提高工作效率。

---

① 为便于行文和理解,本书中所述"单击"意指"用鼠标左键单击";所述"双击"意指"快速连续地击打两下鼠标左键";"右键"意指"单击鼠标右键"。

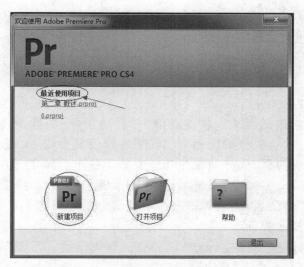

图2-1

➤ 新建项目：创建一个新项目。如果是第一次打开系统，必须新建一个项目。

➤ 打开项目：打开一个已经保存过的项目文件。如果项目文件不是最近使用过的5个项目之内的，则需要通过打开项目，找到存放的路径，才能打开。

➤ 帮助：打开帮助文档，获取帮助信息。一般通过互联网获取帮助信息。

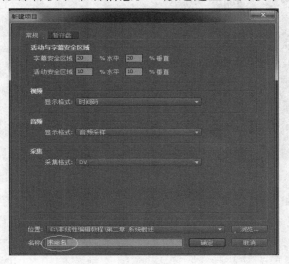

图2-2

步骤2：对于新用户，点击"新建项目"，弹出如图2-2所示的"新建项目"界面。

这里的"常规"下的"活动与字幕安全区域"、"视频"的"显示格式"和"音频"的"显示格式"以及"暂存盘"建议保持系统默认，只有"采集"可以根据需要设置为DV或者HDV。

需要注意的是最下面两项：

（1）位置。即保存的路径和位置。系统默认的保存路径是 D:\"我的文档"\"Adobe"\"Premiere Pro"\4.0\"未命名 .prproj"。一般在进行视频编辑时，需要很大的硬盘空间,所以最好把它保存到一个单独的空间较大的磁盘中。可以通过点击"位置"右边的"浏览"按钮,对其保存位置进行设置。本例的位置是:E:\"非线性编辑"\"第二章概述.prproj"。很多初学者经常是使用默认设置,但保存后却不知道存在哪里,难以查找。

(2)名称。在 Premiere Pro CS4 之前的 CS3 或 2.0 版本中,必须要给项目起一个名称才可以进入系统。这是因为该软件有一个"自动保存"功能,每隔一段时间(默认为20 分钟)自动保存一次。视频编辑相对于文字编辑要复杂得多,耗时也大,一旦出现断电或其他故障就会前功尽弃,自动保存功能解除了这个后顾之忧。而要保存就必须要有名称,在 Premiere Pro CS4 中,系统默认为"未命名",如果不给项目命名,就点击"确定"按钮,系统就以"未命名"为名称进入系统。最好给项目起个名称,然后点击"确定"按钮,弹出如图 2-3 所示界面。

在图 2-3 中的对话框中有三个选项面板,即"序列预置""常规"和"轨道"。

步骤 3:在"序列预置"的"有效预置"中可以根据需要选择不同的编辑模式。展开"DV-PAL"文件夹,选中"标准 48kHz"。如图 2-4 所示,其参数概要如图 2-5 所示。

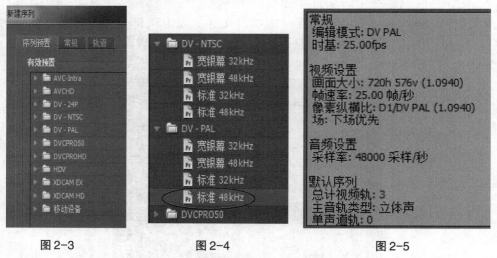

图 2-3　　　　　　图 2-4　　　　　　图 2-5

这里的"NTSC"和"PAL",是世界彩色电视三大制式的两种,还有一种是"SECAM"。NTSC 制式是美国在 1953 年 12 月制定的电视标准,并以美国国家电视系统委员会(National Television System Committee)的缩写命名,它的帧频为每秒 29.97 帧,每帧画幅大小为 720×480。美洲大部分国家、日本、韩国等国家使用 NTSC 制式。PAL 制式是英文 Phase Alternation Line(逐行倒相)的缩写,是德国在 1962 年制定的彩色电视标准。该制式采用逐行倒相正交平衡调幅的技术方法,克服了 NTSC 制式相位敏感造成的色彩失真的缺点。其帧率为每秒 25 帧,画幅大小为 720×576。德国、英国等一些欧洲国家和澳大利亚、新加坡、中国等国家使用 PAL 制式。SECAM 制式是 1966 年由法国制定的,与PAL 制式有着同样的帧速率与扫描线数。法国、俄罗斯、中东及非洲大部分国家使用SECAM 制式。不同的制式,其帧速率和画幅大小是不同的,所以要根据需要来选择。其余的模式为电影格式和高清格式。

步骤4：点击"常规"面板，可以设置视频的画面大小、像素纵横比、场序、音频采样率及显示格式等，如图2-6所示。"常规"设置也可以在编辑界面中的"编辑"中设置。

步骤5：单击"轨道"面板，可以设置视频轨道数量、音频轨道数量，如图2-7所示。添加和删除轨道也可以在编辑界面的时间线面板中设置。

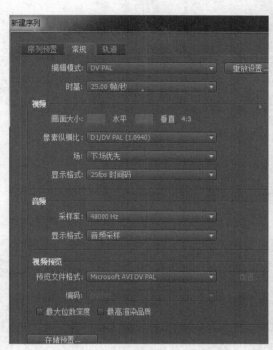

图2-6

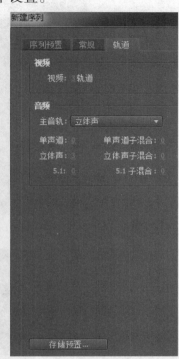

图2-7

步骤6：设置完成后，单击"保存（存储）预置"按钮，可以将自定义设置保存为下次可选的预置模式，在对话框中输入需要的内容保存即可，这样，下次新建项目时就可以直接选择这个自定义的项目编辑模式。存储对话框如图2-8所示。

步骤7：如果要删除不需要的自定义模式，先在有效设置列表中选中该模式的名称，然后单击如图2-9所示面板左下角的"删除预置"按钮即可。

步骤8：选择需要的编辑模式后，单击"确定"按钮，即可进入编辑工作界面，此时才可进行正式的编辑操作。

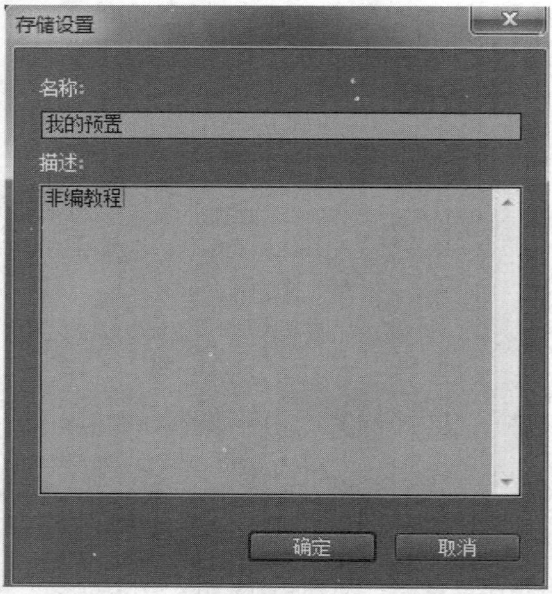

存储设置

名称:
我的预置

描述:
非编教程

确定　取消

图 2-8

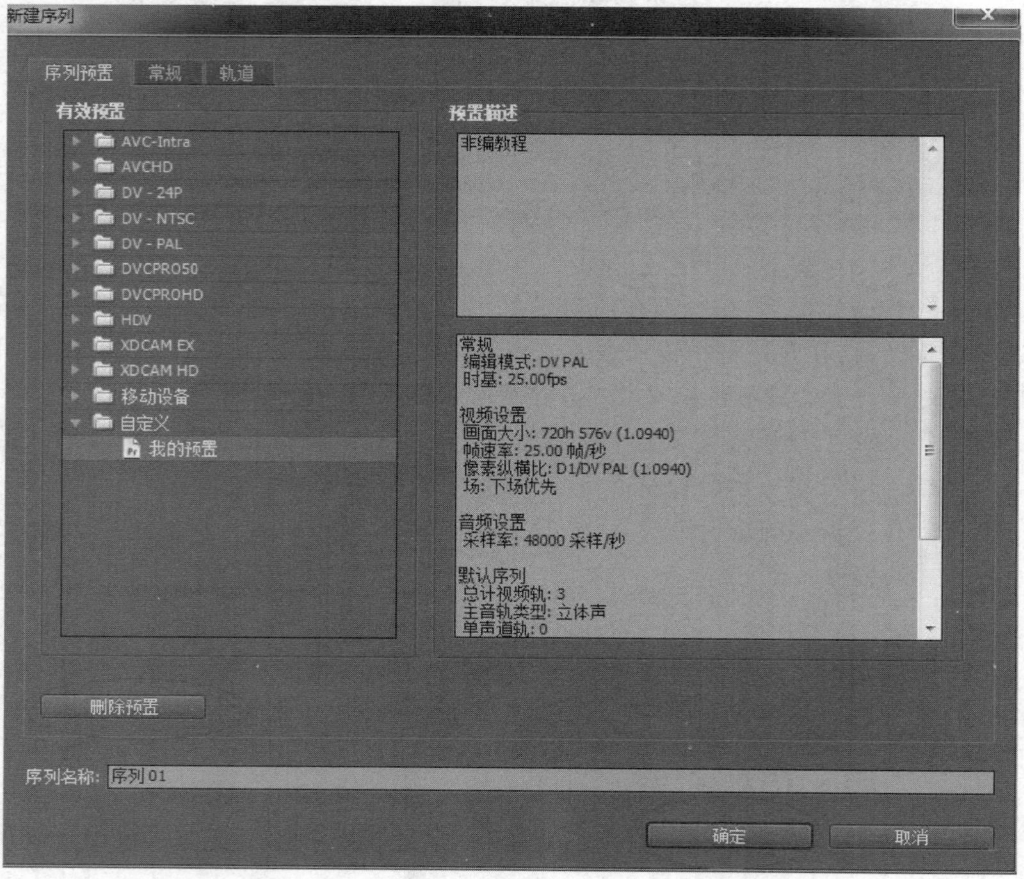

新建序列

序列预置　常规　轨道

有效预置

▶ AVC-Intra
▶ AVCHD
▶ DV - 24P
▶ DV - NTSC
▶ DV - PAL
▶ DVCPRO50
▶ DVCPROHD
▶ HDV
▶ XDCAM EX
▶ XDCAM HD
▶ 移动设备
▼ 自定义
　　 我的预置

预置描述

非编教程

常规
编辑模式: DV PAL
时基: 25.00fps

视频设置
画面大小: 720h 576v (1.0940)
帧速率: 25.00 帧/秒
像素纵横比: D1/DV PAL (1.0940)
场: 下场优先

音频设置
采样率: 48000 采样/秒

默认序列
总计视频轨: 3
主音轨类型: 立体声
单声道轨: 0

删除预置

序列名称: 序列 01

确定　取消

图 2-9

如果编辑完成或中途需要退出编辑系统，可点击工作界面右上角的"×"号，在弹出的"是否保存"的对话框中选择"是"。或者在菜单栏单击"文件"/"保存"，又或者按键盘上的"Ctrl＋S"组合键保存。这时无需给项目命名及设置保存路径，因为在进入系统时项目已经被命名并设置好了保存的路径和位置。

2.4 Premiere Pro CS4工作界面

Premiere Pro CS4的工作界面如图2-10所示。

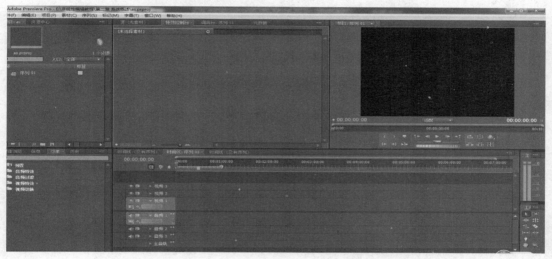

图2-10

Premiere Pro CS4的工作界面主要由菜单栏、"项目"面板、"特效"面板、监视器、"时间线"面板和工具栏组成，也有的把"面板"叫做"窗口"。

2.4.1 菜单栏

Premiere Pro CS4的菜单栏主要由"文件""编辑""项目""素材""序列"（时间线）"标记""字幕""窗口"和"帮助"组成，如图2-11所示，主要是为编辑工作提供一般的操作和属性设置，下面将逐一进行介绍。

| 文件(F) 编辑(E) 项目(P) 素材(C) 序列(S) 标记(M) 字幕(T) 窗口(W) 帮助(H) |

图2-11

1. 文件

"文件"菜单主要用于对项目文件进行操作，包括新建、打开、保存、采集、导入（输入）、输出（导出）、退出等。单击"文件"菜单，将弹出如图2-12所示的子菜单。

图 2-12   图 2-13

"文件"菜单的各主要命令的含义如下。

➤新建：单击"文件"/"新建"，弹出如图2-13子菜单，可以新建项目、序列、字幕、黑场视频、彩色蒙板等。

➤打开项目：打开一个已经存在的项目文件。

➤打开最近项目：打开近期使用过的项目文件，会显示5个最近使用的项目文件。

➤关闭：关闭当前窗口。

➤存储：保存当前编辑的项目文件。右边对应的是组合快捷键，要养成使用快捷键的习惯，这样会提高工作效率。

➤存储为：将当前编辑的项目文件重命名后保存到另一位置。

➤存储副本：将当前编辑的项目文件重命名后保存一个备份，但不改变当前编辑的项目文件名。

➤返回(回复)：取消当前操作，回到上一步操作。

➤采集：利用采集卡、外联设备(如摄像机等)和软件把多媒体素材(如DV磁带等)采集到电脑硬盘上。

➤批量采集：自动或手动采集多段素材或一段素材的多个片段内容。

➤导入：将需要处理的素材从硬盘中导入到"项目"窗口。

➤Adobe动态链接：将当前项目和提供的其他程序建立链接关系并进行处理。

➤输出：将编辑好的项目输出成可以单独播放的各种格式的视音频文件。

➤导入剪辑注释评论：导入素材对象的注释。

➤获取信息自：获得素材或某一指定文件的属性，可以从中了解到该素材的文件大小、视音频轨道的数目、长度、平均帧率等相关属性。

➢ 定义素材：设置视频素材的信息。只有选中项目素材库中的素材时，定义素材才有效。

➢ 时间码：设置素材的时间码或磁带名。

➢ 退出：退出 Premiere Pro CS4 程序。

2. 编辑

"编辑"菜单主要用于一些常规的编辑操作，其子菜单如图2-14所示。

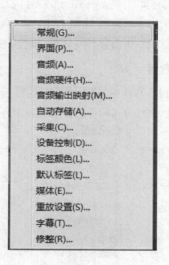

| 图 2-14 | 图 2-15 |

"编辑"菜单中各主要命令的含义如下。

➢ 撤销：取消对项目文件所作的最后一次修改，并恢复到最后一次修改前的状态。

➢ 重做：恢复到上一步的操作。

➢ 剪切：剪切选定的素材区域并存入剪贴板，以备粘贴。

➢ 复制：复制选定的素材区域并存入剪贴板，以备粘贴。

➢ 粘贴：将剪贴板的内容粘贴到指定的位置。

➢ 粘贴插入：将复制或剪切的内容在指定的位置进行插入粘贴。

➢ 粘贴属性：执行该命令，将所选对象的属性粘贴到指定的对象上。

➢ 清除：将所选中的内容删除掉。

➢ 波纹删除：执行该命令删除"时间线"窗口中选中的素材后，被删除的素材后面的内容会自动向前靠拢，和被删除素材前面的内容连在一起。

➢副本：制作素材的副本。

➢全选：选择所有的素材或对象。

➢取消全选：取消对所有素材的选择。

➢查找：根据名称、标签、类型、持续时间或出入点在"项目"窗口中定位素材。

➢标签：用于定义时间线窗口中素材的颜色，即标签颜色。

➢编辑原始素材：将所选的素材进行原始化编辑。

➢在 Adobe Audition 中编辑：执行该命令，打开 Adobe Audition，在 Adobe Audition 中进行编辑。

➢在 Adobe Soundbooth 中编辑：执行该命令，打开 Adobe Soundbooth 软件，在 Adobe Soundbooth 中进行编辑。

➢在 Adobe Photoshop 中编辑：执行该命令，打开 Adobe Photoshop 软件，在 Adobe Photoshop 中进行编辑。

➢自定义快捷键：用于定制快捷键，执行该命令，将弹出"键盘设置"对话框。

➢首选项：主要对保存格式、自动保存等一系列的环境参数进行设置，其子菜单如图 2-15 所示，共有 14 种环境参数。如果不进行设置，系统保持默认值。

3. 项目

"项目"菜单主要用于对项目进行具体的操作，如设置项目、自动适配到时间线等。"项目"菜单的子菜单如图 2-16 所示。

图 2-16

图 2-17

其各主要命令含义如下。

➢项目设置：设置素材的项目参数，包括常规设置和暂存盘设置。其子菜单如图 2-17 所示。

➢链接媒体：将"项目"窗口中的素材与外部的视频文件、音频文件以及网络媒介等链接起来。

➢造成脱机：取消"项目"窗口中的素材与外部的视频文件、音频文件以及网络媒介等的链接。

➢自动匹配到序列：将"项目"面板中所选中的素材自动排列到时间线窗口中的序列轨道中。

➢导入批处理列表：输入一个 Premiere Pro CS4 格式的批处理文件列表。

➢导出批处理列表：输出一个 Premiere Pro CS4 格式的批处理文件列表。

影视非线性编辑教程

➢项目管理：将当前项目打包处理。

➢移除未使用素材：将"项目"窗口中未导入到序列轨道或"源素材"窗口上的素材删除。

➢导出项目为AAF：把当前项目以AAF格式输出。

4. 素材

"素材"菜单用于实现对素材的具体操作，其子菜单如图2-18所示。

图2-18   图2-19

"素材"菜单主要命令的含义如下。

➢重命名：给选定的素材重新命名。

➢编辑子剪辑：对子剪辑进行编辑。

➢编辑脱机：对脱机文件的各种信息进行编辑设置。

➢采集设置：对外部的采集设备进行设置。也可以通过"编辑"子菜单中的"首选项"的"采集"命令进行设置。

➢插入：在"时间线"窗口的"时间定位指针"所在位置插入选中的素材。

➢覆盖：将选中的素材覆盖到"时间线"窗口的"时间定位指针"所在位置。

➢替换影片：将"项目"窗口中选定的素材替换为指定的某个对象。

➢素材替换：将"时间线"窗口中所选的素材替换为指定的某个对象。

➢启用：使"时间线"窗口中的所选素材在未激活的情况下不包括在预演影片或最终影片中。

➢链接视频和音频：将视频素材与音频素材关联为一个整体。

➢ 编组:将两个以上素材编组,以便于移动和编辑。

➢ 取消编组:取消已经编组的素材。

➢ 同步:将对象进行同步处理。

➢ 嵌套:将某一序列的多个素材作为一个整体嵌套入另一序列当中。

➢ 多机位:使用多机位的编辑模式。

➢ 视频选项:设置视频素材的相关参数。

➢ 音频选项:设置音频素材的相关参数。

➢ 速度/持续时间:设置素材的回放速度和持续时间。执行该命令弹出如图2-19所示的对话框。

➢ 移除效果:将当前设置的效果取消。

5. 序列

"序列"菜单主要是对当前的活动序列进行编辑处理。其子菜单如图2-20所示。

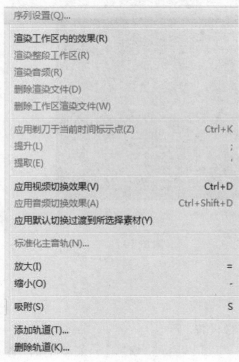

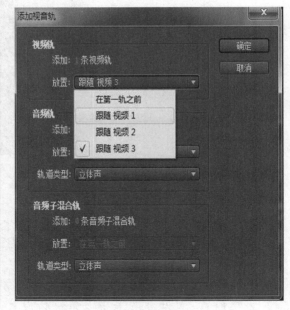

图2-20   图2-21

"序列"菜单主要命令的含义如下。

➢ 序列设置:对序列参数进行设置。

➢ 渲染工作区内的效果:渲染当前序列。

➢ 渲染整段工作区:用于渲染当前序列所在的整个工作区。

➢ 渲染音频:渲染音频文件对象。

➢ 删除渲染文件:删除渲染之后生成的文件。

➢ 删除工作区渲染文件:删除工作区内渲染生成的文件。

➤ 应用剃刀于当前时间标示点:在当前时间标示点位置处应用剃刀工具。

➤ 提升:将在节目窗口中选定的从入点到出点之间的素材提走(删除),出点后面的素材位置保持不变。

➤ 提取:将在节目窗口中选定的从入点到出点之间的素材提走(删除),出点后面的素材前移以填补前面产生的空缺。

➤ 应用视频切换效果:在视频素材上应用转场特效。

➤ 应用音频切换效果:在音频素材上应用转场特效。

➤ 应用默认切换过渡到所选择素材:在所选的所有素材之间添加默认的切换效果。

➤ 标准化主音轨:对非静音状态的主音轨进行标准化处理。

➤ 放大:在时间线窗口将素材放大显示。

➤ 缩小:在时间线窗口将素材缩小显示。

➤ 吸附:在素材的边缘自动对齐。

➤ 添加轨道:增加序列的编辑轨道。执行该命令弹出如图 2-21 所示的对话框,进行添加视、音频轨道设置。

➤ 删除轨道:删除序列中的视、音频编辑轨道。

6. 标记

"标记"菜单的主要作用是对素材标记和场景序列标记进行编辑处理。其子菜单如图 2-22 所示。

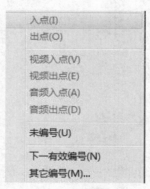

图 2-22   图 2-23

"标记"菜单主要命令的含义如下。

➤ 设置素材标记:分别用来设置素材标记的入点、出点、视频入点、视频出点、音频入点、音频出点、未编号、下一个有效编号等,其子菜单如图 2-23 所示。

➤ 跳转素材标记:分别用来定位素材中已经设定的下一个、上一个、入点、出点、视频入点、视频出点、音频入点、音频出点和编号。

➤ 清除素材标记:清除素材中已经确定的当前标记、所有标记、入点和出点、入点、出点和编号。

➤ 设置序列标记:设定时间线标记,如入点、出点、入点和出点选择、未编号、下一个有效编号和其他编号等。

➤ 跳转序列标记:定位到时间线中已设定的标记,如上一个、下一个、出点、入点等。

➤ 清除序列标记:清除序列中已经设定的标记。

➤ 编辑序列标记：编辑序列中已经设定的标记。

➤ 设置 Encore 章节标记：在 Encore 中设定章节标记。

➤ 设置 Flash 提示标记：设置 Flash 提示标记。

7. 字幕

"字幕"菜单主要用于对字幕进行的各项编辑和调整，其子菜单如图 2-24 所示。该菜单只有在"字幕"窗口被打开的情况下才有效。

"字幕"菜单中各主要命令的含义如下。

➤ 新建字幕：新建字幕文件。其子菜单如图 2-25 所示的子菜单。

➤ 字体：选择文字的字体。

➤ 大小：设置文字的大小，相当于字号大小。

➤ 输入对齐：文字的对齐方式。包括左对齐、中对齐、右对齐。

➤ 自动换行：设置文字自动换行。

➤ 停止跳格：进行窗口中的制表符设置。

➤ 模板：选择文字编辑的模板形式。

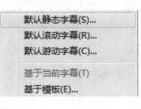

图 2-24　　　　　　　　　　　图 2-25

➤ 滚动/游动选项：设置字幕的滚动方式。

➤ 标记：插入或编辑字幕窗口中的图形。

➤ 变换：变换文字的位置、比例、旋转和透明度。

➤ 选择：选择字幕窗口中的指定对象。

➤ 排列：改变当前文字的上下排列方式。

➤ 选择：设置文字在字幕窗口中的位置。

➤ 排列对象：将文字对齐当前字幕窗口中的指定对象。

➤ 分布对象：设置当前字幕窗口中选定对象的分布方式。

➤ 查看：选择字幕窗口中的视图显示方式。

8. 窗口

"窗口"菜单主要用于实现对各种编辑窗口和控制面板的管理,其子菜单如图2-26所示。"窗口"菜单主要命令的含义如下:

➢ 工作区:用来选择软件的编辑模式,可以导入、保存、删除工作区,其子菜单如图2-27所示。

➢ 信息:显示或隐藏当前项目中的信息面板。

➢ 历史:显示或隐藏当前项目中的历史记录面板。

➢ 字幕:显示或隐藏选定字幕窗口的相应面板。

➢ 工具:显示或隐藏当前项目中的工具面板。

➢ 效果:显示或隐藏当前项目中的特效面板。

➢ 时间线:显示时间线窗口中当前的工作序列。

➢ 源监视器:显示或隐藏当前项目中的原素材监视器窗口。

➢ 特效控制台:显示或隐藏当前项目中的特效控制面板。

➢ 节目监视器:显示或隐藏当前项目中的监视器窗口。

➢ 调音台:显示或隐藏当前项目中的音频混音器窗口。

➢ 项目:显示或隐藏当前项目窗口。

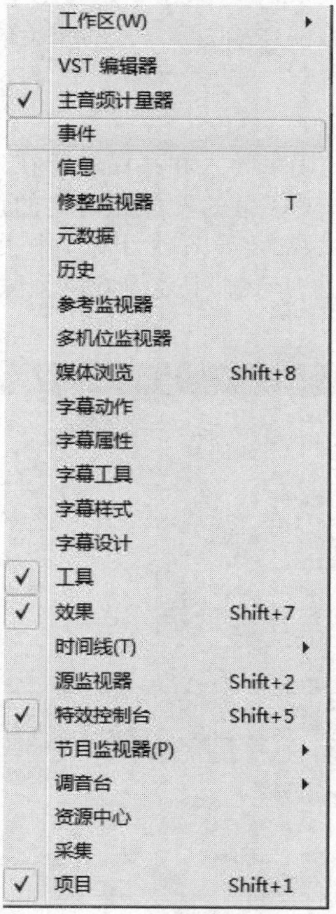

工作区(W)	▶
VST 编辑器	
✓ 主音频计量器	
事件	
信息	
修整监视器	T
元数据	
历史	
参考监视器	
多机位监视器	
媒体浏览	Shift+8
字幕动作	
字幕属性	
字幕工具	
字幕样式	
字幕设计	
✓ 工具	
✓ 效果	Shift+7
时间线(T)	▶
源监视器	Shift+2
✓ 特效控制台	Shift+5
节目监视器(P)	▶
调音台	▶
资源中心	
采集	
✓ 项目	Shift+1

图2-26

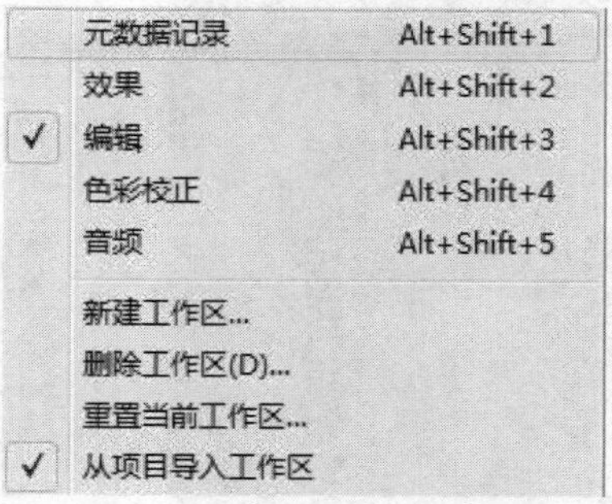

元数据记录	Alt+Shift+1
效果	Alt+Shift+2
✓ 编辑	Alt+Shift+3
色彩校正	Alt+Shift+4
音频	Alt+Shift+5
新建工作区...	
删除工作区(D)...	
重置当前工作区...	
✓ 从项目导入工作区	

图2-27

9. 帮助

"帮助"菜单主要提供在线帮助,其子菜单如图2-28所示。"帮助"菜单命令的含义如下。

图 2-28

➢Adobe Premiere Pro帮助:显示软件帮助信息。

➢Adobe产品改进计划:获得产品改进计划。

➢键盘:关于快捷键的介绍。

➢在线支持:获取在线支持信息。

➢注册:获取注册信息。

➢取消激活:停止使用。

➢关于Adobe Premiere Pro(A):显示软件Adobe Premiere Pro的相关信息。

2.4.2 项目窗口

"项目"窗口位于编辑制作界面的左上方,是用来导入和存储需要在"时间线"窗口或"源素材"窗口加工处理的素材文件。相当于工厂里的发放原材料的供应部门的窗口,专门用于管理素材的,凡需要加工处理的素材都要导入项目窗口中去,然后由项目窗口分发到各个"加工车间"加工处理,如图2-29所示。主要由素材预览区、素材目录栏和工具栏组成。

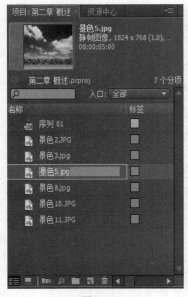

图 2-29

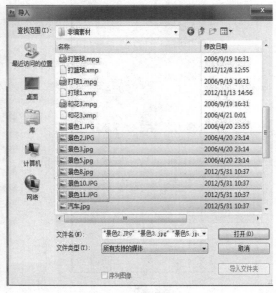

图 2-30

要对素材进行加工处理,首先要从存放素材的相应硬盘中的文件夹里(相当于存放原材料的仓库)将素材导入项目窗口来。

1. 导入素材的方法

其一:通过菜单栏导入。点击"文件"/"导入",弹出导入对话框,如图2-30所示,在对话框中找到存放素材的E盘中的"非编素材"文件夹,打开文件夹,选中需要导入的素材(如果需要一次导入多个连续的素材,可以框选这些素材或者按住键盘上的"Shift"键;如果需要同时导入多个不连续的素材,则按住键盘上的"Ctrl"键不放,用鼠标分别选中需要导入的多个素材),然后单击对话框右下角的"打开"按钮,素材即被导入项目窗口。

其二:将鼠标移到项目窗口内任意空白处单击鼠标右键(以下简称为右键),弹出下拉菜单,选择"导入"命令,弹出导入如图2-30所示的对话框,在对话框中找到存放素材的"非编素材"文件夹,打开文件夹,选中需要导入的素材,然后单击对话框右下角的"打开"按钮,素材即被导入项目窗口。

其三:将鼠标移到项目窗口内任意空白处双击鼠标左键,弹出导入对话框,在对话框中找到存放素材的"非编素材"文件夹,打开文件夹,选中需要导入的素材,然后单击对话框右下角的"打开"按钮,素材即被导入项目窗口。

如果需要导入整个文件夹的素材,只要选中文件夹(单击文件夹,不要双击,双击就把文件夹打开了),然后单击对话框右下角的"导入文件夹"按钮,就将文件夹中的所有素材导入项目窗口。

要注意的是,导入的文件格式不同,在"导入"对话框中的选择也不一样。如果导入的是序列(串)文件,在"导入"对话框中找到"序列"文件夹并打开,选择第一个素材文件"001.JPG",然后勾选窗口下方的"序列图像(已编号静帧图像)"选项,单击"打开"按钮。如图2-31所示。

图2-31

如果导入的是PSD文件,在"导入"对话框中找到"未标题2.psd"文件,单击"打开"按钮,将弹出如图2-32所示的"导入分层文件"设置面板,导入方式里面有四种选择。不同的选择(导入方式)导入的内容也不尽相同。

图2-32

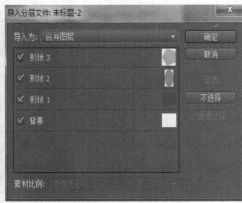

图2-33

如果选择"合并所有图层",导入的素材将连同背景一起合并为一个图层。如果选择"合并图层",每个图层都成为可选项,可以根据需要任意选择四个图层中的任意两个、三个甚至四个图层,如图2-33所示。

如果选择"单个图层",可以选择四个图层中的任一图层。

如果选择"序列",则可将带有多图层的文件以序列形式导入项目窗口。

2. 项目窗口功能介绍

项目窗口的上方是素材浏览区,左边的小窗口可以浏览素材的画面形象,右边显示素材的基本属性,如素材的名称、大小、持续时间(即时间长度)等。

中间部分是导入的素材目录,按导入的先后顺序排列。也可以用鼠标调整它们的排列顺序。素材目录也能显示素材的基本属性,如素材的名称、格式、持续时间(即时间长度)等。

窗口下方有7个功能按钮,其作用分别如下。

➢ 列表█:单击该按钮,项目窗口中目录的素材以列表形式显示。

➢ 图标█:单击该按钮,项目窗口中目录的素材以图标(素材的第一帧画面)形式显示。

➢ 自动适配到序列█:点击该按钮,可以将项目窗口中选中的素材自动排列到时间线窗口的序列轨道上。实际操作中很少用这个按钮,而是用鼠标在项目窗口选中素材进行直接拖拽。

➢ 查找█:可以根据名称、标签、入点、出点在"项目"窗口中定位素材。

➢ 新建文件夹█:点击此按钮,在项目窗口新建一个文件夹,用于对素材的分类管理。

➢ 新建分类█:单击此按钮,在弹出的菜单中可以选择需要的选项,选项内容与菜单栏的"文件"/"新建"的下拉菜单内容相似。

➢清除 :单击此按钮,将项目窗口选中的素材删除。

注意:项目窗口导入的素材,相当于"超链接",不是复制素材,因此,存放素材的原始文件不能删除和移动。

2.4.3 源素材窗口

"源素材"窗口属于监视器窗口之一,主要用来查看、剪辑素材,可以设置素材的标记点、出入点以及插入与覆盖等操作。源素材窗口位于编辑界面的上中部,与"特效控制台""调音台"和"元数据"集成在一起。如果需要使用"效果控制",点击"效果控制"按钮,效果控制台被打开,处于当前窗口。如图2-34所示。

图2-34

1. 将素材导入到源素材窗口

要想在源素材窗口加工处理素材,首先要把素材从项目窗口导入到源素材窗口。方法有以下两种。

方法一:将鼠标对准项目窗口的素材名称(最好是对准素材名称左边的图标)双击鼠标左键,该素材即被导入到源素材窗口。

方法二:将鼠标移到项目窗口的素材名称(最好是对准素材名称左边的图标)上,按下鼠标左键不放,然后拖拽鼠标,鼠标变成"小手"状,当拖拽到源素材窗口时,鼠标再次变成"小手"状时,松开鼠标,素材即被拖到源素材窗口。如图2-35至图2-38所示。

图 2-35

图 2-36

图 2-37

图 2-38

2. 在源素材窗口编辑素材

在源素材窗口的下方有许多操作按钮,如图 2-39 所示。通过这些按钮可以对素材进行浏览和编辑。这些操作集成了线性编辑的特点。

图 2-39

➤ 时间码

源素材窗口有两个"时间码"显示,左边的时间码(黄色数字)00:00:03:06 指示的是当前时间定位指针 (也有的叫做时间滑块)所处的时间地址。窗口显示的是此时此刻的画面。右边的时间码(白色)00:00:22:14 显示的是该素材的持续时间,也即该素材的总体时间长度是 22 秒 14 帧。因为时间码是定位素材画面的绝对地址,00:00:00:00,从左到右,用两个数字显示"时:分:秒:帧",在编辑过程中严格按照素材的时间地址进行定位操作,所以时间码在编辑过程中特别重要。

➤ 设置入点、出点

如果需要在一个镜头(素材)中选取其中的一段,即对素材进行剪辑,可以在源素材窗口通过设置入点和出点来确定。

步骤1：在源素材窗口点击"播放/停止" ▶ 按钮（或者用鼠标拖动时间定位指针）浏览素材，当播放到00：00：03：17（3秒17帧）处，再次按 ▶ "播放/暂停"按钮，停止播放。

步骤2：用鼠标点击"设置入点" 按钮（入点即选取素材的开始点），时间标尺上添加一个入点标记。如图2-40所示。

步骤3：再次按 ▶ "播放/暂停"按钮继续（或者用鼠标拖动时间定位指针）浏览素材，至00：00：07：21（7秒21帧）处停止（可以通过点击 ▶ "逐帧前进"或 ◀ "逐帧后退"按钮精确定位到某一帧）。

步骤4：用鼠标点击设置 出点按钮（出点即选取素材的结束点），时间标尺上添加一个出点标记。如图2-41所示。

图 2-40

图 2-41

步骤5：点击 "在出入点之间播放"按钮，可以浏览刚设定的入点和出点之间的画面（也即3秒17帧至7秒21帧之间的画面）。设置出入点，实际上是对素材进行一次选择。

步骤6：如果对选择的出、入点（剪辑）不满意，可以修改出、入点位置。一种方法是直接用鼠标拖动添加的"入点"或"出点"标记到想要的时间点位置。另一种方法是取消"入点"或"出点"标记,重新设置。在用手按住键盘上的"Alt"键的同时,用鼠标点击设置 ⚡ 入点或设置 ⚡ 出点按钮,即可取消入点或出点,然后再重新设置。如果对设置的出、入点(剪辑)满意,便将在源素材窗口所做的剪辑添加到时间线窗口进行组接。

步骤7:先在时间线窗口定位好需要放置的位置,将时间定位指针移到00:00:10:01处。如图2-42所示。

步骤8:点击源素材窗口的 ⚡ "插入"或 ⚡ "覆盖"按钮,便将前面选择的4秒04帧画面导入到时间线窗口的指定位置。如图2-43所示。

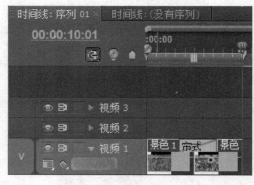

图2-42   图2-43

也可以用鼠标直接将剪辑的素材从源素材窗口拖放到时间线窗口的指定位置,方法与从项目窗口把素材拖放到源素材窗口的方法一样:在源素材窗口的画面上任意位置按下鼠标左键不放并拖动鼠标,鼠标会变成小手状,如图2-44所示,当鼠标拖到时间线窗口时可以看到鼠标后面有素材跟随移动。当拖到指定的位置与原时间线窗口的素材靠拢时,剪辑的素材和原时间线窗口的素材之间会出现一条垂直的黑线,如图2-45所示,此时放开鼠标剪辑的素材便与原素材自动对齐,即所谓的"无缝对接"。

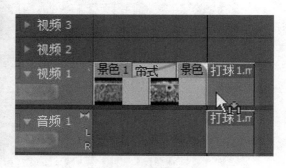

图2-44   图2-45

注意"插入"与"覆盖"的区别:插入是将在源素材窗口剪辑好的4秒04帧画面插入到时间线窗口的指定位置即00:00:10:01处,如果时间线轨道上这一位置(00:00:10:01)后面还有其他画面(包括声音),那么这些画面自动后移4秒04帧。而覆盖则是将在源素材窗口剪辑好的4秒04帧画面覆盖(或者说替代)这一位置后面原有的4秒04帧画面。

➤ 设置未编号标记 ▼ ：将时间定位指针所在位置设置一个未编号的标记点。

➤ 跳到前一标记点 ▸| ：点击此按钮，时间定位指针跳到前面一个标记点处。

➤ 跳到后一标记点 |▸ ：点击此按钮，时间定位指针跳到后面一个标记点处。

➤ 逐帧前进（步进） |▸ ：每点击一次，时间定位指针向前进一帧，动态视频画面会变化一帧。

➤ 逐帧后退（步退） ◂| ：每点击一次，时间定位指针向后退一帧，动态视频画面会变化一帧。可用逐帧前进和逐帧后退来精确定位时间指针。

➤ 跳到入点 |← ：点击此按钮，时间定位指针跳到入点处。

➤ 跳到出点 →| ：点击此按钮，时间定位指针跳到出点处。有时需要修改出、入点时，用直接拖动时间定位指针的方式不太准确，用跳到入点和跳到出点会非常精确。

➤ 出入点之间播放 ◂|▸ ：点击此按钮，源素材窗口会播放入点和出点之间的画面。

➤ 循环播放 ⟲ ：按下此按钮，源素材窗口会从头到尾反复播放某一素材。

➤ 安全框 ⊞ ：点击此按钮，源素材窗口会出现两个白色的方框，即为安全框。

➤ 插入 ⊟ ：将源素材窗口剪辑好的素材插入到时间线窗口时间定位指针所在的位置，插入点右边（后边）的原有素材会自动后移。如果插入的位置是在一个完整的素材上，则插入的素材会把原有的素材分为不相连的两段。

➤ 覆盖： ▼ ：将源素材窗口剪辑好的素材插入到时间线窗口时间定位指针所在的位置，插入点右边（后边）的原有素材会被部分或全部覆盖。如果插入的位置是在一个完整的素材上，则插入的新内容会覆盖插入点右边（后边）相应长度的原有素材。

2.4.4　节目窗口

"节目"窗口位于编辑界面的右上方，主要是用来显示时间线窗口时间定位指针所在位置的画面，浏览编辑的节目内容，也可以用来对时间线轨道上素材的剪辑。其功能按钮与源素材窗口基本相似，如图2-46所示。

图2-46

只有两个按钮的功能正好与源素材窗口的相反，它们是：

提升 ⊟ 按钮：将在节目窗口设定的素材从时间线窗口中提走，其他素材保持原位置不动。

提取 ⊟ 按钮：将在节目窗口设定的素材从时间线窗口中提走，然后后面的素材依次前移。

例如，在节目窗口中的00：00：03：21处设置入点，再将时间定位指针移到00：00：08：21

处,设置出点,然后点击 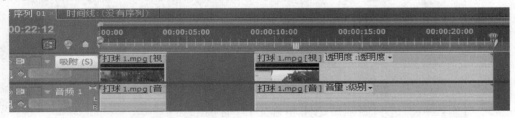"提升"按钮,出、入点之间的5秒长度的画面被删除,时间线轨道上留下5秒长的空白,时间线窗口中的效果如图2-47所示。节目整体长度不变。

图2-47

如果按"提取"按钮,效果如图2-48所示,出、入点之间的5秒长度的画面被删除,后面(右面)的画面自动往前移以填补5秒长的空白,节目长度变短了5秒。

图2-48

2.4.5 "特效""历史""媒体浏览""信息"面板

"特效"(效果)、"历史"、"媒体浏览"、"信息"四个面板集成在编辑界面的左下方,共用一个窗口。点击其中一个(如"特效")按钮,那么"特效"面板被打开并处于当前窗口。如图2-49所示。

图2-49

图2-50

1. "特效"面板

特效面板用于放置"预置""音频特效""视频特效""音频过渡"和"视频切换"等特技效果。

影视非线性编辑教程

2. "历史"面板

历史面板记录了从建立项目以来所进行的全部操作步骤,如图2-50所示。如果在执行了错误操作后,可以单击"历史"面板中记录的相应步骤,以返回到错误操作之前的某一状态。

3. "信息"和"媒体浏览"面板

"信息"面板主要功能是显示所选定素材的各项信息,如素材的类型、长度等。如图2-51所示。"媒体浏览"面板的作用是在编辑界面直接打开电脑中任何磁盘,为我们浏览硬盘上的素材提供方便。如图2-52所示。

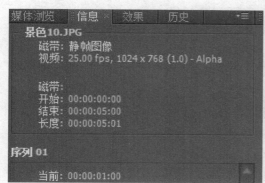

图2-51

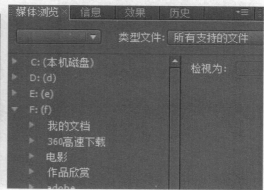

图2-52

2.4.6 时间线面板(窗口)

"时间线"窗口是工作界面的核心部分,所有需要进行加工处理的素材都要在时间线窗口的轨道上按时间顺序排列组合,最终成为一个完整的影片(节目)被输出。这相当于工厂里的产品加工流水线,加工组装零部件,最终的产品在这里下线。如图2-53所示。素材片段以图像(音频素材则以音波)的形式按时间的先后顺序及合成的先后层序在时间线上从左到右、由上往下排列,可以使用各种剪辑工具对素材进行剪切、复制、插入、粘贴、删除等基本操作;也可以添加各种视(音)频特效和视(音)频切换效果进行加工。

时间线窗口可以创建多个序列,各个序列之间可以随意嵌套(组合),即把某个序列放置到另外一个序列中。用这种序列嵌套的方法可以把一个完整的影片或节目分成若干个易于处理的部分进行分段处理。每个序列相当于产品的某一个部件。比如一台柴油机(汽油机)是由燃油系统、冷却系统、润滑系统、传动系统等若干系统组成,每一系统都有若干个零件(相当于编辑的源素材)组合而成。一个系统相当于编辑的一个序列。如果把汽油机安装在汽车上,那么,汽油机则可以看做一个独立的部件(系统)。一个序列可以对一个素材文件处理,也可对多个素材进行处理,然后再把这些经过处理的素材作为一个独立的部件(序列)和其他的部件(序列)组合,最终成为一个完整的产品（节目）。

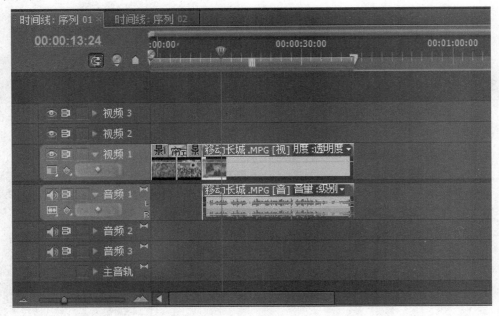

图 2-53

　　时间线窗口在默认的情况下包含三个视频轨道和三个立体声音频轨道。其中的视频 1 轨道和音频 1 轨道的轨道头为反白显示，是为主轨道，一般是不允许删除的。

　　视频轨道由两部分组成，左边部分称为"轨道头"，右边部分才是真正的加工、排列素材的轨道，上方显示的是时间标尺。

　　➤ 轨道（输出）开关 👁 ：位于轨道头的最左边，主要用于控制当前轨道是否输出。默认为开启状态，表示当前的轨道可输出效果，轨道中的所有素材在节目窗口中可以看到。若再次点击该按钮，"眼睛"闭上，表示轨道关闭，该轨道上的所有素材在节目窗口都不可见，而且输出以后该轨道所有画面均不可见。

　　➤ 轨道锁定开关 🔒 ：默认状态为不锁定，表示当前轨道可以编辑。如果启用该工具，在此位置点击一下鼠标，出现"锁"状按钮，此时该轨道上出现斜条杠，表示整条轨道不可以进行任何操作，如图 2-54 所示。如要对该轨道进行操作，则再点击小"锁"，使小"锁"解锁即可。

图 2-54

　　➤ 设置显示样式 ▦ ：该按钮主要用于设置素材在轨道中显示的样式。点击该按钮，在弹出的对话框中有四种显示样式，默认为"仅显示开头"，轨道上的每一个素材的第一帧以画面的形式显示在轨道上，如图 2-55、图 2-56 所示。

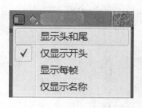

图 2-55　　　　　　　　　　　　　　图 2-56

➤ 显示头和尾：轨道上的每一个素材的第一帧和最后一帧以画面的形式显示在轨道上。

➤ 仅显示名称：轨道上的素材只显示名称，如图 2-57 所示。

➤ 显示每帧：轨道上的素材全部以画面的形式显示，如图 2-58 所示。

图 2-57

图 2-58

➤ 显示关键帧 ◇：该按钮主要用于添加关键帧、隐藏关键帧等。单击该按钮弹出对话框，如图 2-59 所示。勾选"显示关键帧"，则"添加/删除关键帧"按钮激活，点击该按钮，会在时间定位指针处添加一个关键帧。如果把时间定位指针移到已经有的关键帧上，点击该按钮，则取消当前关键帧。如图 2-60 所示。

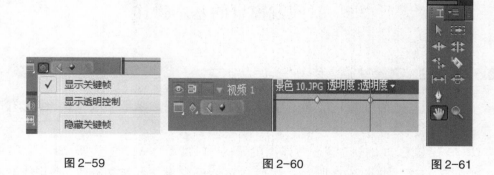

图 2-59　　　　　　　　图 2-60　　　　　　　图 2-61

2.4.7　工具栏

"工具栏"窗口中包含 11 种在时间线窗口中进行编辑的工具，如图 2-61 所示。各工具的功用如下。

➤ 选择工具 ▶：点击该工具，鼠标变成相应的形状，用于选择素材、移动素材、调节素材关键帧。同时,将该工具移到素材的边缘时,光标会变成拉伸图标,从而调节素材的长短。

➤ 轨道选择工具![icon]:点击该工具,鼠标变成相应的形状,用于选择某一轨道上当前素材后面的全部素材。

➤ 波纹编辑工具![icon]:点击该工具,鼠标变成相应的形状,然后将鼠标放到素材的出点处按下鼠标拖动,可以改变素材的长度,而轨道上其他素材的长度不受影响。

➤ 滚动编辑工具![icon]:点击该工具,鼠标变成相应的形状,然后将鼠标放到两个素材的剪辑点处按下鼠标拖动,相邻两个素材的长度呈现此长彼短的关系,在不改变两个素材的总长度情况下,其中一个素材变长,另一个则相应变短。

➤ 速率拉伸工具![icon]:可以改变动态的视频素材的长短。缩短素材长度,则加快速度,产生快动作效果;拉长素材则放慢速度,产生慢动作效果。

➤ 剃刀工具![icon]:用于切断素材,选择剃刀工具后,在素材上单击会将素材剪成两段。

➤ 错落工具![icon]:改变目标素材的入点和出点,同时保持该素材总体长度不变,并且不影响相邻的其他素材。

➤ 滑动工具![icon]:保持目标素材的出点和入点不变,改变前一素材的出点和后一素材的入点。

➤ 钢笔工具![icon]:主要用来调整素材的关键帧。

➤ 手形工具![icon]:用于改变时间线窗口的可视区域,在编辑一些较长的素材时以方便观看。

2.5 时间线窗口的基本操作

2.5.1 添加/删除轨道

系统默认的是三条视频轨道和三条音频轨道。如果需要增加或删除轨道,有以下两种方法。

方法一:用鼠标右键轨道头,在弹出的菜单中(见图2-62)选择"添加轨道",弹出"添加轨道"对话框,如图2-63所示。然后在对话框中设置添加2条轨道,并选择添加轨道的位置"跟随视频1轨道",单击"确定"按钮,添加成功,如图2-64所示。

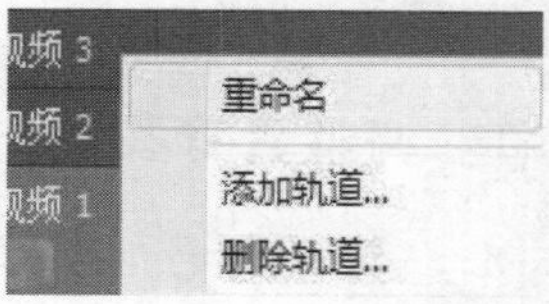

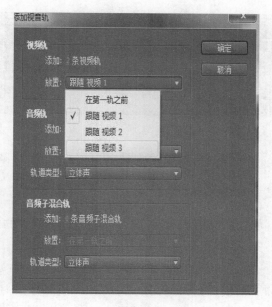

图 2-62　　　　　　　　　　　　图 2-63

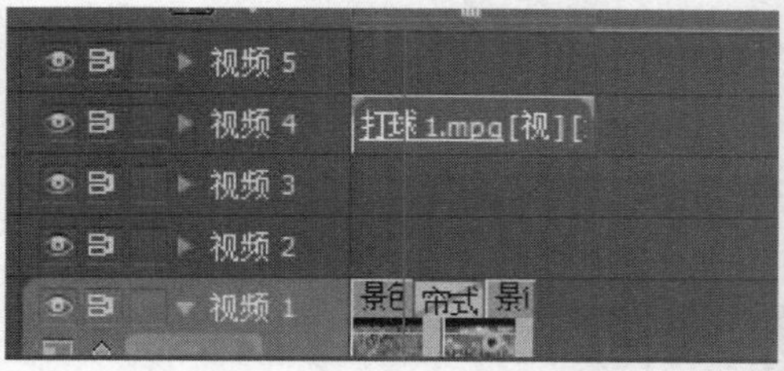

图 2-64 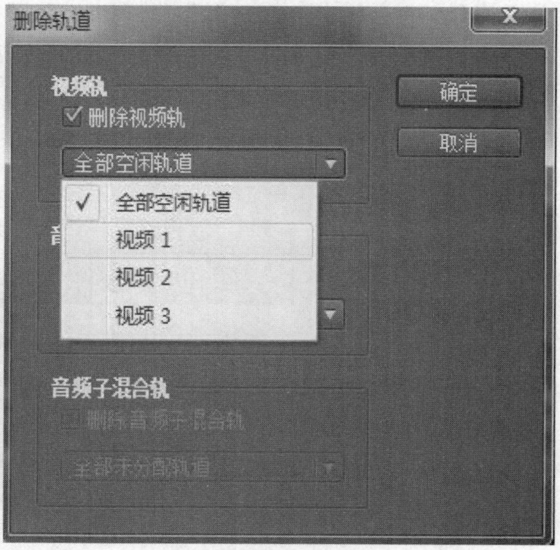　　　　　　　　　　　　图 2-65

如果要删除轨道,在轨道头右键后选择"删除轨道",则弹出"删除轨道"对话框,如图 2-65 所示。在对话框中首先选中视频轨(或音频轨)下面的"删除视频轨",然后选择要删除的轨道如"全部空轨道"或者"视频 1"或其他轨道。

方法二:直接将素材"景色 2"由项目窗口拖放到时间线窗口最上面一层轨道的空白处,然后松开鼠标,窗口自动添加视频 4 轨道。如图 2-66 和图 2-67 所示。

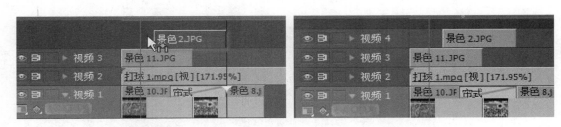

图 2-66   图 2-67

在 Premiere Pro 编辑系统中最多可以添加 99 视频轨道和 99 条音频轨道。

2.5.2 改变素材的长短

在时间线窗口的一个基本操作是调整素材的长短。调整素材长短有两种基本方法。

方法一:

步骤 1:新建一个 DV – PAL 制式 720×576(4∶3)的项目文件,序列参数保持默认值。

步骤 2:单击"文件"/"导入"/"非编素材"/"桂林风光图片"/"桂林风光 7"。

步骤 3:将导入的素材从项目窗口拖放到时间线窗口的视频 1 轨道的起始处。

步骤 4:将鼠标移到素材的右端(左右两端都行),鼠标变成 状,如图 2-68 所示,按下鼠标左键不放并向右拖动,会发现鼠标下面有一串时间码,如图 2-69 所示,表示素材增加的时长,本例将素材延长了 2 秒。如果往左拖动,会出现带负号的时间码,表示将素材缩短了相应长度。

图 2-68

图 2-69

方法二:

前三个步骤与方法一相同。

步骤 4:右键视频轨道上的素材(或者选中视频轨道上的素材,点击菜单栏的"素材"),在弹出的菜单中选择"速度/持续时间",弹出"速度/持续时间"设置对话框,在"持续时间"时间码栏里直接输入想要的时间。如图 2-70 所示。

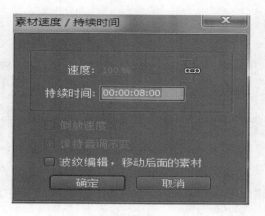

图 2-70

步骤 5：单击"确定"按钮，视频轨道上选中的素材的持续时间即调整为 8 秒。

注意①：方法一只适用于对静态图像的处理，如果是活动的影像视频，则需要用鼠标点击速率拉伸工具 ，然后再将鼠标移到视频素材的右端，鼠标变成如图 2-71 所示。按下鼠标左键不放并向右拖动，会发现鼠标下面有一串时间码，如图 2-72 所示，表示素材增加的时长，本例将素材延长了 10 秒 06 帧。

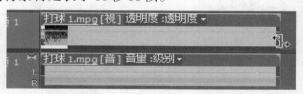

图 2-71

图 2-72

注意②：用这种方法将视频素材拉长后，其运动速度相应变慢，产生慢动作效果；如果是缩短素材，运动速度变快，产生快动作效果。如果该素材带有音频，声音也会相应变慢或变快，在变慢的同时，声音的频率也会随之降低；在变快的同时，声音的频率会提高。

练习：编辑慢镜头

步骤 1：单击"文件"/"导入"/"非编素材"/"打球 1"，导入视频素材"打球 1"。

步骤 2：将导入的素材拖放到时间线轨道上。

步骤 3：将时间定位指针移到 00：00：03：18 处，选择菜单命令"序列/应用剃刀于当前时间标示点"（快捷键为 Ctrl＋K），或者使用工具栏中的剃刀工具在时间定位指针处单击，将素材剪断，如图 2-73 所示。

步骤 4：将时间定位指针移到 00：00：08：00 处，选择菜单命令"序列/应用剃刀于当前时间表示点"（快捷键为 Ctrl＋K），或者使用工具栏中的剃刀工具在时间定位指针处单击，将素材剪断。如图 2-74 所示。

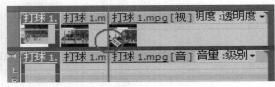

图 2-73   图 2-74

步骤 5：在视频轨道上右键中间一段素材，在弹出的菜单中选择"速度/持续时间"，在弹出的对话框中将"速度"值设为 27.04%（或者将"持续时间"设为 00：00：10：00，这里的"速度"和"持续时间"两个参数是互动的，改变其中之一，另一个也将做相应的改变；而静态图像由于是静止的，所以"速度"参数无效），勾选下面的"保持音调不变"和"波纹编辑，移动后面的素材"两项，如图 2-75 所示，单击"确定"按钮。

图 2-75   图 2-76

步骤 6：这时会发现中间这段打球的素材变长了，而且后面的素材往后移动了，如图 2-76 所示。

步骤 7：播放视频，会发现中间这段素材变慢了，前后两段素材是正常速度。

注意：如果不勾选"波纹编辑，移动后面的素材"选项，那么中间这段素材是无法变长的。虽然是被剪成三段素材，但是它的前后没有空隙，只是仅仅改变"持续时间"或者"速度"是没有效果的。若是要把右边的第三段延长，则可以不勾选此项。

另外，如果勾选"倒放速度"复选框，将颠倒播放顺序，从素材的末端往前面播放。

2.5.3 解除视音频链接与剪切素材

步骤 1：导入素材。双击项目窗口空白处，打开"非编素材"文件夹，导入"移动长城"素材。

步骤 2：将导入的素材"移动长城"拖放到时间线轨道上，这时会发现音频轨道上也有素材。拖动视频轨道上的画面，音频轨道上的声音也会随之拖动，说明音、视频素材是关联在一起的。

步骤3：右键视频轨道上的素材,会发现音频轨道上的素材也被选中。在弹出的菜单中选择"解除视音频链接"选项。

步骤4：用鼠标在时间线轨道上的任意空白处点击一下,使音视频素材处于未被选中状态,让它们彻底分开。这一点击不可或缺。

步骤5：拖动音频轨道上的素材,视频轨道上的素材不动,表示视、音频已经彻底分开。选中音频素材,按键盘上的 Delete 键删除或者右键/清除,将音频素材从时间线的音频轨道中删除。如图 2-77 所示。

图 2-77

步骤6：如果需要给画面配上其他的声音,则导入需要的音频素材。单击"文件"/"导入"/"非编素材"/"非编图片"/"第10章"/"音乐"。

步骤7：将导入的声音素材拖放到音频轨道上,与视频轨道上的画面相对应。

步骤8：将时间定位指针移到00：00：12：01处,用鼠标选择剃刀工具,并在当前时间定位指针处将音频素材剪断。

步骤9：右键音频素材前面(左边)的一段,在弹出的菜单中选择"波纹删除"。前面(左边)的一段素材被删除后,后面(右边)的素材自动往前(左)移动。

步骤10：将时间定位指针移到00：00：30：10处,用鼠标选择剃刀工具,并在当前时间定位指针处将音频素材剪断,与视频素材等长。如图 2-78 所示。

图 2-78

步骤11：选中音频素材,将时间定位指针移到00：00：00：00处,用鼠标点击轨道头部的"添加/删除关键帧"按钮,给音频素材添加一个关键帧。如图 2-79 所示。

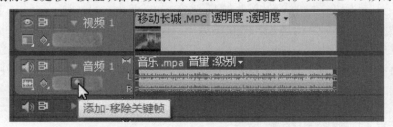

图 2-79

步骤12：将时间定位指针移到00：00：02：04处,用鼠标点击轨道头部的"添加/删除关键帧"按钮,给音频素材添加第二个关键帧;再将时间定位指针移到00：00：27：08处,用鼠标点击轨道头部的"添加/删除关键帧"按钮,给音频素材添加第三个关键帧;再将时间定位指针移到00:00:30:10处,用鼠标点击轨道头部的"添加/删除关键帧"按钮,给音频素材添加第四个关键帧。如图2-80所示。

图2-80

步骤13:放大音频素材显示,然后用鼠标将第一个关键帧和第四个关键帧往下拖到0dB。给音频素材设置一个淡入、淡出效果。如图2-81、图2-82所示。

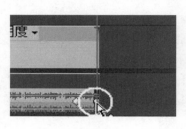

图2-81   图2-82

步骤14:框选视、音频素材如图2-83所示,然后右键,在弹出的菜单中选择"链接视音频"。

图2-83

步骤15:用鼠标在时间线轨道上的任意空白处点击一下(这一点击同样重要),使视音频素材处于未被选中状态,让它们关联在一起。这样移动声音,画面也同时做相应移动。

注意:如果没有把视、音频素材同时选中,"链接视音频素材"选项不出现。同样的方法,可以删除视频轨道上的画面,而保留声音。

2.5.4 复制、粘贴和粘贴属性

在时间线窗口可以对音频、视频素材进行复制、粘贴等操作。

步骤1:单击"文件"/"导入",从"非编素材"文件夹中导入素材"打篮球.mpg"。

步骤2：将导入的素材从项目窗口拖放到时间线窗口的视频1轨道上。

步骤3：将时间定位指针移到00：00：06：20处，用鼠标选择"剃刀"工具，并在当前时间定位指针处将视频素材剪断。再将时间定位指针移到00：00：07：21处，再次将素材在当前时间定位指针处剪断。

步骤4：选中中间这段1秒01帧的画面，按键盘上的"Ctrl＋C"组合键（或右键素材，在弹出的菜单中选择"复制"命令）复制，然后将时间定位指针移到想要复制的地方（本例为00：00：07：21处），再按"Ctrl＋V"组合键进行粘贴，复制成功。浏览视频会发现人物连续投篮两次。如图2-84所示。或者选中中间这段1秒01帧的画面，然后单击菜单栏"编辑"/"复制"，再将时间定位指针移到需要粘贴的开始位置，然后单击菜单栏"编辑"/"粘贴"。

图2-84

注意：如果右键素材，在弹出的菜单中选择"复制"命令，必须按住键盘的"Ctrl＋V"组合键才能进行粘贴复制。因为在右键素材后弹出的菜单中没有"粘贴"这个命令。另外，粘贴的轨道系统默认为视频1轨道或音频1轨道这两条主轨道。如果想复制到其他轨道的某一时间点，则需要将时间定位指针移到视频1（音频1）轨道的空白处（视音频1轨道上编辑素材的末端）进行粘贴，然后将复制粘贴的素材拖放到其他轨道的某一时间点。

"粘贴属性"是将某一素材的"属性"（包括应用的特效、关键帧等）复制粘贴给另一素材，比较适合将相同的编辑效果运用于不同的素材上，在以后的字幕特效操作中会具体运用。

2.6　项 目 管 理

项目管理有两方面的作用，一是可以对编辑的项目素材进行整理，将这些素材归类到一个文件夹；二是将这一文件夹的内容（包括未编辑完成的项目文件）复制到移动硬盘或U盘中，然后带到其他电脑（需装有Premiere Pro软件）上继续编辑，起到移动办公的作用，如从办公室回到家庭或者出差过程中继续编辑。

步骤1：打开软件，新建一个名为"项目管理"的项目，编辑模式为DV-PAL标准48 KHz。

步骤2：导入四张图片素材，并将其中的三张素材拖放到时间线窗口。以上两步操作视为对项目进行简单编辑。如图2-85所示。

图2-85

步骤3：下面进行"项目管理"的操作。点击菜单栏的"项目"选项，打开下拉菜单，然后选择"项目管理"选项，弹出"项目管理"对话框。如图2-86所示。

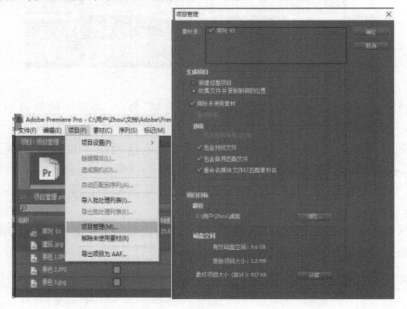

图2-86

在"项目管理"对话框里，有"素材源""生成项目""项目目标"等选项。需要设置的是"生成项目"和"项目目标"两项。

步骤4：在"生成项目"中选择"收集文件并复制到新的位置"选项；勾选"排除未使用素材"（也可以不勾选）。其他选项保持默认。

步骤5：在"项目目标"中将"路径"设置为桌面。

步骤6：点击"确定"，再单击"确定"，弹出"警告"对话框，要求保存项目，点击"是"按钮。如图2-87所示。

图 2-87

步骤 7：保存项目结束后，回到桌面，这时在桌面上存放了一个"已复制项目管理"文件夹。如图 2-88 所示。

图 2-88

步骤 8：打开此文件夹，里面的内容如图 2-89 所示。

图 2-89

需要说明的是，这里只有三张图片素材和一个项目文件，但我们在步骤 2 中导入到"项目"窗口的却是四张图片素材，这是因为我们在步骤 4 中勾选了"排除未使用素材"的结果。虽然在步骤 2 中我们导入了四个素材，但是我们拖放到时间线窗口的只有三个素材，还有一个叫"建筑"的素材没有使用，当我们勾选了"排除未使用素材"选项时，"建筑"这个素材就没有被复制。所以在进行"项目管理"设置时，要根据情况设置"排除未使用素材"选项，如果项目编辑已经完成，为了节约磁盘存储空间，使项目更加简约，应该勾选"排除未使用素材"选项；如果项目还没有编辑完成，需要在其他电脑上继续编辑"项目"窗口中还没使用的素材，就不要勾选"排除未使用素材"选项，这样就会把已经导入项目窗口的所有素材复制到"项目管理"文件夹。如果需要在其他电脑上继续编辑，只要打开该文件夹中的"项目管理"这个项目文件，就可以继续编辑，前提是电脑上要安装有 Pr 软件才能打开，而且是同级版本或者更高级别的版本。一般来说，高级别的版本兼容低级别的版本，如 Pr CC 可以打开 Pr CS4 编辑的项目，但低级别的版本不能打开高级别的版本。

本章我们对 Premiere Pro 的编辑界面做了一个简单的介绍，对时间线窗口中的基本操作稍做了讲解，但对有些操作命令只是点到为止。在接下来的章节中，我们将按照影视节目的制作流程循序渐进详细讲解。

◆ 内容提要

本章首先主要介绍了 Premiere Pro CS4 影视编辑软件的计算机硬件要求、视音频格式兼容要求，详细讲解了进入和退出 Premiere Pro CS4 软件，结合案例简述了 Premiere Pro CS4 工作界面中的菜单栏、"项目"面板、"特效"面板、监视器、"时间线"面板和工具栏中一般操作和属性设置，并对时间线窗口的基本操作进行详细讲解，为后续操作奠定基础。

◆ 关键词

Premiere Pro CS4 软件　　操作系统要求　　视音频格式　　工作界面　　时间线窗口

◆ 思考题

1. Premiere Pro CS4 软件对计算机硬件的基本要求有哪些？
2. Premiere Pro CS4 软件支持哪几种视音频格式？
3. Premiere Pro CS4 软件工作界面包括哪些部分？
4. 有哪几种方法可以导入素材？
5. 时间线窗口中序列如何组合成为一个完整的产品（节目）？

第3章　素材的采集

【学习目标】

知识目标	技能目标
了解视频采集的分类与硬件要求	掌握数字视频采集的要求
了解视频采集方法	掌握数字视频、模拟视频采集方法与步骤
了解批量采集素材的原理与步骤	熟练掌握视频采集素材的方法与步骤

【知识结构】

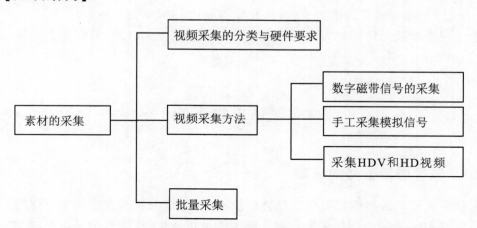

Premiere Pro CS4 只是一款非线性编辑软件,是硬盘编辑。它本身不能录制视音频素材,它的功能是把摄像机、手机、单反相机等记录媒介记录的视音频素材进行加工组合。在没有编辑之前,首先要把需要加工处理的素材从记录媒体(如磁带、光盘、闪存盘等)转存到计算机硬盘里。将记录在光盘、闪存盘(卡)等载体上的数字信号转存到计算机硬盘上相对来说比较方便,而将记录在磁带上的视音频信号采集到计算机硬盘上却相对复杂一些。本章着重介绍磁带采集方法。

3.1 视频采集的分类与硬件要求

从摄像机记录的磁带上采集素材分为两种情况,一种是采集数字视频,另一种是采集模拟视频。这两种采集的原理并不一致,对硬件要求也有所不同。

数字视频是使用DV数码摄像机拍摄的数字信号,有的是记录在数字磁带上,有的是记录在光盘或闪存盘(卡)上。由于记录的信号都是采用二进制编码的数字信号,而计算机也是使用数字编码处理信息,因此只需要将记录在磁带上的数字视频信号直接传输到电脑中保存即可。如果记录在光盘或卡上,则直接将光盘或卡放入电脑中的光驱或插入USB接口(有的卡可能需要转换接口,有的可能还要借助相应的软件)直接读取、复制到计算机硬盘上。但记录在磁带上的信号虽然是数字信号,要想把磁带上的数字信号转存到电脑硬盘上去,却需要借助摄像机(或放像机)、视频采集卡以及连接摄像机与电脑采集卡的数据线和相应的软件才能完成采集任务。最常见的家用数字视频采集卡就是一块安装在电脑中的1394卡,由于不具备压缩功能,只起到连接转换作用,所以又叫"1394接口"。现在的笔记本电脑大都配有1394接口,而台式机则可能需要另外安装。

模拟视频是使用模拟摄像机拍摄的模拟信号,虽然也记录在磁带上,但却是一种电磁信号,采集时通过播放解码图像,再将图像编码成数字信号保存到电脑硬盘中。相对于数字视频的采集过程而言,模拟视频的采集过程要复杂一些,它要把模拟信号转换成数字信号,因此对硬件的要求要高一些。采集模拟视频一般需要在电脑里安装一块具有AV复合端子或者S端子的采集卡,这种采集卡要比1394卡贵一些。

对于处理视音频的计算机而言,要求内存、硬盘空间要大,CPU处理速度要快,这在前一章已经说过。

3.2 视频采集方法

3.2.1 数字磁带信号的采集

采集数字视频和采集模拟视频的硬件要求不一样,但采集的方法基本一样的,所以这里只以采集数字视频为例。采集数字视频主要是指从DV摄像机中采集视频,在进行数字视频采集之前需要在Premiere Pro CS4中对各项采集参数进行设置,才能保证采集工作的顺利进行,也才能保证视频素材的采集质量。在采集之前,还要保证摄像机已经通过数据线和电脑上的采集卡连接上,并且打开摄像机电源开关,放入需要采集的磁带,设置摄像机为播放工作模式,然后按以下步骤进行采集。

步骤1:打开Premiere Pro CS4编辑系统,新建项目,在"新建序列"对话框的"常规"选项卡中设置项目序列参数,如图3-1所示,设置完成后点击"确定"按钮。一般来说,不论采用什么样的采集设备,需要设置的几个主要参数是:

➤ 编辑模式:设置视频采集标准,默认为DV/IEEE1394。如果安装了其他的采集硬件,采集模式也可以是硬件支持的其他模式,这里选择DV-PAL模式。

➢ 时间基：一般来说，选定了编辑模式，也相应地确定了时间基。如选择 DV-PAL 模式，时间基即为 25 帧/秒。如选择 DV-NCTS 模式，时间基即为 30 帧/秒。

➢ 画幅大小：设置画面的宽和高的尺寸，一般也是随编辑模式的确定而确定。DV-PAL 模式画面尺寸为 720×576。

➢ 像素纵横比：这项参数是需要选定的。这里选择 4∶3 的（即 1.0940），还有宽屏 16∶9 的选择。

➢ 音频采样率：高的采样频率能有更好的效果，这里选择高采样频率，即 48000Hz。

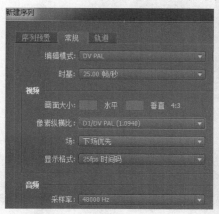

图 3-1

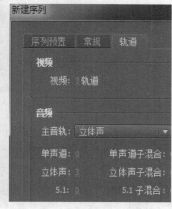

图 3-2

步骤 2：在新建序列对话框中点击"轨道"选项，设置轨道参数，如图 3-2 所示，一般保持默认值即可。本步骤可以省略。设置完成后点击"确定"按钮。

步骤 3：进入编辑界面后，单击菜单栏的"编辑"/"首选项"，在弹出的菜单中选择"采集"命令，进行采集设置。如图 3-3 所示。

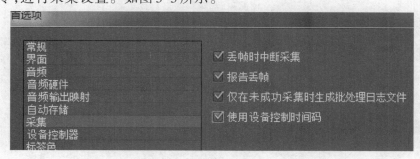

图 3-3

步骤 4：在"首选项"里选择"设备控制器"，设置"设备控制"参数。如图 3-4 所示。

图 3-4

单击"设备"选项右边的"选项"，设置"视频制式""设备品牌""设备类型"等参数，如图3-5所示。然后点击"确定"按钮。

图 3-5

步骤 5：单击菜单栏"文件"/"采集"命令，打开"采集"窗口，如图3-6所示。

图 3-6

采集窗口包含状态显示区、预览窗口、参数设置面板、窗口菜单和设备控制面板等。

➢ 状态显示区：显示外部视频信号设备的连接、工作状态及采集的状态等信息。

➢ 预览窗口：显示所采集的外部视频信号。

➢ 参数设置面板：用来设置采集的标准、模式等参数。包含"记录"和"设置"两个选项。

➢ 窗口菜单：用来调整窗口的显示方式。

➢ 设备控制面板：用于采集过程开始、结束等的控制。

步骤6：在参数面板设置"记录"参数，如图3-7所示。在"记录"选项卡中可以将需要采集片段的出点和入点记载为一个列表，然后使用"设备控制"面板中的工具自动将这些片段采集下来。

➢ 设置：用于设置采集信号的类型和保存位置。"采集"用于设置采集信号类型，可以单独采集视频信号、单独采集音频信号，也可以视音频信号同时采集。"记录素材到"，显示采集的素材保存的位置。

➢ 素材数据：允许用户输入文本，对采集的素材做简单描述以便辨认。"磁带名"可以为正在采集的磁带命名。进行批采集时，每更换一次磁带，系统都会提示输入名称；"素材名"对正在采集的素材片段命名；"描述"可以输入一段文字对所采集的片段属性做简单描述；"场景"记录采集的场景信息。

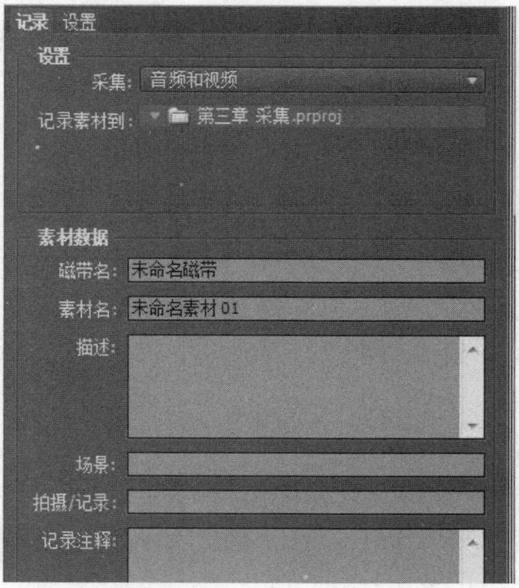

图3-7

在"设置"选项卡中可以设置采集到的素材在磁盘中的保存位置以及采集的控制方式。如图3-8所示。主要有"采集设置""采集位置""设备控制器"三个选项。

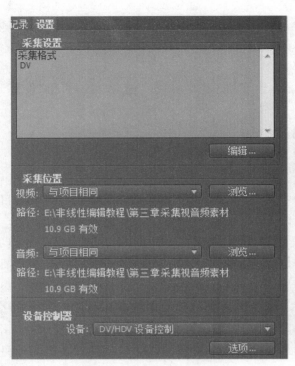
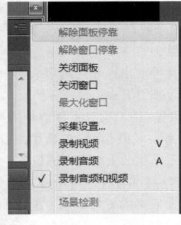

图 3-8 　　　　　　　　　　　　　　　　　　　　图 3-9

➤采集设置：采集的各项设置都可以在这个列表中显示出来，也可以单击"编辑"按钮进行设置上的调整。

➤采集位置：设置采集的视频、音频片段在电脑硬盘中保存的位置。单击"浏览"按钮可以重新定制保存的路径。

➤设备控制器：用于设置采集的一些参数。"设备"设置指定采集设备；"预卷时间"，设置预卷时间并与外部视频输入设备的预卷时间匹配。

步骤7：点击"采集"对话框右上角的　　按钮可以打开窗口菜单。窗口菜单是一种快捷菜单，菜单中的命令在其他菜单栏或者面板中也会出现。如图3-9所示。

➤采集设置：可以打开"采集"对话框。

➤录制视频：开始采集视频。

➤录制音频：开始采集音频。

➤录制音频和视频：同时采集视音频。

➤场景检测：用于探测采集信号。

➤折叠窗口：将采集窗口的参数设置面板隐藏，只保留预览窗口和设备控制面板。

步骤8：设置完成后，通过设备控制面板遥控摄像机，设置需要采集的素材的出点、入点等，然后按录制按钮，系统将播放的视频数据记录到电脑硬盘中指定的位置。

步骤9：素材采集完成，单击"确定"按钮，采集到的视频将自动显示在"项目"窗口中。

提示：视频采集是一项非常耗费计算机资源的工作，要在现有的计算机硬件条件下最大程度的发挥计算机的能力，需要注意以下事项：

第一，释放硬盘空间。采集的视频文件的大小一般都在几个GB或者十几GB，这就需要硬盘有足够大的存储空间。将某一盘中的零散文件资料整理移出，留出一个单独的硬盘分区来存储采集的文件。

第二，释放现有系统资源。关闭所有与视频采集无关的应用程序以释放内存空间，包括电源管理、系统监控、杀毒软件以及防火墙等，最好能在开始采集工作之前重启计算机，之后只运行 Premiere Pro CS4 或者采集相关软件。

第三，关闭屏幕保护程序。关闭屏幕保护程序非常重要，但又是经常被忽略的问题之一。屏幕保护程序可以根据用户设置自动运行，当该程序运行后会立即终止视频采集工作，造成采集工作中断失败，采集数据丢失。因此，在开始采集工作前应当关闭屏幕保护程序。

3.2.2　手工采集模拟信号

如果需要传输模拟视频信号，比如20世纪末的家用级的VHS、SVHS和Hi-8磁带视频信号，或者专业级的Beta-SP磁带视频信号，则需要一块具有模拟输入的视频采集卡，把模拟信号转换成数字信号。大多数这样的采集卡都带有消费级的复合接口以及S-Video端子，有的还带有高级的分量输入口。

采集方法如下。

步骤1：单击菜单栏"文件"/"采集"，打开采集窗口。

步骤2：用摄像机控制键将磁带倒到需要开始采集帧的前几秒(3至5秒)位置。

步骤3：按摄像机的Play播放按钮，再单击采集窗口左下角"设备控制面板"的红色的"录制"按钮。

步骤4：采集完成后，单击和按下采集窗口和摄像机上停止键。

3.2.3　采集HDV和HD视频

可以使用与采集DV视频相同的方法采集HDV视频。

HD视频采集需要计算机用SDI卡把HD摄像机通过同轴接口连接到计算机，提供SDI卡的厂家通常会在安装时把额外的HD预设安装到Premiere Pro。

如果使用的是无磁带摄像机，如Panasonic P2或者Sony XDCAM，则可以完全省去采集过程，但是最好把记录在闪存卡或光盘上的信息复制到计算机硬盘里，从硬盘编辑素材，效果更好。

3.3 批 量 采 集

批量采集就是一次性采集连续的或不连续的多个镜头。批量采集的长处在于：便于更好的管理素材；加速视频采集过程，省略一些不需要的废镜头；节省磁盘空间（一小时的DV素材要占用13GB的硬盘空间）。

批量采集首先要记录下每段素材的出点和入点，之后系统自动将选择出入点的几段素材自动传送到计算机硬盘中。

步骤1：将摄像机连接到计算机上。

步骤2：打开摄像机电源，把它设置到播放模式即VTR或VCR，不要设置到Camera（摄像）模式。

注意：采集时，请使用摄像机的交流电源适配器，不要使用电池。因为用电池时，摄像机会进入休眠状态，而且在采集期间电池电量常常会用完。

步骤3：启动Premiere Pro CS4，新建一个DV-PAL制式（4∶3）的项目，将项目命名为"批采集"。

步骤4：单击菜单栏的"编辑"/"首选项"/"采集"，在弹出的菜单中选择"采集"命令，进行采集设置。如图3-3所示。

步骤5：在"首选项"里选择"设备控制器"，设置"设备控制"参数。如图3-4所示。

单击"设备"选项右边的"选项"，设置"视频制式""设备品牌""设备类型"等参数，如图3-5所示。

如果此前已经设置，可以跳过步骤4和步骤5。

步骤6：单击菜单栏"文件"/"采集"命令，打开"采集"窗口，如图3-10所示。此时窗口上方的"状态显示区"由原来的"采集设备脱机"变成"停止"，表明摄像机设备已经和电脑连接上。

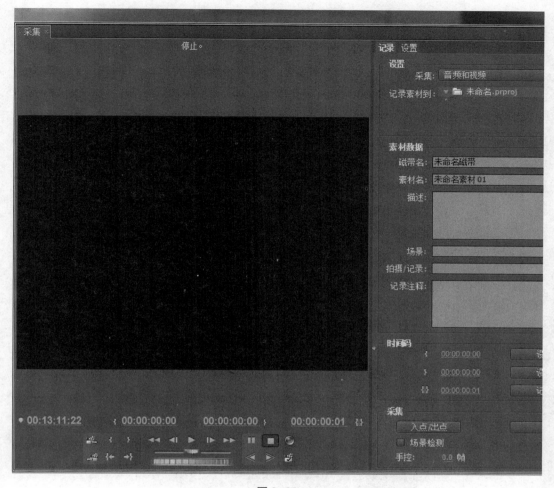

图 3-10

步骤 7：点击窗口下方的"设备控制面板"中的"播放"按钮，如图 3-11 所示，就可以在采集窗口看到摄像机上的素材的画面，如图 3-12 所示。"设备控制面板"可用来遥控摄像机。如果是处在"采集设备脱机"状态，则这些"设备控制"按钮不可用。

图 3-11

步骤 8：单击"设备控制面板"中的"暂停"按钮，停止播放。在窗口右侧的"记录"选项卡里，设置"素材数据"内容：为磁带取一个唯一的名字，给要采集的片段起个名称，而且可以对将要采集的素材做一个简单描述，这对后期编辑查找素材非常有用。如图 3-13 所示。

图 3-12

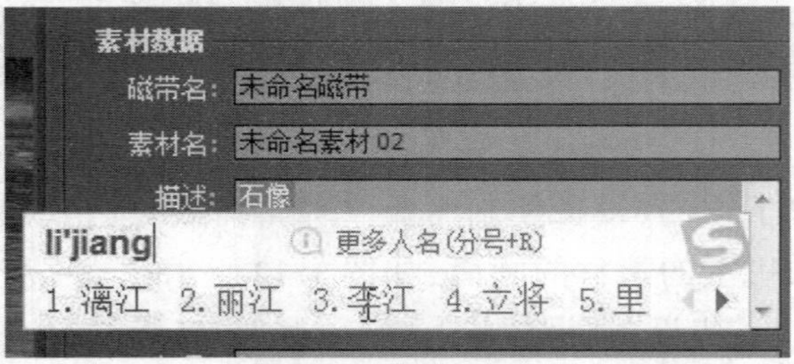

图 3-13

步骤 9：点击播放（可以利用快进或快退按钮搜索素材）按钮播放素材，当播放到
00：09：44：07 时停止播放（可以使用"逐帧前进"或"逐帧倒退"按钮精确定位），然后点
击窗口右下方的"时间码"选项卡中的"设置入点"，如图 3-14 所示。

图 3-14

步骤10：点击播放（可以进行快进或快退搜索素材）按钮继续播放素材，当播放到00∶09∶49∶18时停止播放（可以使用"逐帧前进"或"逐帧倒退"按钮精确定位），然后点击窗口右下方的"时间码"选项卡的"设置出点"，如图3-15所示。

　　设置出、入点还可以采用其他方式进行：单击"设备控制面板上的括号 { 或 }；用键盘快捷键（I设置入点，O设置出点）；或者在时间码上左右拖动，或者直接在时间码区域直接输入出、入点的时间值。

图 3-15

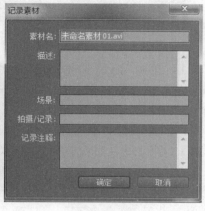

图 3-16

　　步骤11：单击"记录素材"选项卡，弹出"记录素材"对话框，如图3-16所示。如果需要，可以修改素材的名称、描述等信息，然后点击"确定"按钮。

　　这时，我们在项目窗口会发现一个脱机文件，这就是我们刚才设置出入点但还没有实施采集的一段5秒12帧素材。如图3-17所示。

图 3-17

图 3-18

　　步骤12：点击播放（可以进行快进或快退搜索素材）按钮继续播放素材，当播放到00∶11∶33∶22时停止播放（可以使用"逐帧前进"或"逐帧倒退"按钮精确定位），然后点击窗口右下方的"时间码"选项卡的"设置入点"，如图3-18所示。

　　步骤13：点击播放（可以进行快进或快退搜索素材）按钮继续播放素材，当播放到00∶11∶45∶01时停止播放（可以使用"逐帧前进"或"逐帧倒退"按钮精确定位），然后点击窗口右下方的"时间码"选项卡的"设置出点"，如图3-19所示。

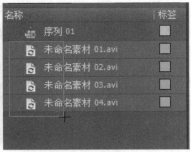

图 3-19   图 3-20

步骤14：单击"记录素材"选项卡，弹出"记录素材"对话框。每次单击"记录素材"，系统都会在上一个素材名称后面加一个数字，可以接受或改写这种自动命名功能，然后点击"确定"按钮。

用同样的方法设置磁带上另外两段需要采集的出点和入点。

步骤15：当4段采集设置完毕后，关闭采集窗口。

步骤16：在项目窗口框选想要采集的所有素材，如图3-20所示。

步骤17：单击菜单栏的"文件"/"批量采集"（如图3-21所示，如果没有前面的一系列的出入点设置，该命令不可用），弹出"批采集"对话框，如图3-22所示。不要选取对话框里的选项，单击"确定"按钮，会打开采集窗口，还会打开另一个小对话框，如图3-23所示，提示插入正确的磁带。磁带已经在摄像机里了，直接单击"确定"按钮。

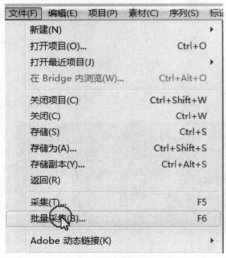

图 3-21   图 3-22

这时，可以听到摄像机倒带的声音，表明 Premiere Pro CS4 已经开始控制摄像机，导航到第一段素材的入点处，然后自动采集前面设置的4段素材到硬盘中。

采集完成后，弹出"采集完成"对话框，如图3-24所示，单击"确定"按钮，采集完成。这时观察项目窗口，原来的四个文件的"离线"图标变成了影片图标，如图3-25所示。素材可以编辑了。

步骤 18：保存项目。

图 3-23

图 3-24

图 3-25

◆ **内容提要**

　　本章首先介绍了视频采集的分类与不同素材采集方式对计算机硬件的要求，详细讲解了数字磁带信号采集、手工采集模拟信号、采集 HDV 和 HD 视频的方法与步骤，通过案例分步骤介绍了批量采集的方法。

◆ **关键词**

视频采集方法　　数字视频　　模拟视频　　批量采集

◆ **思考题**

1. 数字视频采集素材与模拟视频采集素材的原理有何不同？
2. 视频采集素材方法有哪些步骤？
3. 批量采集素材有哪些步骤？
4. "项目"窗口包含哪些要素？分别有什么作用？

第4章 影视编辑程序流程

【学习目标】

知识目标	技能目标
了解影视节目剪（编）辑的基本方法	熟练掌握影视节目剪（编）辑的全过程
了解序列嵌套的基本含义	熟练掌握序列嵌套的操作方法
了解素材替换的作用	熟练掌握素材替换的两种方法

【知识结构】

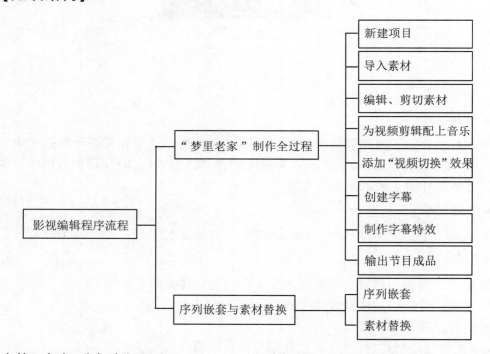

在第2章中,我们介绍了Premiere Pro CS4编辑界面的基本作用;在第3章里我们介绍了如何采集素材;这一章我们通过一个具体的创作实例来介绍影视节目剪（编）辑的基本方法。

4.1 "梦里老家"制作全过程

4.1.1 新建项目

步骤1：双击电脑桌面上 Pr 快捷图标，弹出如图4-1所示的"欢迎使用"界面。

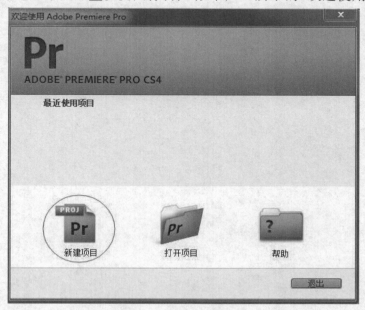

图4-1

步骤2：在"欢迎使用"界面中点击"新建项目"，弹出"新建项目"对话框，如图4-2所示。

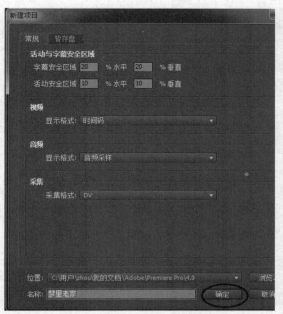

图4-2

图4-4

步骤3：在"新建项目"对话框中设置参数，上面部分保持默认值，最下面的"位置"和"名称"两项需要设置。将名称设为"梦里老家"。然后点击"确定"按钮，弹出"新建序列"对话框，如图4-3所示。

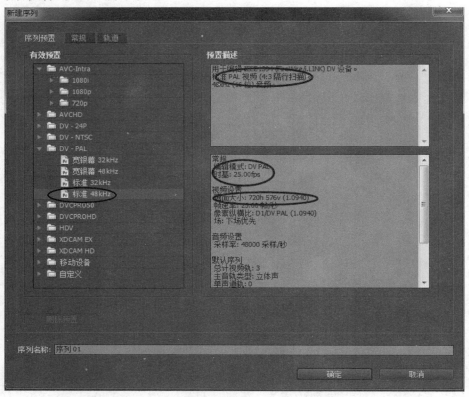

图 4-3

步骤4：在"新建序列"对话框中选择"DV-PAL"制式"标准48KHz"，即宽高比为4：3，其画幅大小为720×576。然后点击"确定"按钮，进入编辑界面。

当在"新建序列"对话框左边的"有效预置"中选择某一制式时，右边的"预置概述"会有简单的对该制式的基本描述，如宽高比、时间基、画幅大小、像素纵横比、音频采样率等。选择编辑制式主要根据采集的素材的属性来定，要编辑的素材是什么制式的就选择什么编辑制式。

要想知道素材的属性，可以选中要编辑的素材然后右键，在弹出的菜单中选择"属性"，弹出"属性"对话框，在对话框的"详细信息"中可以查看，如图4-4所示。

4.1.2　导入素材

步骤1：在编辑界面的左上角的"项目"窗口空白处单击鼠标右键（简称为"右键"），弹出下拉菜单，如图4-5所示。在弹出的菜单中选择"导入"命令，弹出"导入"对话框，如图4-6所示。

或者在"项目"窗口的空白处双击鼠标左键（简称为"双击"），将直接弹出如图4-6所示"导入"对话框。

也可以单击菜单栏"文件"/"导入"命令,直接弹出如图4-6所示"导入"对话框。

这是导入素材的三种基本方法,在第2章中介绍过,这里再重复强调一下。比较快捷的方法是"双击"。

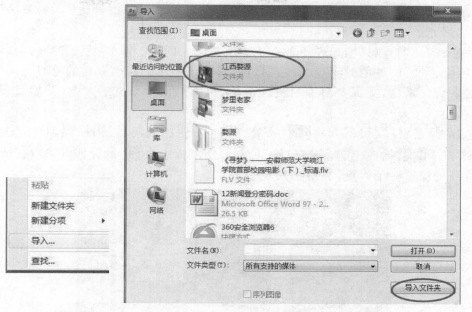

图4-5　　　　　　　　　　　　　　　　　　　图4-6

步骤2:在"导入"对话框的"查找范围"选项中找到需要导入素材的存放路径和文件夹,然后打开文件夹,选中其中需要导入的单个或多个素材,再点击"打开"按钮,素材将被导入到"项目"窗口。这里需要将文件夹里的所有素材全部导入,所以不要打开文件夹,只要选中(单击)"江西婺源"文件夹,然后点击对话框右下角的"导入文件夹"按钮即可将整个文件夹的素材导入到"项目"窗口。如图4-7所示。

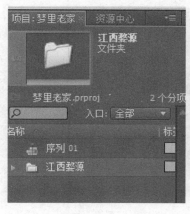　　　　　　　

图4-7　　　　　　　　　　　　　　　　　　图4-8

4.1.3　编辑、剪切素材

步骤1:用鼠标点击"源素材"窗口,使其成为当前窗口,黄色线框将"源素材"窗口框住。如图4-8所示。

步骤2：单击"项目"窗口的"江西婺源"文件夹左边的小三角形按钮，打开文件夹，将鼠标移到素材"婺源1.mpg"图标上，按下鼠标左键不放，然后拖动鼠标到"源素材"窗口，当鼠标出现🖐小手状时，放开鼠标，素材"婺源1.mpg"即被导入到"源素材"窗口。如图4-9所示。

步骤3：在"源素材"窗口左下和右下方有两个时间码，左边黄色的时间码显示的是"时间定位指针"所处的时间点，右边白色的时间码显示的是该素材的总时长。我们不需要这么长的素材，下面要对素材进行剪切，也就是设置素材的入点（开始点）和出点（结束点）。

单击"源素材"窗口下方的 ▶ "播放/停止"按钮播放素材，当播放到00：00：01：05时，再次按下 ▶ "播放/停止"按钮，停止播放，用鼠标点击 **{** "设置入点"按钮，即在00：00：01：05处设置一个入点，如图4-10所示。

图4-9

步骤4：单击 ▶ "播放/停止"按钮继续播放素材，当播放到00：00：05：05时，再次按下 ▶ "播放/停止"按钮停止播放，用鼠标点击 **}** "设置出点"按钮，即在00：00：05：05处设置一个出点，如图4-11所示。

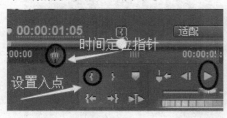

图4-10

图4-11

在进行时间定位的时候，可以用 **▷** "逐帧前进"或 **◁** "逐帧后退"按钮进行逐帧查找，精确定位。

步骤5：用鼠标点击 **▤** "仅拖动视频"按钮，待鼠标出现小手状时按住鼠标不放（见图4-12），将鼠标拖移到时间线窗口的视频1轨道上松开鼠标，入点为00：00：00：00，如

图4-13所示。

图 4-12

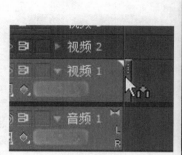

图 4-13

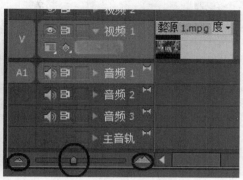

图 4-14

通过步骤3至步骤5的操作,实现了两个编辑目的:其一是通过设置出、入点实现了素材的剪辑,而且是剪辑中最为常见的"三点编辑法",即在源素材窗口设置了素材的入点和出点,视频1轨道上还有一个入点,有了这三点,就可以对一个素材进行剪辑。其二是实现了视音频素材的分离。源素材原本是既有声音又有画面的,但是我们利用源素材窗口的"仅拖动视频"将声音留在了源素材窗口,只将视频拖放到视频1轨道上。下面的操作中使用的是另一种分离视音频的方法和剪辑方法。

步骤6:拖动时间线窗口下方的缩放滑块,将视频1轨道上的素材放大显示,如图4-14所示。也可以点击"缩放滑块"左右两端的缩放按钮。左边的是缩小按钮,每点击一次,缩小一半;右边的是放大按钮,每点击一次,放大一倍。缩放程度以方便在视频轨道上操作为目的。

注意:这里的缩放是缩放整个时间线轨道,而不是缩短或延长视频素材的长度,它不改变素材的长短。

步骤7:在项目窗口,将鼠标移到素材"婺源10.mpg"图标上,按下鼠标左键不放,然后拖动鼠标移到时间线窗口的视频1轨道上,紧接素材"婺源1.mpg"的末端(即出点),当画面上出现一条垂直黑线时松开鼠标。出现黑线表示无缝对接。如图4-15所示。

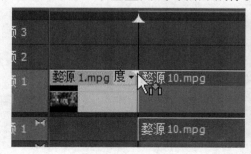

图 4-15

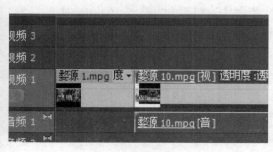

图 4-16

步骤 8：在视频 1 轨道选中"婺源 10.mpg"（这时会发现该素材的视频和音频都反色显示，表示它们同时被选中，如图 4-16 所示），然后右键，在弹出的菜单中选择"解除视音频链接"。如图 4-17 所示。

步骤 9：用鼠标在时间线窗口任何空白的位置点击鼠标左键，这时"婺源 10.mpg"的视音频才没有了反色显示，才真正解除了素材的视音频链接。这一点击非常重要，因此单独列为一个步骤。

图 4-17   图 4-18

步骤 10：选中音频 1 轨道上的"婺源 10.mpg"并右键，在弹出的菜单中选择"清除"命令，将音频素材删除。或者选中音频 1 轨道上的"婺源 10.mpg"后，按键盘上的"Delete"键删除。

步骤 11：在节目窗口点击 ▶ "播放/停止"播放，当播放到 00：00：07：00 时，再次按下 ▶ "播放/停止"按钮，停止播放，然后用鼠标点击工具栏的 ✂ 剃刀工具，鼠标变成刀片状，然后将呈刀片状的鼠标移到时间定位指针处（00：00：07：00）对准垂直红线点击鼠标，素材"婺源 10.mpg"被剪成两段。如图 4-18 所示。

步骤 12：右键素材"婺源 10.mpg"的右（后）半段，在弹出的菜单中选择"清除"命令，将其删除。

步骤 13：仿照步骤 7 将素材"婺源 13.mpg"从项目窗口拖放到时间线窗口的视频 1 轨道上，紧接素材"婺源 10.mpg"的末端（即出点），当画面上出现一条垂直黑线时松开鼠标。

步骤 14：仿照步骤 11 将时间定位指针停放在 00：00：09：00 处，然后用剃刀将素材剪断并删除后半段。

步骤 15：仿照步骤 8、步骤 9 将"婺源 13.mpg"解除视音频链接并删除音频。

步骤 16：将素材"婺源 16.mpg"从项目窗口拖放到时间线窗口的视频 1 轨道上，紧接素材"婺源 13.mpg"的末端（即出点）。

步骤 17：在节目窗口点击 ▶ "播放/停止"播放素材，发觉这是一个拉镜头，起幅和落幅时间都较长，需要把素材两头的起幅和落幅剪短一些。我们用另一种方法剪辑。

将时间定位指针停放在 00：00：09：01 处（"婺源 16.mpg"的开始点），然后点击节目窗口的 ◀ "设置入点"按钮。如图 4-19 所示。

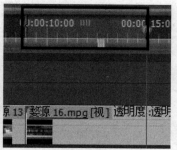

图 4-19 图 4-20

步骤 18：再单击 "播放/停止"按钮继续播放素材，当播放到 00：00：14：22 时，再次按下 "播放/停止"按钮停止播放，用鼠标点击 "设置出点"按钮，即在 00：00：14：22处设置一个出点，时间线窗口的时间标尺上将设置入点和出点的这一段反白显示，如图4-21 所示。

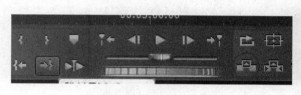

图 4-21 图 4-22

步骤 19：用鼠标点击节目窗口下方的 "提升"按钮，如图 4-21 所示，将把视频 1轨道上设置入点和出点的这一段删除掉，如图 4-22 所示。而前后素材保持原来位置不动，也就是说没有改变整个轨道上素材的长短，但是这一段空缺，需要用另一段同样长度的视频素材加以填补。这是"四点编辑法"，我们稍后介绍。

这里不需要留有空缺，把它删除后，后面的视频自动往前移动与前面的"婺源 13.mpg"末端无缝对接。

步骤 20：打开"历史"面板，这里记录了我们操作的所有步骤。现在我们不用"提取"这一步骤，也就是要取消步骤 19，所以点击"设置序列出点"，如图 4-23 所示，使我们的操作回到了步骤 18。

"历史"面板的作用是，当我们发觉在前面的某一操作步骤出现错误时，可以回到错误步骤的前一步骤，重新操作。不过一旦回到某一步骤并从这一步骤开始操作后，后面的所有历史记录将被清除掉。例如，我们突然发觉步骤 15 操作错误，我们可以在"历史"面板中回到步骤 14，然后重新操作步骤 15，那么步骤 15 以后的步骤 16 至步骤 20 的记录将被清除掉，时间线轨道上的操作回到了步骤 15，再想回到步骤 18 就不可能了，必须从步骤 15 开始重新操作。

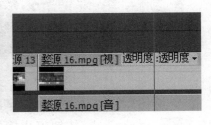

图 4-23 图 4-24 图 4-25

步骤 21：用鼠标点击节目窗口下方的 "提取"按钮（如图4-24所示），视频1轨道上设置入点和出点的这一段被删除掉，后面的素材自动往前移，与前面的素材自动对接。如图4-25所示。

通过步骤19至步骤21，我们分清楚了"提取"和"提升"的区别，它们与"源素材"窗口的"插入"与"覆盖"按钮相仿，但功能作用正好相反。同时还了解了"历史"面板的作用。

步骤 22：将时间定位指针移到00：00：15：09处，用鼠标点击工具栏的 剃刀工具，鼠标变成刀片状，然后将呈刀片状的鼠标移到时间定位指针处（00：00：15：09）对准垂直红线点击鼠标，素材"婺源16.mpg"被剪成两段。

步骤 23：删除"婺源16.mpg"的后半段。

步骤 24：将素材"婺源3.mpg"从项目窗口拖放到时间线窗口的视频1轨道上，紧接素材"婺源16.mpg"的末端。

步骤 25：将时间定位指针移到00：00：17：09处，用鼠标点击工具栏的 剃刀工具，然后将呈刀片状的鼠标移到时间定位指针处（00：00：19：09）对准垂直红线点击鼠标，素材"婺源3.mpg"被剪成两段。

步骤 26：将"婺源3.mpg"的后半段删除。

步骤 27：将素材"婺源4.mpg"从项目窗口拖放到时间线窗口的视频1轨道上，紧接素材"婺源3.mpg"的末端。

步骤 28：将时间定位指针移到00：00：23：03处，用鼠标点击工具栏的 剃刀工具，然后将呈刀片状的鼠标移到时间定位指针处对准垂直红线点击鼠标，将素材"婺源4.mpg"剪成两段。

步骤 29：选中"婺源4.mpg"前半段右键，在弹出的菜单中选择"波纹（涟漪）清除"，将其删除，后半段自动向前面素材靠拢。"波纹删除"与"提取"有异曲同工之妙。

步骤 30：再将时间定位指针移到00：00：26：13处，用 剃刀工具把"婺源4.mpg"再剪成两段。

步骤 31：选中后半段右键，在弹出的菜单中选择"清除"命令，将其清除。

步骤 32：将素材"婺源 18.mpg"从项目窗口拖放到时间线窗口的视频 1 轨道上，紧接素材"婺源 4.mpg"的末端。

步骤 33：将时间定位指针移到 00：00：26：22 处，用鼠标点击工具栏的 剃刀工具，然后将呈刀片状的鼠标移到时间定位指针处对准垂直红线点击鼠标，将素材"婺源 18.mpg"剪成两段。

步骤 34：选中"婺源 18.mpg"前半段右键，在弹出的菜单中选择"波纹（涟漪）清除"，将其删除，后半段自动向前面素材靠拢。

步骤 35：将时间定位指针移到 00：00：28：21 处，用 剃刀工具将"婺源 18.mpg"剪成两段。

步骤 36：右键"婺源 18.mpg"后半段，在弹出的菜单中选择"清除"，将其删除。

步骤 37：将素材"婺源 17.mpg"从项目窗口拖放到时间线窗口的视频 1 轨道上，紧接素材"婺源 18.mpg"的末端。

步骤 38：将时间定位指针移到 00：00：35：06 处，用 剃刀工具将"婺源 17.mpg"剪成两段。

步骤 39：右键"婺源 17.mpg"后半段，在弹出的菜单中选择"清除"，将其删除。

步骤 40：将素材"婺源 6.mpg"从项目窗口拖放到时间线窗口的视频 1 轨道上，紧接素材"婺源 17.mpg"的末端。

步骤 41：将时间定位指针移到 00：00：38：02 处，用 剃刀工具将"婺源 6.mpg"剪成两段。

步骤 42：右键"婺源 6.mpg"后半段，在弹出的菜单中选择"清除"，将其删除。

步骤 43：将素材"婺源 7.mpg"从项目窗口拖放到时间线窗口的视频 1 轨道上，紧接素材"婺源 6.mpg"的末端。

步骤 44：将时间定位指针移到 00：00：42：07 处，用 剃刀工具将"婺源 7.mpg"剪成两段。

步骤 45：右键"婺源 7.mpg"后半段，在弹出的菜单中选择"清除"，将其删除。

步骤 46：将素材"婺源 12.mpg"从项目窗口拖放到时间线窗口的视频 1 轨道上，紧接素材"婺源 7.mpg"的末端。

步骤 47：将时间定位指针移到 00：00：44：18 处，用 剃刀工具将"婺源 12.mpg"剪成两段。

步骤 48：选中"婺源 12.mpg"前半段右键，在弹出的菜单中选择"波纹（涟漪）清除"，将其删除，后半段自动向前面素材靠拢。

步骤 49：将时间定位指针移到 00：00：46：04 处，用 剃刀工具将"婺源 12.mpg"剪成两段。

步骤 50：右键"婺源 12.mpg"后半段，在弹出的菜单中选择"清除"，将其删除。

步骤 51：将素材"婺源 15.mpg"从项目窗口拖放到时间线窗口的视频 1 轨道上，紧接素材"婺源 12.mpg"的末端。

步骤 52：将时间定位指针移到 00：00：49：00 处，用 剃刀工具将"婺源 15.mpg"剪成两段。

　　步骤53：右键"婺源15.mpg"后半段，在弹出的菜单中选择"清除"，将其删除。

　　步骤54：将素材"婺源9.mpg"从项目窗口拖放到时间线窗口的视频1轨道上，紧接素材"婺源15.mpg"的末端。

　　步骤55：将时间定位指针移到00：00：54：11处，用  剃刀工具将"婺源9.mpg"剪成两段。

　　步骤56：右键"婺源9.mpg"后半段，在弹出的菜单中选择"清除"，将其删除。

　　步骤57：从时间线的开头浏览剪辑，在浏览过程中发觉"婺源7.mpg"的画面不是很好，想用另一个画面来替换它，不改变整体的节目长度。

　　步骤58：右键"婺源7.mpg"，在弹出的菜单中选择"清除"，将其删除。如图4-26所示。

图4-26

　　步骤59：在项目窗口对准素材"婺源8.mpg"的图标连续双击鼠标左键（简称"双击"），素材"婺源8.mpg"被导入源素材窗口。这与本小节的步骤2效果相同。如图4-27所示。

图4-27

　　步骤60：在视频轨道上通过时间定位指针查看删除的素材（空缺）长度，从00：00：38：02至00：00：42：07，时长为00：00：04：05。

　　步骤61：在源素材窗口设置素材的入点和出点。单击"源素材窗口"下方的 ▶ "播放/停止"按钮播放素材，当播放到00：00：01：00时，再次按下 ▶ "播放/停止"按钮，停止播放，用鼠标点击 ┫ "设置入点"按钮，即在00：00：01：00处设置一个入点，如图4-28所示。因为在1秒钟之前的素材有点晃动所以不要。

图 4-28

步骤 62：单击  "播放/停止"按钮继续播放素材，当播放到 00：00：05：05 时，再次按下 "播放/停止"按钮停止播放，用鼠标点击 "设置出点"按钮，即在 00：00：05：05 处设置一个出点，如图 4-29 所示。

图 4-29

步骤 63：用鼠标单击 "仅拖动视频"按钮待鼠标出现小手状时按住鼠标不放，如图 4-30 所示，将鼠标移到时间线窗口的视频 1 轨道上，入点为 00：00：38：02，如图 4-31 所示。

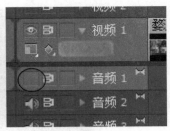

图 4-30   图 4-31   图 4-32

这样就完成了一次素材的替换。或者先将时间定位指针移到 00：00：38：02 处，然后点击源素材窗口的 ![插入]"插入"按钮或者 ![覆盖]"覆盖"按钮均可。这种剪辑也叫"四点编辑法"，即在源素材窗口设置一个入点、一个出点，在时间线窗口的轨道上设置一个入点、一个出点。

步骤 64：用鼠标点击音频 1 轨道开关，关闭音频 1 轨道（喇叭消失），如图 4-32 所示，使整个音频 1 轨道失声。这样减少许多解除视音频链接并删除音频的操作步骤。

系统默认音频轨道开关为开启状态，点击一下，喇叭消失，为关闭状态，整个轨道的声音无效（无声）。再点击一下，喇叭出现，为打开状态，声音有效。

4.1.4　为视频剪辑配上音乐

步骤 1：单击"文件"/"导入"，导入素材"春野 .mp3"。

步骤 2：在项目窗口双击素材"春野 .mp3"，将其导入到源素材窗口。

步骤 3：单击"源素材"窗口下方的 ![播放]"播放/停止"按钮播放素材，当播放到 00：00：06：07 时，再次按下 ![播放]"播放/停止"按钮停止播放，用鼠标点击 ![入点]"设置入点"按钮，即在 00：00：06：07 处设置一个入点。

步骤 4：单击 ![播放]"播放/停止"按钮继续播放素材，当播放到 00：01：03：00 时，再次按下 ![播放]"播放/停止"按钮停止播放，用鼠标点击 ![出点]"设置出点"按钮，设置一个出点。

步骤 5：用鼠标单击 ![仅拖动音频]"仅拖动音频"按钮，待鼠标出现小手状时按住鼠标不放，将鼠标移到时间线窗口的音频 2 轨道上，入点为 00：00：00：00，如图 4-33 所示。

步骤 6：用鼠标点击工具栏的 ![钢笔]钢笔工具，然后移到音频轨道 2 的开头，并对准轨道中间的黄线，按下键盘的"Ctrl 键"不放（一直到四个关键帧设置完毕后再松开此键），待鼠标变成 ![图标]图标时，点击鼠标左键，在黄线的起始位置设置了一个关键帧，如图 4-34 所示。

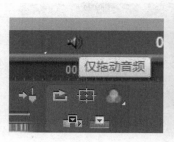

图 4-33

图 4-34   图 4-35

步骤 7：将鼠标移到黄线的另一位置 00：00：13：18 时，再次点击鼠标添加第二个关键帧，如图 4-35 所示。

步骤 8：将鼠标移到音频素材快要结束时的某一位置 00：00：54：11 时，再次对准黄线点击鼠标添加第三个关键帧，如图 4-36 所示。

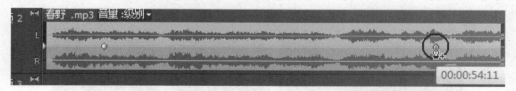

图 4-36

步骤 9：将鼠标移到音频素材的结尾 00：01：02：18 处，再次对准黄线点击鼠标添加第四个关键帧，如图 4-37 所示。四个关键设置完毕，松开键盘上的"Ctrl 键"。

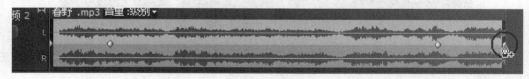

图 4-37

步骤 10：将鼠标移到第一个关键帧上，鼠标变成 图标时按下鼠标不放，并往下拖动直到鼠标下的时间码后面的数值为 -00dB 时松开鼠标，如图 4-38 所示。

图 4-38   图 4-39

步骤11：将鼠标移到第四个关键帧上，鼠标变成 ![icon] 图标时按下鼠标不放，并往下拖动直到鼠标下的时间码后面的数值为-00dB时松开鼠标，如图4-39所示。音频的整体效果如图4-40所示。

图 4-40

通过关键帧的设置和调整，目的是让声音在起始处逐渐响起，在结束时逐渐消失，避免声音的突然出现和突然消失。这种声音的渐起和渐落又叫"淡入、淡出"。

4.1.5 添加"视频切换"效果

步骤1：打开"效果"（特效）面板，如图4-41所示。效果面板在编辑界面的左下方。主要由预置、音频特效、音频过渡、视频特效和视频切换等几部分组成。

图 4-41   图 4-42   图 4-43

步骤2：点击"视频切换"文件夹左边的三角形按钮，展开"视频切换"文件夹。再打开子文件夹"3D运动"。如图4-42所示。

步骤3：用鼠标选中"门"这一切换特效，如图4-43所示。按住鼠标左键不放并将其拖到时间线窗口的视频1轨道上的"婆源1.mpg"和"婆源10.mpg"的结合处（剪辑点），鼠标会出现 ![icon]（"十字"型，见图4-44），或 ![icon]、![icon]（"横T字"型，见图4-45）时松开鼠标，这时会发现两段素材之间出现了一个"门"的转换效果。如图4-46所示。

影视非线性编辑教程

图 4-44	图 4-45	图 4-46

　　步骤 4：将"视频切换"文件夹中的子文件夹"叠化"打开，将其中的"黑场过渡"拖放到"婺源 1.mpg"的起始处，待鼠标出现 图标时松开鼠标。如图 4-47 所示。

图 4-47

　　步骤 5：将"视频切换"文件夹中的子文件夹"卷页"打开，将其中的"卷走"拖放到"婺源 4.mpg"和"婺源 18.mpg"之间，待鼠标出现 图标时松开鼠标。如图 4-48 所示。

图 4-48

　　步骤 6：将"视频切换"文件夹中的子文件夹"叠化"打开，将其中的"交叉叠化"拖放到"婺源 17.mpg"和"婺源 6.mpg"之间，待鼠标出现 图标时松开鼠标。如图 4-49 所示。

图 4-49	图 4-50	图 4-51

　　步骤 7：将"视频切换"文件夹中的子文件夹"擦除"打开，将其中的"百叶窗"拖放到"婺源 17.mpg"和"婺源 6.mpg"之间，待鼠标出现 图标时松开鼠标。如图 4-50 所示。

　　步骤 8：将"视频切换"文件夹中的子文件夹"擦除"打开，将其中的"水波纹"拖放到"婺源 15.mpg"和"婺源 9.mpg"之间，待鼠标出现 图标时松开鼠标。如图 4-51 所示。

　　步骤 9：将"视频切换"文件夹中的子文件夹"叠化"打开，将其中的"黑场过渡"拖放到"婺源 9.mpg"的结尾处，待鼠标出现 图标时松开鼠标。如图 4-51 所示。

4.1.6　创建字幕

步骤 1：点击"文件"/"新建"/"字幕"，如图4-52所示；弹出"新建字幕"对话框，如图4-53所示。

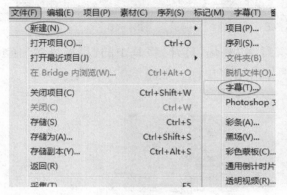

图 4-52　　　　　　　　　　　　图 4-53

步骤 2：在"新建字幕"对话框中设置"时基"为25，将"名称"命名为"梦里老家"，然后单击"确定"按钮，弹出字幕窗口。

步骤 3：选中字幕窗口左上角的 ![T]"单行文字输入工具"，然后将鼠标移到字幕显示区，单击鼠标，显示区出现光标并闪烁。如图4-54所示。

图 4-54　　　　　　　　　　　　图 4-55

步骤 4：输入汉字"梦里老家"，如图4-55所示。

步骤 5：点击字幕窗口上方的"字幕属性控制区"的"字体"下拉按钮如图4-56所示，弹出字体选择下拉菜单，如图4-57所示。

图 4-56　　　　　　　　　　　　图 4-59

步骤 6：按住下拉菜单右边的滚动条一直拉到最下面，出现汉字字体名称（汉语拼音），然后选择"LiSu"，如图4-58所示，这时的汉字字幕就全都变成了"隶体"，如图4-59所示。

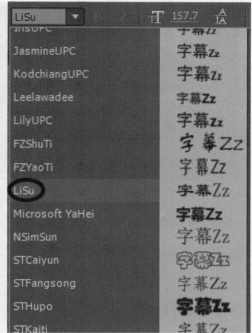

图 4-57   图 4-58

步骤 7：点击字幕窗口左上角的 ，然后点击字幕显示区的字幕，选中字幕（字幕四周出现方框表示选中），按住鼠标不放拖动字幕到字幕显示区的上方位置松开鼠标，如图 4-60 所示。

图 4-60   图 4-61

步骤 8：再将鼠标移到方框的任意一角，按下鼠标不放拖动可以改变文字的大小，将文字放大，如图 4-61 所示。

步骤 9：再次点击字幕窗口左上角的 "单行文字输入工具"，然后将鼠标移到字幕显示区"梦里老家"的下面，单击鼠标，出现光标并闪烁，然后输入"婺源"，如图 4-62所示。

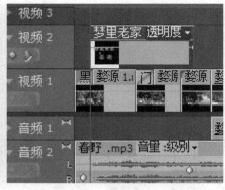

图 4-62　　　　　　　　　　　图 4-63

步骤 10：关闭字幕窗口，字幕自动保存在项目窗口。

4.1.7　制作字幕特效

步骤 1：将字幕"梦里老家"从项目窗口拖放到时间线窗口的视频 2 轨道上，入点为 00：00：01：00。如图 4-63 所示。

步骤 2：在视频 2 轨道上右键"梦里老家"，在弹出的菜单中选择"速度/持续时间"命令（如图 4-64 所示），弹出"速度/持续时间"对话框，如图 4-65 所示。

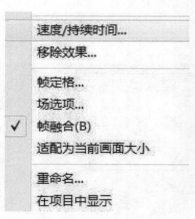

图 4-64　　　　　　　　　　　图 4-65

步骤 3：在对话框里设置"持续时间"为 0800（表示 8 秒），然后按"确定"按钮。字幕长度被调整为 8 秒。

步骤 4：点击字幕素材，打开"特效控制台"窗口（一般情况下只要选中轨道上的素材特效控制台窗口就会自动打开），如果还没打开，可用鼠标直接点击编辑界面上方的"特效控制台"，使其打开。如图 4-66 所示。

影视非线性编辑教程

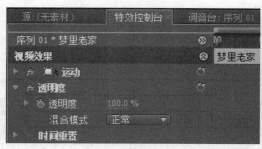

图 4-66

图 4-67

步骤 5：在"特效控制台"中点击"运动"选项最左边的三角形按钮，展开"运动"选项。如图 4-67 示。

步骤 6：在"特效控制台"中将时间定位指针移到素材的开始即 00：00：01：00 处，然后点击"缩放比例"选项左边的 ◎ "关键帧开关"按钮，使关键帧开关打开。将"缩放比例"由 100 改为 0，如图 4-68 示。

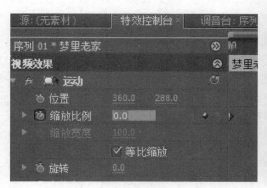

图 4-68

图 4-69

步骤 7：将时间定位指针移到 00：00：04：15 处，将"缩放比例"改为 100。系统自动添加一个关键帧，如图 4-69 所示。目的是让字幕由小变大。

步骤 8：打开"效果"面板，点击"视频特效"文件夹左边的三角形按钮使其展开，再展开"透视"子文件夹，选中"基本 3D"特效按住鼠标左键不放将其拖放到视频 2 轨道的字幕上（或者是特效控制台窗口）松开鼠标，为字幕添加一个特效。如图 4-70 所示。

图 4-70

步骤9：点击特效控制台窗口的"基本3D"特效最左边的三角形按钮，展开"基本3D"参数项，点击"旋转"选项左边的 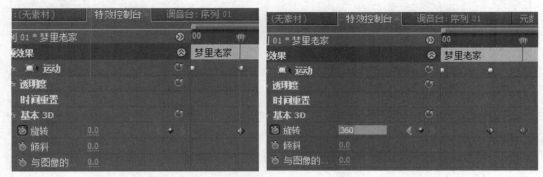"关键帧开关"按钮，使关键帧开关打开。如图4-71所示。

图4-71　　　　　　　　　　　图4-72

步骤10：将时间定位指针移到00：00：06：15处，将"基本3D"的旋转参数改为360。如图4-72所示。

打开"视频切换"文件夹中的子文件夹"缩放"，将其中的"缩放拖尾"拖放到字幕的末端，如图4-73所示。

图4-73

步骤11：播放字幕剪辑，字幕效果是：字幕由最小逐渐变大并立体旋转360°，最后以缩小消失。

4.1.8　输出节目成品

节目到此已经制作完毕，但是要想在电视上播出或在其他播放器上播出，还需要进行最后一道工序"输出"节目。

步骤1：单击"文件"/"导出"/"媒体(M)"，弹出"导出设置"对话框，如图4-74所示。

图 4-74

步骤2：在"导出设置"对话框右边的"导出设置"栏设置参数：将"格式"选项设为"MPEG2"；"预置"设为"PAL DV 高品质"。将"导出视频"和"导出音频"两个选项左边的复选框都勾选上，并确定输出存放的路径、盘符和文件夹。如图 4-75 所示。然后点击下方的"确定"按钮，弹出"Adobe Media Encoder（媒体编码器）"，如图 4-76 所示。

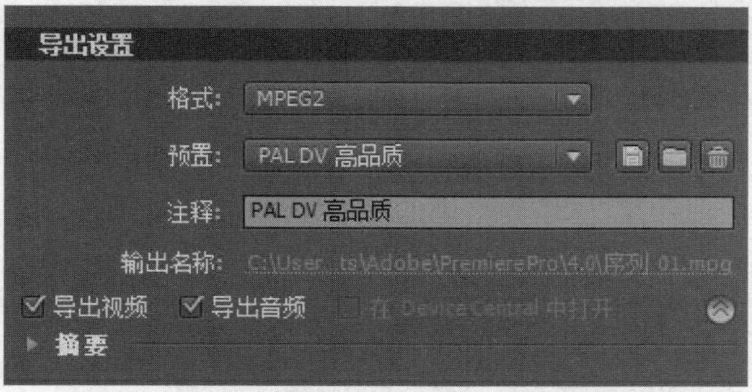

图 4-75

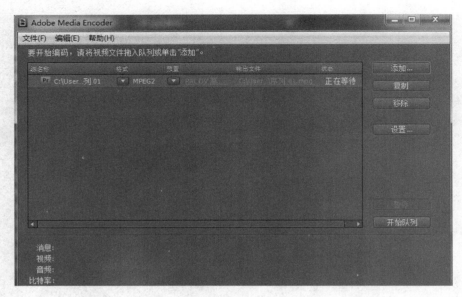

图 4-76

步骤3："Adobe Media Encoder（媒体编码器）"可以看到待输出的序列，点击"开始队列"，在编码器的下方出现一个进度条，表示输出的进度和需要的时间，如图4-77所示。

图 4-77

步骤4：输出完成后，媒体编码器中的"输出序列"由"正在等待"变成  "绿勾"，如图4-78所示。

图 4-78

4.2　序列嵌套与素材替换

序列嵌套就是把一个经过编辑过的若干素材的序列,再次作为素材嵌套入另一个序列进行再组合或再加工。

4.2.1　序列嵌套

步骤1：新建一个DV-PAL制式的宽频(16∶9)的项目,命名为"序列嵌套"。

步骤2：导入素材"报纸.png"和"打球1.mpg"。

步骤3：将素材"报纸.png"和"打球1.mpg"从项目窗口分别拖放到视频1轨道和视频2轨道,入点均为00∶00∶00∶00。

步骤4：右键视频1轨道上的"报纸.png"素材,在弹出的菜单中选择"速度/持续时间"命令,在弹出的"速度/持续时间"对话框里将"持续时间"设为"1200"即12秒,如图4-79所示,然后按"确定"按钮。

图4-79

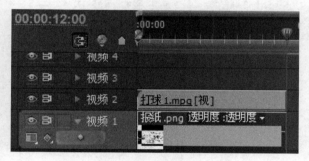

图4-80

步骤5：将鼠标移到视频2轨道上素材的末端,待鼠标出现为"拉伸"图标时,按下鼠标左键不放并向左移动直到与视频1轨道的素材末端对齐(出现垂直黑线)时松开鼠标。如图4-80所示。

步骤6：选中视频1轨道上的素材,打开特效控制台窗口,展开"运动"选项参数,将"缩放比例"设为73。

步骤7：选中视频2轨道上的素材,打开特效控制台窗口,展开"运动"选项参数,将"位置"设为(462,294),将"缩放比例"设为34,如图4-81所示。

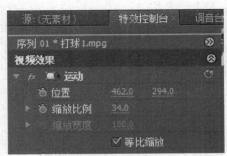

图 4-81

步骤 8：单击"文件"/"新建"/"黑场视频"，新建一个黑场视频。

步骤 9：将"黑场视频"从项目窗口拖放到视频 3 轨道，入点和出点与视频 2 轨道的"打球"素材对齐。

步骤 10：选中视频 3 轨道上的"黑场视频"，打开特效控制台窗口，展开"运动"选项参数，将"位置"设为（462，295），将"等比缩放"左边的"勾选"取消，将"缩放高度"设为 35，"缩放宽度"设为 26，正好把视频 2 的"打球"覆盖住。如图 4-82 所示。

图 4-82

步骤 11：打开"特效"面板，展开"视频特效"文件夹，再将子文件夹"键控"打开，将其中的"轨道遮罩键"拖放到视频 2 轨道的素材上。如图 4-83 所示。

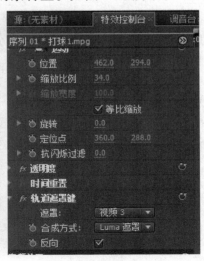

图 4-83   图 4-84

步骤12：选中视频2轨道上的素材，打开特效控制台窗口，展开"轨道遮罩键"参数选项，将"遮罩"设为"视频3"；将"合成方式"设为"Luma遮罩"；将"反向"右边的复选框勾选上。如图4-84所示。

步骤13：单击"文件"/"新建"/"序列"，弹出"新建序列"对话框，一般保持默认值（默认值与前一个序列是一致的，除非建一个与前一个不同制式的序列，这时要更改默认值），然后点击"确定"按钮。这时时间线窗口增加了一个序列02。

步骤14：用鼠标点击"序列02"，使其处于当前操作序列。如图4-85所示。

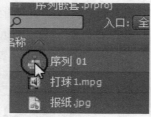

图4-85　　　　　　　　　　　　　　　　图4-86

步骤15：将"序列01"从项目窗口拖放到序列02的视频1轨道，入点为00:00:00:00，如图4-86所示。

步骤16：将"序列02"视频1轨道放大显示，并打开特效控制台窗口。

步骤17：在特效控制台窗口点击"运动"左边的三角形按钮，展开其参数选项，将时间定位指针移到00:00:00:00处，将"缩放比例"和"旋转"左边的 ![关键帧开关] "关键帧开关"打开，为其设置第一个关键帧，如图4-87所示。

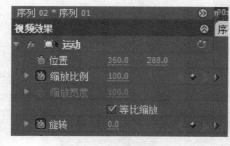

图4-87　　　　　　　　　　　　　　　　图4-88

步骤18：将时间定位指针移到00:00:02:00处，将"缩放比例"设为70，将"旋转"设为360°，系统自动添加"缩放比例"和"旋转"的第二个关键帧。

步骤19：将时间定位指针移到00:00:04:00处，将"缩放比例"设为100，将"旋转"设为2×0°（即720°），系统自动添加"缩放比例"和"旋转"的第三个关键帧。如图4-88所示。

步骤20：打开"特效"面板，展开"视频切换"文件夹，将其中的"卷页"文件夹打开，将"卷走"效果拖放到视频1轨道上的"序列01"的末端。如图4-89所示。

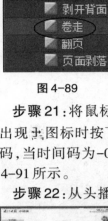
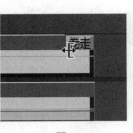
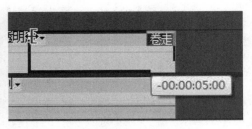

| 图 4-89 | 图 4-90 | 图 4-91 |

步骤 21：将鼠标移到视频 1 轨道上的"序列 01"的末端的"卷走"图标的左边，待鼠标出现 📍 图标时按下鼠标左键不放并向左拖动，如图 4-90 所示。拖动过程中会出现时间码，当时间码为 -00∶00∶05∶00（表示切换持续时间向左延长了 5 秒）时，松开鼠标。如图 4-91 所示。

步骤 22：从头播放剪辑，组图效果如图 4-92 所示。活动影相随报纸一同运动。

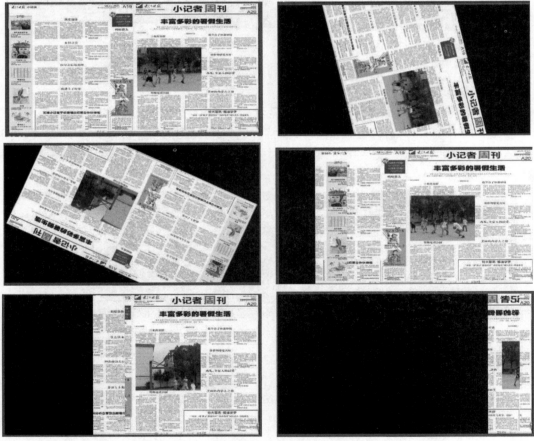

图 4-92

4.2.2　素材替换

当我们在编辑过程中发现时间线窗口已经编辑过的素材不太适合，需要更换另一个更具有表现力的素材时，我们可以使用素材替换技巧。

比如我们要将上例中"序列01"中的"打球1.mpg"更换为另一素材"婺源18.mpg"可以有两种方法。

方法一：

步骤1：在项目窗口空白处双击，导入要替换的素材"婺源18.mpg"。

步骤2：将素材"婺源18.mpg"从项目窗口拖放到"序列01"的视频2轨道上，暂时不要松开鼠标，我们发现"婺源18.mpg"比"打球1.mpg"要长许多，如图4-94所示。这时再按住键盘上的"Alt"键，我们发现"婺源18.mpg"和"打球1.mpg"等长，松开鼠标，替换完成。原来在"打球1.mpg"所做的特效等都会被保留下来，只是画面内容被更换了。如图4-94所示。节目窗口的画面效果由原来的"打球"变成了"鸭子戏水"。如图4-95所示。

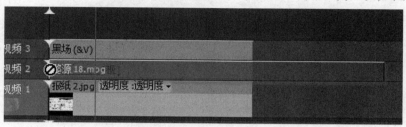

图 4-93

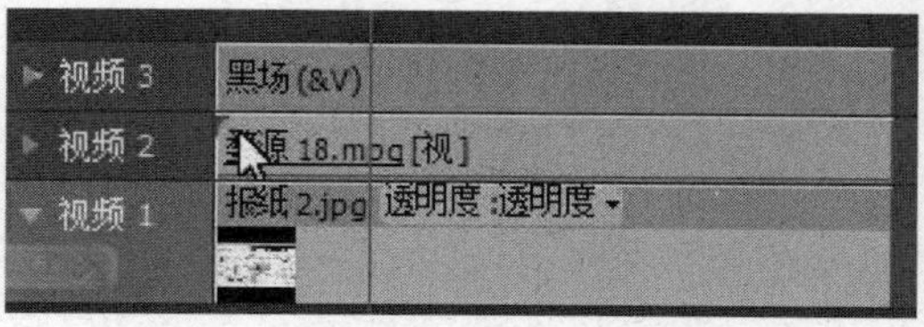

图 4-94

图 4-95

方法二：

步骤1：按键盘上的"Ctrl＋Z"组合键，撤销刚才的替换操作（或者在"历史"面板中点击上一步操作回到上一步）。

步骤2：选中项目窗口中被替换的素材"打球1.mpg"的图标并右键，在弹出的菜单中选择"替换素材"。如图4-96所示。

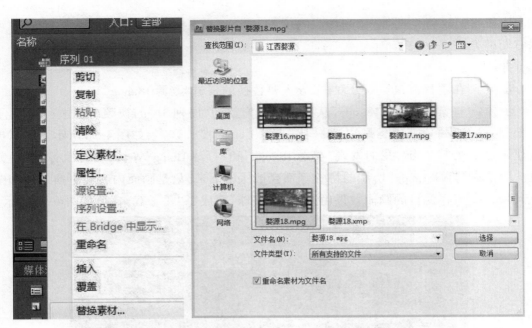

图 4-96   图 4-97

步骤 3：在弹出的对话框中选择"替换素材"，然后按"选择"按钮即可完成替换。如图 4-97 所示。

这种替换在需要替换一个或多个序列内多次反复出现的素材非常有效。替换可以在不同格式的素材之间进行，可以将动态的影像替换成静态的图片，但是最好是像素纵横比与画幅尺寸相同，否则替换与被替换的涵盖的面积不一样。例如本例中，虽然两个素材都是"mpg"格式，都是 720×576 的画幅尺寸，但是它们的像素纵横比不一样，"打球 1.mpg"的像素纵横比是 1.094，而"婺源 18.mpg"是 1.4587，所以后者在报纸上的面积要大一些。

◆ **内容提要**

本章通过"梦里老家"的具体创作案例详细介绍了影视节目剪（编）辑的基本方法与详细步骤，有利于学生对影视编辑程序全过程有着一个完整性的认知与把握，同时简要讲解了序列嵌套与素材替换的含义与操作方法。

◆ **关键词**

"梦里老家"   影视编辑程序流程   序列嵌套   素材替换   节目成品

◆ **思考题**

1. 影视编辑程序全流程有哪些主要步骤？

2. 何为序列嵌套？

3. 素材替换主要有哪两种方法？

4. 自行采（搜）集素材，编辑一个有主题的影视节目成品。

第5章　视频转场效果

【学习目标】

知识目标	技能目标
理解视频转场的基本内涵	掌握视频转场效果的功能
了解转场效果的基本使用原理	熟练掌握添加与设置转场效果的方法与步骤
了解十一种视频转场效果的用途	熟练掌握11种转场效果的使用方法

【知识结构】

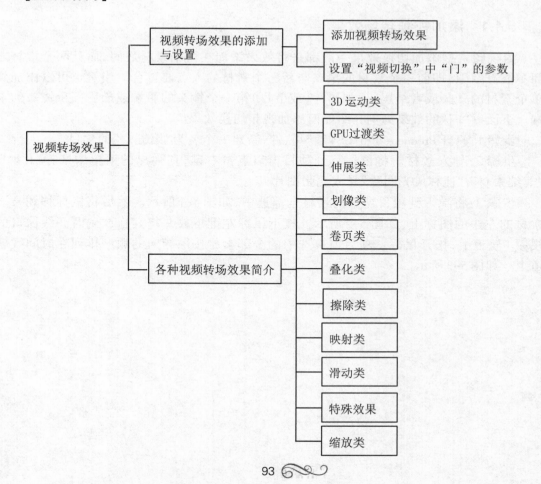

在影视节目的后期制作过程中,最基本的是前后(或者说上下)两个镜头之间的连接关系,即由一个镜头切换成另一个镜头的关系。镜头之间的连接可以直接切换,上一个镜头切出,下一个镜头切入,也叫"跳切"或"硬切"。也可以通过视频特技将前后两个镜头逐渐的过渡。

所谓转场镜头,特指在段落转换或场面变化时连接前后的镜头,担负着廓清段落、划分层次、连接场景、转换时空、承上启下的任务。转场镜头既是前后两个镜头之间的切换,又是两个场景(层次)或者两个段落之间的切换;前后两个镜头之间可能是空间的变化,也可能是时间的变化。所以对转场镜头的转换方式(转换效果)既要考虑视觉的连续性,又要考虑到心理的隔断性,同时还要考虑前后镜头内容的内在的关联和情绪效果。所以说转场镜头的选择和转换效果的使用特别讲究,要仔细琢磨。镜头的转场效果也分为特技效果转场(又叫技巧性转场)和直接切换(无技巧转场,实际上是要求更高的技巧)。本章将着重介绍特技转场,特技转场又叫"视频切换效果"或者叫"视频过渡效果"。

5.1 视频转场效果的添加与设置

5.1.1 添加视频转场效果

给视频素材添加切换效果一般都是将效果添加在两个素材之间,而且两个素材之间不能有空隙,即前一个素材的出点与后一个素材的入点要重合。当然也可以添加到单个素材的开头或者结尾,比如影片(或节目)第一个镜头的始端或最后一个镜头的末端。下面以"门"的效果为例介绍如何添加视频切换效果。

步骤 1:打开 Premiere Pro CS4 编辑软件,新建一个名为"第五章"的项目。

步骤 2:导入素材。将鼠标移到项目窗口点击右键,在弹出的菜单中选择"E 盘"/"非编素材"/"桂林风光图片"导入几张图片。

步骤 3:将导入到项目窗口的素材全部选中,如图 5-1 所示。然后将鼠标移到某一素材的左边的图标上,如图 5-2 所示。按下鼠标左键不放并将其拖放到时间线窗口的视频 1 轨道上,松开鼠标。项目窗口选中的全部素材按照导入的顺序排列在时间线轨道上。如图 5-3 所示。

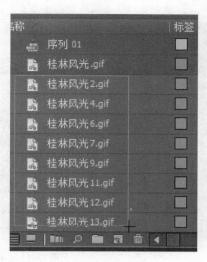
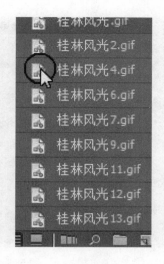

图 5-1　　　　　　　　　　　　　　　　图 5-2

将多个素材同时(一次性)从项目窗口插入到时间线轨道上,还可以用另外两种方法:

一是将导入项目窗口的素材全部选中(或框选若干),然后选择菜单栏"项目"/"自动匹配到序列"命令。

二是将导入项目窗口的素材全部选中(或框选若干),然后单击项目窗口下方的"自动匹配到序列"按钮,在弹出的对换框中按需要设置并确定。

图 5-3　　　　　　　　　图 5-4

步骤 4:将鼠标移到时间线窗口的左下方,拖动"缩放"滑块往右移动,如图 5-4 所示,让素材在视频轨道上放大显示。如图 5-5 所示。

图 5-5

步骤 5:打开"特效"面板,点击"视频切换"文件夹左边的小三角形按钮,将"视频切换"文件夹展开。这里有各种类型的切换效果,分别放在不同的文件夹中。如图 5-6 所示。

95

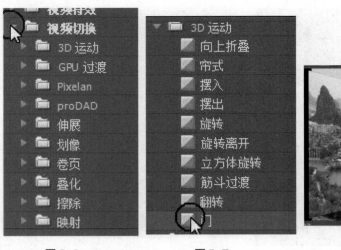

图 5-6　　　　　　　　　　　图 5-7　　　　　　　　　　　图 5-11

步骤6：再展开"3D运动"文件夹。选中"门"这一切换特效，如图5-7所示。按住鼠标左键不放并将其拖到时间线窗口的视频1轨道上的"桂林风光2"和"桂林风光4"的结合处（交界处），鼠标会变出 ![十字] ("十字"型，见图5-8)，或 ![横T字] 、 ![横T字] ("横T字"型，见图5-9)时松开鼠标，这时会发现两段素材之间出现了一个"门"的转换效果。如图5-10所示。

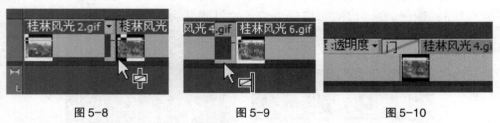

图 5-8　　　　　　　　　　　图 5-9　　　　　　　　　　　图 5-10

步骤7：将时间定位指针移到"门"效果的中间位置，画面效果如图5-11所示，素材"桂林风光4"从东西方向，就像关闭两扇门一样合拢，完全显现，而"桂林风光2"则被关上的"门"完全挡住。

如果要给多个素材运用同一个默认（自定义）的切换效果，也可以一次性添加，这样可以节省时间，提高工作效率。有两种方法：

一是将导入到项目窗口的素材全部选中（或框选若干），然后选择菜单栏"项目"/"自动匹配到序列"命令。在弹出的对话框中设置，如图5-12所示。将"应用默认视频转场切换"前的复选框勾选上，按确定按钮。

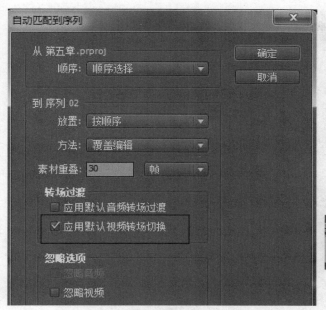

图 5-12 图 5-13

二是将导入项目窗口的素材全部选中（或框选若干），然后单击项目窗口下方的"自动匹配到序列"按钮，在弹出的对话框（见图 5-12）中将"应用默认视频转场切换"前的复选框勾选上，按确定按钮。时间线窗口视频轨道上的素材之间都被添加的"交叉叠化"视频切换特效，如图 5-13 所示。

5.1.2 设置"视频切换"中"门"的参数

步骤 1：在上述步骤 5 的基础上继续操作。将鼠标移到视频 1 轨道上的切换效果"门"上，如图 5-14 所示。

图 5-14

双击鼠标，打开特效控制台窗口，如图 5-15 所示。在"特效控制台"窗口可以根据需要设置参数，并在节目监视器窗口实时浏览设置效果。对特效控制台中的一些参数进行设置，可以改变时间线上素材的切换效果，包括切换的中心点、起点和终点的值、边界以及防锯齿的值等。

在面板左上角有一个三角形的播放按钮，点击可以在它下面的小窗口中浏览切换效果，按钮右边的文字"图像 B（即后一素材桂林风光 4）从水平或垂直的门中出现，覆盖图像 A（即前一素材桂林风光 2）"是对效果的简单描述。

图5-15

步骤2:设置参数。

➤方向控制:在播放按钮的下面有一个切换效果预览小窗口,小窗口的四边都有一个三角形按钮,这是用于选择切换方向的。当前选择的是"东西方向",即水平方向。也可以点击上、下边框的三角形按钮,那样切换方向为"南北方向"又叫垂直方向切换。

在Premiere Pro CS4中,有许多转场效果都有方向控制的,有的甚至有"东、西、南、北、东南、西南、东北、西北"八个方向可供选择。当然也有没有方向控制的。还有些转场效果虽然没有方向上的控制,却可以有位置上的变化。

➤持续时间:是指切换效果从开始到结束的时间长度,所以又叫过渡时间,系统默认长度为30帧。这个时间长度是可以根据节奏、情绪和素材的长短需要来调整的。方法有以下两种:

一是把鼠标移到时码上,按住鼠标左键不放,左右拖动鼠标,时间码会发生改变,向左拖动,过渡时间变短,向右拖动,过渡时间变长,拖到合适的时间后松开鼠标。

二是在时间码上单击后,时间码处于选中状态,然后在时间码上直接输入时间数字。比如需要3秒的时间长度,可以直接输入0300,然后在任何位置点击鼠标,时间码会自动调整为00:00:03:00,如果需要10秒钟的过渡时间,直接输入数字1000,然后在任何位置点击鼠标,时间码会自动调整为00:00:10:00。这种方法可以使过渡时间比较精确。切换时间一般不超过前后两个素材长度之和。

➤对齐:是指切换的起始位置与剪辑点的对齐。在其下拉列表中提供了4种切换对齐方式。如图5-16所示。

居中于切点:在两段素材片段之间加入切换效果。切换时间以剪辑点为准一分为二。如果切换的持续时间为3秒,那么两段素材在剪辑点前后各有1.5秒的切换时间。

开始于切点:以片段B的入点位置作为切换效果的持续时间的开始点。

结束于切点:以片段A的出点作为持续时间的终点。

无论是哪种"对齐"方式,其持续时间都是一样的,即过渡时间的长度都是一样的,不同的是过渡时间的起始点位置有变化。这主要会影响视频的剪辑节奏。比如两段素材都是静态的图片,默认持续时间都是为6秒,将切换"持续时间"设为3秒,如果"对齐"选择"居中于切点",那么播放时间线时,A片段播放到4.5秒(4.5秒的静态画面)时,开始切换(过渡),后面的1.5秒时间是过渡效果(处于变化状态),而B片段则在前1.5秒后完成切换(1.5秒的动态效果),后面的4.5秒属于静态画面。这样前后两个片段的动静时间状态保持一致,节奏统一。如果"对齐"选择"开始于切点",那么播放时间线时,A片段播放到6秒(6秒的静态画面)时,开始切换(过渡),也即从B片段入点开始过渡,持续3秒钟后,过渡完成(即前3秒是动态的)。也就是说,3秒钟的过渡时间全部在素材B上,后面的3秒属于静态画面。这样前后两个片段的动静时间不一样长,难于统一节奏。一般情况下,如果前后两个素材都是静态图片,"对齐"选择"居中于切点",如果一个是静态图片,一个是动态影像,或者两个都是动态影像,那么把过渡效果放在持续时间较长的素材上。

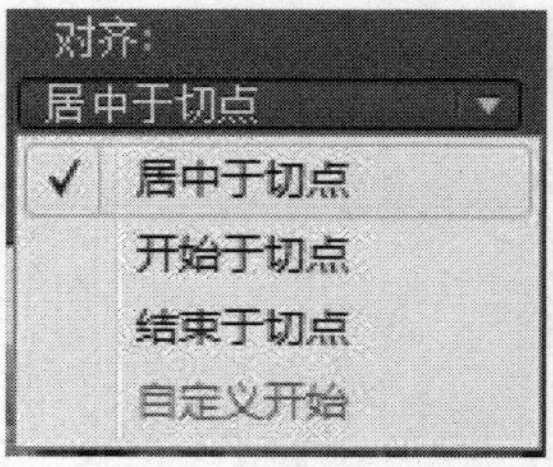

图5-16

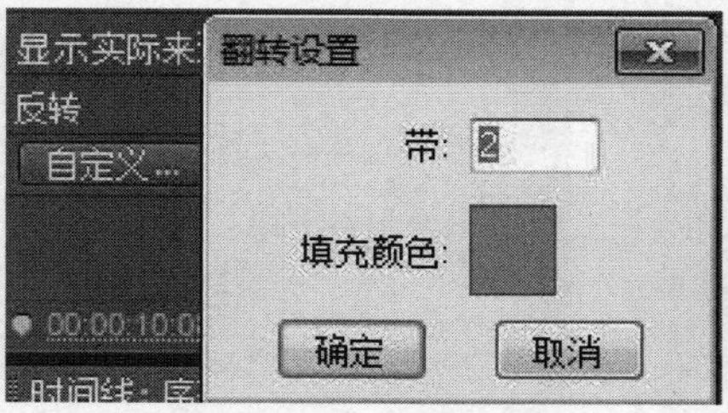

图5-17

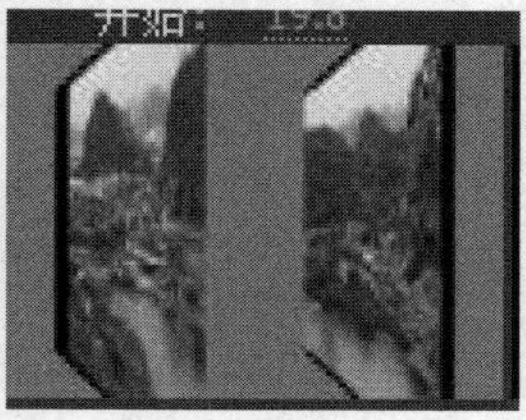

图5-18

还有部分转场效果的参数控制中有"自定义"项,打开自定义参数项,可以对诸如数量等参数进行设置,如图5-17所示。将"带"设置为2,"填充颜色"设为绿色,单击"确定"。其转换效果如图5-18所示。

➢素材预览框:中间的两个窗口分别显示A、B两个画面。当然需将下面的"显示实际来源"后面的复选框勾选才能看到两个画面。拖动预览框下面的滑块,可以改变切换的开始与结束状态。系统默认开始为0,结束为100。

➢边框:可以设置转场边缘效果,也即设置边缘宽度。默认为0,即没有边框。

➢边色:设置边框的颜色。

➢反转:勾选后,前后画面的位置会互换,而且效果也会反向。

比如当前的状况是:素材B"桂林风光4"在素材A"桂林风光2"上层从东西方向,就像关闭两扇门一样合拢,完全显现,而"桂林风光2"则被关上的"门"完全挡住。

如果勾选"反转",则转场效果是:图像A在图像B上层以开门的形式显出图像B来。

➢抗锯齿品质:有关、低、中、高四种抗锯齿质量供选择。

单击窗口上方的⨠按钮可以展开或者收起特效控制台窗口右侧的时间线部分。在时间线部分也可以调整转场效果的持续时间、对齐方式等。如图5-19所示。

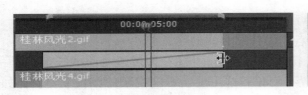

图 5-19　　　　　　　　　　　　图 5-20

　　将鼠标移到持续时间的首或尾端,鼠标变成 ⊞ 拉伸状时,按下鼠标左键不放并左右拖动使持续时间变短或变长。也可以用同样的方法在时间线窗口的视频轨道上调整转场效果的持续时间,如图 5-20 所示。与调整静态图片的长短的方法一致。

　　需要注意的是在两个素材之间添加转场效果时,素材要有一定的时间长度,也即要留有与转场的持续时间相重叠时间长度。

　　设置转场效果还可以在特效窗口的右上角点击 ≡ 按钮,弹出如图 5-21 所示对话框,选择"设置所选为默认切换效果",便将选中的效果设为默认效果。

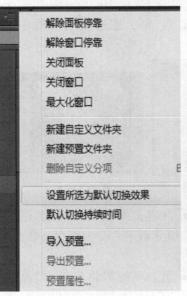
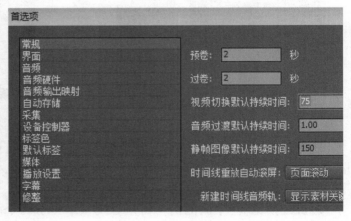

图 5-21　　　　　　　　　　　　图 5-22

　　如果要设置一个统一的 3 秒钟的持续时间(系统默认为 30 帧),则选择"默认切换持续时间"(或者在菜单栏点击"编辑"/"首选项"/"常规"),在弹出的"首选项"对话框中设置"视频切换默认时间"为 75 帧。然后单击确定按钮。

　　如果要删除转场效果或者替换一个其他的转场效果,有以下几种方法。

　　方法一:在时间线轨道上单击 ▯ 转场标记,按键盘上的 Delete 键删除该转场效果。

　　方法二:在时间线轨道的 ▯ 转场标记上右键,在弹出的菜单中选择"清除"命令。

　　方法三:如果要删除轨道上的多个转场效果,可以按 Shift 键选中多个 ▯ 转场效果,然后按键盘上的 Delete 键删除该转场效果。

　　方法四:如果嫌某转场效果不合适,想换另外一个,只需将另外一个转场效果直接拖到时间线轨道上原来的转场效果上,系统自动替换原来设置的效果,且参数与原来设置保持一致。

在 Premiere Pro CS4 中,相同的功能可以在不同的窗口(面板)中实现,很多窗口是互动的。

5.2 各种视频转场效果简介

Premiere Pro CS4 内置了许多转场特效,分门别类地放置在"视频切换"文件夹下的11 个子文件夹(类型)中,每一个类型中又有数量不等的转场特效样式。

5.2.1 3D 运动类

"3D 运动"(3D Motion)类的转场效果模仿了三维空间的运动效果,是将前后两个镜头进行层次化,实现从二维到三维的动态变化效果。

1. 向上折叠(Fold Up)

将前一素材(后面统称为 A 画面)像折纸一样折叠起来以显露出后一素材(后面统称为 B 画面)。效果如图 5-23 所示。

图 5-23

2. 帘式(窗帘)

类似于拉窗帘,A 画面从中间分开像拉开窗帘一样,显露出 B 画面。效果如图 5-24 所示。

图 5-24

3. 摆入

B 图像就像一单扇门沿着一条门轴从里向外摆动关闭(B 图像有逐渐放大的效果),将 A 图像关在门里面。效果如图 5-25 所示。

图 5-25

4. 摆出

B 图像就像一单扇门沿着一条门轴从外向里摆动关闭（B 图像有逐渐缩小的效果），将 A 图像关在门里面。效果如图 5-26 所示。

图 5-26

5. 旋转

B 画面从屏幕的水平（或垂直）中轴线逐渐展开并将 A 画面遮盖。效果如图 5-27 所示。

图 5-27

6. 旋转离开

B 画面如同竖立于 A 画面上的一张纸，逐渐翻转并放平，从而盖住 A 画面。与"旋转"效果基本相似。但是"旋转离开"中 B 画面有缩放的变化，立体感更强一些，而"旋转"效果的 B 画面却没有缩放的变化。效果如图 5-28 所示。

图 5-28

7. 立方体旋转

A画面和B画面就像一个立方体的两个面。通过旋转，让A画面转出，B画面转入。效果如图5-29所示。

图5-29

8. 筋斗过渡

A画面在屏幕的中心旋转的同时逐渐缩小消失，B画面逐渐显露出来。效果如图5-30所示。

图5-30

9. 翻转

A画面和B画面就像一张纸的正反两页，转换过程中，正面转到背面而背面的转到正面显示出来。用于不同主题之间的转换。效果如图5-31所示。

图5-31

10. 门

B图像以双扇门关门的方式把A图像关在门里。效果如图5-32所示。

图5-32

5.2.2　GPU 过渡类

这是一个新增的转场类型,模拟剥落、卷页等效果,共有 5 种样式。

1. 中心剥落

A 画面以中心剥落的方式向四周撕开,以显示 B 画面。效果如图 5-33 所示。

图 5-33

2. 卡片翻转

A 画面分裂为若干矩形并翻转显露出 B 画面。效果如图 5-34 所示。

图 5-34

3. 卷页

A 画面像翻书一样卷曲,B 画面随着 A 画面的逐渐卷曲而逐渐显露。效果如图 5-35 所示。

图 5-35

4. 球体

A 画面变形为球体并逐渐变小并从画框上方滚离出画框,画 B 画面随之显现。效果如图 5-36 所示。

图 5-36

5. 页面滚动

A 画面像卷筒一样从一边卷向另一边离开画框,B 画面随之显现。效果如图 5-37 所示。

影视非线性编辑教程

图 5-37

5.2.3　伸展类

主要是通过视频素材的伸缩达到转场过渡的效果。

1. 交叉伸展

B画面从画框的不同方向伸展挤压A画面，直至A画面压扁消失。效果如图5-38所示。

图 5-38

2. 伸展

B画面通过伸展覆盖A画面。效果与交叉伸展有点相似，但"交叉伸展"中，A画面被压扁变形，而在"伸展"中A画面不变化，只是被B画面覆盖。效果如图5-39所示。

图 5-39

3. 伸展覆盖

B画面在画框中间按水平或垂直方向向两边放大扩展以遮盖A画面。效果如图5-40所示。

图 5-40

4. 伸展进入

A画面逐渐淡出而B画面则以逐渐缩小并淡入的方式进入画框。效果如图5-41所示。

图 5-41

5.2.4 划像类

划像类转场主要是两个画面直接交替转场,前一个画面在消失的同时后一个画面随之出现。这种转场效果自然流畅,节奏紧凑,常用于同一时间不同空间的表现。

1. 划像交叉(十字划像)

A画面中心出现一个十字形的B画面,随着十字逐渐放大直至充满屏幕,B画面完全显现。效果如图 5-42 所示。

图 5-42

2. 划像形状

B画面以菱形、矩形或者椭圆型在A画面上以不同的数量逐渐展开,从而覆盖A画面。

划像形状的选择和数量的多少需在"特效控制台"窗口的"自定义"选项中设置。在时间线轨道上点击"划像形状标记"(名称),打开"特效控制台",点击"自定义"选项,在弹出的"划像形状设置"对话框中设置形状数量和形状类型,如图 5-43 所示。划像效果如图 5-44 所示。

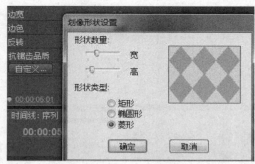

图 5-43

图 5-44

3. 圆形划像

A 画面出现一个圆形的显现 B 画面的小孔,逐渐放大后完全显现 B 画面。效果如图 5-45 所示。

图 5-45

4. 星形划像

B 画面以五角星的形状在 A 画面上逐渐放大,直至完全覆盖 A 画面。效果如图 5-46 所示。

图 5-46

5. 点划像

B 画面从画框的四个方向以三角形箭头形式向画面中心合拢以覆盖 A 画面。效果如图 5-47 所示。

图 5-47

6. 盒形划像

B 画面在 A 画面上出现一个矩形的小孔,逐渐放大后完全覆盖 A 画面。效果如图 5-48 所示。

图 5-48

7. 菱形划像

B 画面在 A 画面上出现一个菱形的小孔,逐渐放大后完全覆盖 A 画面。效果如图 5-49 所示。

图 5-49

划像类转场效果大都有划像的起点位置和边框的调整。可以在特效控制台窗口调整。

5.2.5 卷页类

卷页是模拟看书翻页的画面动态效果,将前一镜头作为翻过去的一页而消失,同时显出下一镜头(页)的画面。主要用于不同主题但仍有逻辑关联的段落(场景)转换。MTV、文艺晚会和一些体育节目中运用较多。

1. 中心剥落

将 A 画面从中心点分割成四块,同时向画框的四角卷起,直至全部消失以显露 B 画面。效果如图 5-50 所示。

图 5-50

2. 剥开背面

将 A 画面从中心点分割成四块,按顺时针方向分别从中心点向画框的四角卷起,直至全部消失以显露 B 画面。效果如图 5-51 所示。

图 5-51

3. 卷走

将 A 画面从左至右卷起来以显露 B 画面。效果如图 5-52 所示。

图 5-52

4. 翻页

将 A 画面以翻页的形式从画框一角掀起以显露 B 画面。掀起的 A 画面是透明的。效果如图 5-53 所示。

图 5-53

5. 页面剥落

将 A 画面以翻页的形式从画框一角掀起以显露 B 画面。掀起的 A 画面是不透明的。效果如图 5-54 所示。

图 5-54

5.2.6 叠化类

叠化是通过画面的溶解消失来达到转场过渡效果。前一画面在逐渐淡化的同时后一画面逐渐显现,前后两个画面有若干秒的整体重叠。主要用于表现明显的时空转换,同时强调转换的自然流畅,重在表现情绪氛围。

1. 交叉叠化

A 画面逐渐淡出(消失)而 B 画面逐渐显露,当 A 画面完全淡化消失时,B 画面则显露清晰。这是最为常用的转场过渡效果,所以系统将其设为默认切换效果。效果如图 5-55 所示。

图 5-55

2. 抖动溶解

在前后两个画面之间产生一种细小的网格纹路的变化进行溶解叠化。效果如图 5-56 所示。

图 5-56

3. 非附加溶解

A画面按照由暗到亮的顺序进行转场过渡,而B画面则按照由亮到暗的顺序替代A画面进行过渡。效果如图5-57所示。

图 5-57

4. 白场过渡

A画面由正常逐渐变成白场,再由白场逐渐变为B画面。效果如图5-58所示。

图 5-58

5. 附加叠化

A画面与B画面以亮度叠加方式相互融合,A画面逐渐变亮的同时B画面逐渐出现。效果如图5-59所示。

图 5-59

6. 随机反相

A画面以随机的板块形状逐渐消失,而B则以随机板块的方式出现,并最终占据整个画框。效果如图5-60所示。

图 5-60

7. 黑场过渡

"黑场过渡"又叫"淡入、淡出",与"白场过渡"相似,只是A画面由正常逐渐变暗直至完全变黑消失,B画面在黑场中逐渐清晰。画面由正常变暗直至消失叫"淡出",画面由黑场逐渐显现叫"淡入",效果如图5-61所示。

"淡入、淡出"一般在场景或段落转换时连用,但在影片或节目的开始或结束时可以分开用,即"淡入"用在影片或节目的开头,"淡出"用在影片或节目的结尾。

图 5-61

5.2.7 擦除类

擦除类转场效果主要是通过各种形状和方式将画面擦除来完成场景的转换。

1. 双侧平推门

A画面从中间分开,像两扇移门一样平移开,A画面被平移开的同时显露出B画面。效果如图5-62所示。

图 5-62

2. 带状擦除

B画面以矩形的带状交错条形从画框的上下、左右或者对角线方向插入,直到B画面完全覆盖A画面。可以在"特效控制台"窗口的"图像浏览"中设置方向,在"自定义"的对话框中设置条形数量。效果如图5-63所示。

图 5-63

3. 径向划变

B画面从画框的某一角以射线扫描的方式扫过A画面,直至完全显现。效果如图5-64所示。

图 5-64

4. 插入

B画面从画框一角以矩形方式逐渐出现并覆盖A画面。效果如图5-65所示。

图 5-65

5. 擦除

B画面以水平、垂直或对角线方向逐渐将A画面擦除。效果如图5-66所示。

图 5-66

6. 时钟式划变

B画面以钟表指针转动的方式将A画面逐渐擦除。效果如图5-67所示。

图 5-67

7. 棋盘

B画面如同跳棋的棋盘一样被分为许多小方格,小方格自上而下像拼贴画一样拼成完成的B画面而将A画面覆盖。效果如图5-68所示。

图 5-68

8. 棋盘划变

B画面以方格形状逐渐出现覆盖A画面,效果如图5-69所示。棋盘格的数量可以在"特效控制台"窗口的"自定义"选项的对话框中设置。

图 5-69

9. 锲形划变

B 画面以夹角的形式呈扇形打开状态逐渐展开并覆盖 A 画面。效果如图 5-70 所示。

图 5-70

10. 水波纹

B 画面以"Z"字形路线扫过 A 画面并将其覆盖。效果如图 5-71 所示。

图 5-71

11. 油漆飞溅

B 画面以墨水溅落状将 A 画面逐渐擦除。效果如图 5-72 所示。

图 5-72

12. 渐变擦除

类似于一种动态蒙版,图像逐渐在图像的黑色区域显现并逐步切换,直到白色区域完全透明。效果如图 5-73 所示。

图 5-73

13. 百叶窗

B画面像百叶窗翻转的形式逐渐显现并覆盖 A 画面。效果如图 5-74 所示。

图 5-74

14. 螺旋框

B画面以条形螺旋状从画框外侧出现并逐步向画面中间运动直至完全覆盖 A 画面,效果如图 5-75 所示。

图 5-75

15. 随机块

B画面以棋盘格的方式随机出现,逐渐覆盖 A 画面。效果如图 5-76 所示。

图 5-76

16. 随机擦除

B画面以随机的小方块出现,从上至下或从左到右将 A 画面覆盖。效果如图 5-77 所示。

图 5-77

17. 风车

类似风车旋转,B画面被从画面中心发出的若干射线分割成若干片风车叶旋转出现并覆盖 A 画面。效果如图 5-78 所示。风车叶片的数量可以在"特效控制台"窗口的"自定义"选项的"风车设置"对话框中设置。

图 5-78

5.2.8　映射类

通过混色原理对素材画面的某些通道或亮度信息的映射达到切换过渡效果。

1. 明亮度映射

通过混色原理将 B 画面和 A 画面进行色调混合，从占主导地位的 A 画面色调到被 B 画面逐渐取代的转场。效果如图 5-79 所示。

图 5-79

2. 通道映射

该转场是通过通道的叠加来完成的。需要在"特效控制台"窗口的"自定义"选项的对话框中的"通道映射设置"进行相关设置，如图 5-80 所示。通道映射效果如图 5-81 所示。

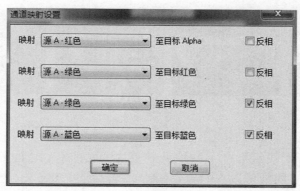

图 5-80

图 5-81

5.2.9 滑动类

主要以条或块滑动的方式达到转场过渡效果。共有12种形式。

1. 中心合并

A画面从画框中心分割成四块,并不断地向画面中心收缩,使B画面完全显现。效果如图5-82所示。

图5-82

2. 中心拆分

A画面从画框中心分割成四块,并不断地向画框的四角滑动,最终从画框的四角出画,从而使B画面完全显现。效果如图5-83所示。

图5-83

3. 互换

B画面和A画面交错互换位置,B画面从下面图层转到上面图层,将A画面覆盖。效果如图5-84所示。

图5-84

4. 多旋转

B画面被分成若干块矩形并不断地旋转放大,逐渐将A画面完全覆盖。效果如图5-85所示。矩形块的数量可以在"特效控制台"窗口的"自定义"选项的"多旋转设置"对话框中设置。

图5-85

5. 带状滑动

B画面以交错条形的形式逐渐将A画面覆盖。效果如图5-86所示。条形的数量可以在"特效控制台"窗口的"自定义"选项的"带状滑动设置"对话框中设置。

图5-86

6. 拆分

A画面从画框的水平或垂直中轴线一分为二,像两扇移门向两边平移开来,让出B画面。效果如图5-87所示。

图5-87

7. 推

B画面从画框一侧进入,A画面从另一侧推出画框。效果如图5-88所示。

图5-88

8. 斜线滑动

B画面从画框一角以交错条形不断进入以致完全覆盖A画面。效果如图5-89所示。条形的数量可以在"特效控制台"窗口的"自定义"选项的"斜线滑动设置"对话框中设置。

图5-89

9. 滑动

B画面从画框某一侧或某一角进入,逐渐遮盖A画面。效果如图5-90所示。

图 5-90

10. 滑动带

B画面像打开百叶窗一样从左到右或由上到下次第展开。效果如图5-91所示。

图 5-91

11. 滑动框

B画面被等分成条状,按顺序滑动进入画框覆盖A画面。效果如图5-92所示。条形的数量可以在"特效控制台"窗口的"自定义"选项的"滑动框设置"对话框中设置。

图 5-92

12. 旋转

B画面被分成若干矩形块从A画面中旋转放大,直至充满画框。效果如图5-93所示。矩形块的数量可以在"特效控制台"窗口的"自定义"选项的"旋转设置"对话框中设置。

图 5-93

5.2.10 特殊效果

"特殊效果"文件夹内收录了一些未被分类的特殊效果的过渡。

1. 映射红蓝通道

将A画面的红色和蓝色通道映射混合到B画面,进而完成转场过渡。效果如图5-94所示。

图 5-94

2. 纹理

将 A 画面和 B 画面进行色彩混合,将 A 画面作为一张纹理贴图映射到 B 画面上,逐渐将 B 画面显现。效果如图 5-95 所示。

图 5-95

3. 置换

使用 A 画面通道中的信息替换 B 画面中的像素,可用来产生扭曲的效果。效果如图 5-96 所示。

图 5-96

5.2.11 缩放类

让前后两个画面实现推拉、画中画、幻影轨迹等效果的转场过渡。

1. 交叉缩放

A 画面逐渐放大并虚化以致溢出画框,而 B 画面则逐渐缩小并由虚变实直至跟画框大小相适配。这种转场效果视觉冲击力较强。效果如图 5-97 所示。

图 5-97

2. 缩放

B 画面从指定的位置逐渐放大,直至将 A 画面全部遮盖。效果如图 5-98 所示。

图 5-98

3. 缩放拖尾

A画面逐渐缩小并产生拖影,直至在画框中消失,B画面完全显现。效果如图5-99所示。拖影的数量可以在"特效控制台"窗口的"自定义"选项的"缩放拖尾设置"对话框中设置。

图 5-99

4. 缩放框

B画面被分成若干个矩形块从画面出现并逐渐放大直至完全充满屏幕,覆盖A画面。效果如图5-100所示。

图 5-100

◆ **内容提要**

本章简要介绍了转场镜头的主要内涵与视频转场效果的分类,重点讲解了添加视频转场效果和设置"视频切换"中"门"的参数步骤,以及11种转场特效样式,可使读者全面而清晰地了解与影视非线性编辑中转场效果。

◆ **关键词**

转场镜头　　特效效果转场　　直接切换　　"门"　　特效样式

◆ **思考题**

1. 转场镜头指的是什么?
2. 转场镜头的作用有哪些?
3. 如何添加与设置视频转场效果?
4. 简要叙述拖曳对齐转场的方法。
5. 简要表述特技效果转场和直接切换区别与联系。

第6章　运动和透明度

【学习目标】

知识目标	技能目标
了解运动的使用用途	熟练掌握运动的操作方法
了解透明度的使用用途	熟练掌握透明度的操作方法
了解嵌套素材的使用方法	熟练嵌套素材（剪辑）的步骤

【知识结构】

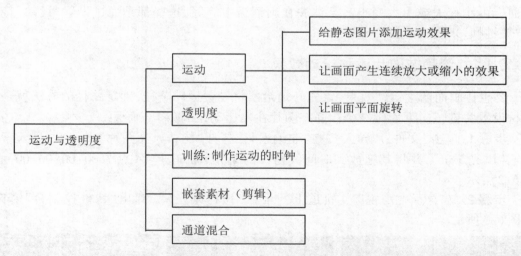

虽然 Premiere Pro 只是一款编辑软件，但它集成了强大的特效功能，这也是它区别于其他编辑软件的重要特性。它不仅有众多的视音频转场过渡效果，还拥有更多的视音频特效，如抠像合成、调整画面色彩、画面变形以及各种光效等，把原来的 AE 中的一些特效集成到 PR 中。本章将介绍两种基本特效——运动和透明度。

6.1 运　　动

之所以说运动和透明度是基本特效，是因为时间线轨道上的任何一个素材，只要单击它，在打开的"特效控制台"窗口中都有这两个特效，如图6-1所示。

图6-1

其他一些特效都需要在操作时从"特效"面板的"视频特效"的相关子文件夹中添加上去（当然也可以删除的），而"运动"和"透明度"这两个特效却是"先天"就有的，无需添加，而且这两个特效也是无法删除的，是固定的特效。"时间重置"虽然也是固定的，但其功能开关无效，不起作用，所以我们只介绍"运动"和"透明度"这两个特效。

在观看影视作品时经常会看到一个画面移动到另一个画面上或者移出画框，一个画面会由小变大或由大变小甚至消失在画框当中等等，这些都是通过设置"运动"特效的"关键帧"来实现的。

6.1.1 给静态图片添加运动效果

要想让画面产生运动效果，首先必须给素材设置运动路径，确定路径的方法就是给素材设置关键帧。下面做一个让静态图片往左运动，一直移出画框。

步骤1：单击"文件"/"导入"，在"非编素材"打开"桂林风光图片"文件夹，导入素材"桂林风光5.gif"，并将其拖放到时间线窗口的视频1轨道上，入点为00：00：00：00。如图6-2所示。

步骤2：选中（单击）视频1轨道上的素材"桂林风光5"，弹出"特效控制台"窗口。如图6-3所示。

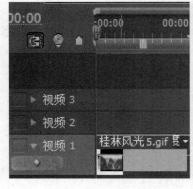

图6-2

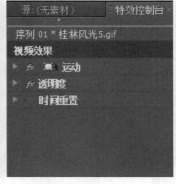

图6-3

图6-4

步骤3：点击"运动"特效最左边的三角形按钮，弹出"运动"特效的参数选项，有"位置""缩放比例"（等比缩放）"旋转""定位点""抗闪烁过滤"参数项。如图6-4所示。

这里主要是通过改变素材的位置让其产生运动，所以接下来要给"位置"设置关键帧。

步骤4：将时间定位指针移到00∶00∶00∶00处，也即素材的开始端，用鼠标点击"特效控制台"窗口"运动"特效的"位置"左边的 [图] "关键帧开关"按钮，如图6-5所示，打开关键帧开关，这时在特效控制台窗口右边的时间线面板上出现一个关键帧标记，如图6-6所示，表明给素材在开始端设定了第一个关键帧。

图6-5

图6-6

步骤5：将时间定位指针移到00∶00∶02∶00处，点击"位置"坐标右边的"添加/删除关键帧"按钮，便在时间定位指针处添加了一个关键帧标记，如图6-7所示，给素材设置了第二个关键帧。但是由于第一个关键帧的位置的坐标是（360，288），第二个关键帧的"位置"的坐标也是（360，288），位置没有发生任何变化，所以画面是不动的，还必须将第二个关键帧的"位置"坐标进行修改，设为（0，288）。如图6-8所示。

图6-7

图 6-8

步骤 6：将时间定位指针移到 00：00：03：00 处，然后将鼠标移到"位置"横坐标的数字上，当鼠标变成小手指状时，按下鼠标左键不放向左拖动鼠标，横坐标的数值会变小，与此同时，节目窗口中的画面也随着数字的变小向左移动，一直拖到画面从左边离开画框时松开鼠标，系统会自动在时间定位指针的 00：00：03：00 处添加第三个关键帧标记，且坐标为（-352，288）。如图 6-9 所示。

图 6-9

步骤 7：将时间定位指针移到 00：00：00：00 处，点击节目窗口的"播放/停止"按钮播放素材，画面向左移动并离开画框。效果如图 6-10 所示。

图 6-10

需要注意的是：

（1）要想让画面产生运动或者变化，必须要设置两个关键帧，这两个关键帧必须满足两个要求：第一，两个关键帧之间必须有时间上的差距（时间间隔），也就是说两个关键帧必须是两个不同的时间点；第二，两个关键帧的数值要有变化，不能相同。

在上面的浏览效果中会发现，在第一个关键帧与第二个关键帧之间的运动速度要慢一些，而在第二个关键帧与第三个关键帧之间运动的速度要快一些。运动速度的快慢也取决于两个因素：两个关键帧之间的时间间隔的大小和数值变化的大小。两个关键帧之间的时间间隔短，则运动速度快；数值变化大，运动速度也快一些。

（2）既然要运动，就要有运动的路径，还有运动的方向。这里涉及"位置"坐标的设置。Adobe Premiere Pro CS4用上下颠倒的x/y坐标系来确定画框上的位置。坐标值的大小与节目窗口的尺寸大小有关，不同的编辑模式节目窗口的尺寸大小不同，PAL制式的节目窗口是720×576的，节目窗口左上角是坐标的原点即（0，0），右上角是（720，0），左下角是（0，576），右下角是（720，576）。坐标（360，288）是画框的中心点，改变素材的位置，就是要改变画面中心点的位置。横坐标变小，画面向左移动，纵坐标变小，画面向上运动；反之，横坐标变大，画面向右移动，纵坐标变大，画面向下移动。

给素材添加运动路径也可以在特效控制台窗口和节目监视窗口操作。

步骤1：单击"文件"/"导入"，在"非编素材"打开"桂林风光图片"文件夹，导入素材"桂林风光10.gif"，并将其拖放到时间线窗口的视频1轨道上，入点为00：00：00：00。

步骤2：单击视频1轨道上的素材"桂林风光10"，弹出"特效控制台"窗口。

步骤3：点击节目监视窗口下的"适配"（默认值）三角形按钮，弹出下拉菜单，选择25%，将画框缩小，如图6-11所示。目的是让我们更好地观察节目窗口的运动轨迹。

步骤4：点击特效控制台窗口的"运动"特效左边的三角形，展开特效参数，并用鼠标点击"运动"特效名称，让"运动"特效反白显示，如图6-12所示。这时节目监视窗口会出现一个带十字准星和手柄的白色边界框，如图6-13所示。

这时在节目监视窗口的素材边界框内任意位置单击素材并四处拖动，素材会随鼠标一道移动，同时观看特效控制台窗口"位置"的坐标变化。

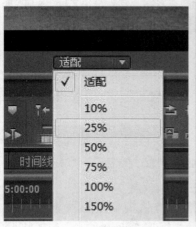

图6-11

图6-12   图6-13

步骤5：将时间定位指针移到素材的开始端，将素材还原到原始位置即（360，288），按下"位置"左边的"关键帧开关"，设置"位置"的第一个关键帧为（360，288），如图6-14所示。

图6-14   图6-15

步骤6：将将时间定位指针移到00：00：01：00处，然后拖动节目窗口的画面向下移动到一定位置，如图6-15所示，松开鼠标，系统自动添加"位置"的第二个关键帧（371，560）。

步骤7：将时间定位指针移到00：00：02：00处，然后拖动节目窗口的画面向左移动到一定位置，如图6-16所示，松开鼠标，系统自动添加"位置"的第三个关键帧（-36.5，563）。

步骤8：将时间定位指针移到00：00：03：00处，然后拖动节目窗口的画面向上移动到一定位置，如图6-17所示，松开鼠标，系统自动添加"位置"的第四个关键帧（-124.5，140）。

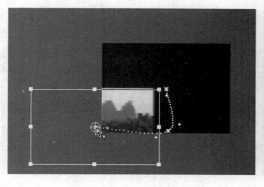
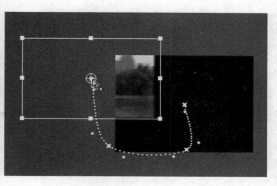

图6-16   图6-17

　　步骤9：将时间定位指针移到00：00：04：00处，然后拖动节目窗口的画面向右移动到一定位置，如图6-18所示，松开鼠标，系统自动添加"位置"的第五个关键帧（175，28）。

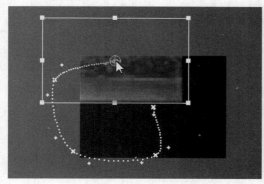
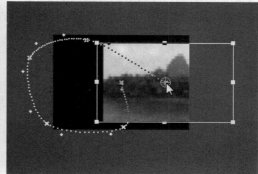

图6-18   图6-19

　　步骤10：将时间定位指针移到00：00：05：00处，然后拖动节目窗口的画面向右下移动到一定位置，如图6-19所示，松开鼠标，系统自动添加"位置"的第六个关键帧（595，292）。

　　步骤11：将时间定位指针移到00：00：06：00处，然后拖动节目窗口的画面向右下移动到一定位置，如图6-20所示，松开鼠标，系统自动添加"位置"的第七个关键帧（1045.5，760）。

　　在图6-20中我们看到了素材空间运动的轨迹，即白色的虚线。图中的四星小点为关键帧标记，其时间和坐标显示如图6-21所示。

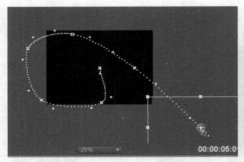

图 6-20   图 6-21

步骤 12：将时间定位指针移到 00：00：00：00 处，播放素材，浏览运动效果。

提示：如果需要取消某一个关键帧，可以将时间定位指针移到该关键帧上（一定要对准），尤其是在修改关键帧参数值时最好使用 ◄ ● ► "关键帧选择"按钮的 ◄ "跳到前一关键帧"或 ► "跳到后一关键帧"按钮，然后点击 ● "添加/删除关键帧"按钮，该关键帧即可消除。或者用鼠标直接右键该关键帧，在弹出的选项中选择"清除"命令。如果要删除多个关键帧，可以框选要删除的若干关键帧，然后按键盘上的 Delete 键（或者右键，选择"清除"命令）删除。如果要删除某一参数项的所有关键帧，可以按该参数左边的 ● "关键帧开关"按钮，在弹出的对话框（提示"该操作将删除现有关键帧。您是否打算继续？"）中选择"确定"按钮。

"关键帧开关"就像电闸一样，点击一下，电闸合上，再次点击相当于把电闸断开，所有关键帧消失。

6.1.2 让画面产生连续放大或缩小的效果

让画面产生连续的缩放效果也是运动的一种形式。

步骤 1：单击"文件"/"导入"，在"非编素材"打开"桂林风光图片"文件夹，导入素材"桂林风光 10.gif"，并将其拖放到时间线窗口的视频 1 轨道上，入点为 00：00：00：00。节目窗口显示效果如图 6-22 所示。画面四周出现黑框，是因为画面尺寸没有画框大。

图 6-22   图 6-23

步骤 2：在项目窗口对准素材"桂林风光 10"左边的图标右键，在弹出的下拉菜单中选择"定义素材"命令,如图6-23所示,弹出"定义素材"对话框。

步骤3:在"定义素材"对话框中设置参数,如图6-24所示。将"像素纵横比"更改为"符合为"(点击左边的复选框),并在右边的下拉菜单中选择"方形像素"。

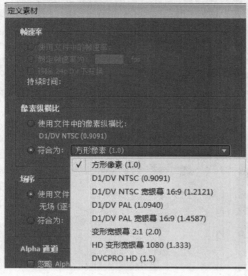

图6-24 　　　　　　　　　　　　　　图6-25

步骤4:单击视频1轨道上的素材"桂林风光10",弹出"特效控制台"窗口。展开"运动"特效。

步骤5:将时间定位指针移到00:00:00处,打开"缩放比例"左边的 ![按钮]"关键帧开关"按钮,并将"缩放比例"的数值改为120,使画面充满画框。如图6-25所示。

步骤6:将时间定位指针移到00:00:02处,将"缩放比例"的数值改为30,使画面缩小(如果将"缩放比例"的数值设为最小值0,画面将在画框中消失;结合"位置"的关键帧可以将画面消失在画框外面)。如图6-26所示。

步骤7:将时间定位指针移到00:00:03处,将"缩放比例"的数值改为150,使画面整体放大(结合"位置"的关键帧可以将画面中某个细节放大,相当于推镜头的效果)。

前面我们使用的是"等比缩放",也就是画面的宽和高以相同的比例放大或缩小,如果把"等比缩放"(统一比例)左边的 ![勾]取消,则可以分别改变素材的宽和高,如图6-27所示。但是分别改变素材的宽和高会产生画面的变形,如果画面是人物肖像,会使人物变胖或瘦(高或矮),需谨慎使用。如图6-28所示。

图 6-26   图 6-27

图 6-28

6.1.3 让画面平面旋转

旋转也是运动的表现形式之一。

步骤1：导入素材"梦里老家2.tif"和"梦里老家8.tif"，并将其分别拖放到时间线窗口的视频2和视频1轨道上，入点均为00：00：00：00。由于多轨道编辑，节目窗口只显示最上面一层轨道的画面。效果如图6-29所示。

图 6-29

步骤2：单击视频2轨道上的素材"梦里老家2.tif"，弹出"特效控制台"窗口。展开"运动"特效。

步骤3：将时间定位指针移到00：00：03：00处，打开"缩放比例"和"旋转"左边的 ⏱ "关键帧开关"按钮。

步骤4：将时间定位指针移到00：00：04：00处，将"缩放比例"和"旋转"的参数分别设为0和360。如图6-30所示。

130

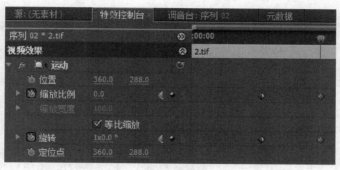

图 6-30

　　但是我们发现"旋转"的第二个关键帧的值变成了 1×0.0°,表示的是 1 圈加上 0°。如果想设为 390°,当我们输入数字 390,在任何地方点击鼠标后,就变成了 1×30.0°。

　　另外"旋转"的参数值是正数,表示沿顺时针方向旋转,负数表示沿逆时针方向旋转。

　　步骤 5:将时间定位指针移到 00:00:00:00 处,播放剪辑的素材,画面效果是视频 2 轨道上的"梦里老家 2.tif"在播放 3 秒后边缩小边旋转,第四秒钟后完全消失在画框中间,视频 1 轨道上的画面在视频 2 轨道画面开始缩小的时候逐渐显现。效果如图 6-31 所示。

图 6-31

　　定位点:又叫锚点,指的是旋转的中心,而不是画面的中心(可以与画面中心重合)。可以将画面的中心设为画框内的任意一点,包括画面的中心或画面外的点,如绳子末端的小球。

　　抗闪烁过滤:这个功能对具有丰富高频细节,如很细的线、锐利的边缘、平行线(波纹问题)或旋转的图像特别有用。这些细节会导致运动时出现闪烁现象。默认设置(0.00)不添加模糊,对闪烁没有任何影响。要添加一些模糊,消除闪烁,可以把参数改为 1.00。

6.2　透　明　度

　　透明度其实是一个叠加效果。当两条视频轨道上都有视频素材而且重叠时,节目窗口只显示高一层轨道上的画面,下面一层轨道的画面被上面一层轨道的画面遮挡,即使是输出,如果不作处理,也不会将下面一层轨道上的画面输出。如图 6-32 所示。

图6-32

而透明度就是要调整上面一层轨道画面的不透明度，从而显示下面一层轨道画面，是一种叠化效果。

步骤1：将素材"2.tif"和"8.tif"分别从项目窗口拖放到时间线窗口的视频2和视频1轨道，出入点相同。这时节目窗口只能显示视频2轨道上的画面内容，如图6-32所示。

步骤2：选中视频2轨道上的素材"2.tif"，打开"特效控制台"窗口，将时间定位指针移到00：00：01：00处，打开"透明度"左边的 🕐 "关键帧开关"，将透明度的值设为100（默认值）。

步骤3：将时间定位指针移到00：00：02：00处，将透明度的值设为0。这时节目窗口显示的是视频1轨道上的画面内容，如图6-33所示，视频2轨道上的画面完全消失。

当"透明度"的值为100时，叫做不透明，节目窗口只显示上面一层轨道的画面；当"透明度"的值为0时，叫做全透明，节目窗口只显示下面一层轨道的画面。而当"透明度"的值在100和0之间（如53.6）时，叫做半透明，节目窗口能显示上下两层轨道上的画面。如图6-34所示。

图6-33

图6-34

改变素材的透明度也可以在时间线窗口的视频轨道上直接调整。

步骤1：导入素材"景色8"和"肖像1"，并分别将其从项目窗口拖放到视频1轨道和

影视非线性编辑教程

视频 2 轨道。出入点相同。

步骤 2：点击视频 2 轨道头的三角形，如图 6-35 所示，展开视频 2 轨道，视频 2 轨道上的素材上会出现与视频 1 一样的一条黄线，称为"淡化线"。如图 6-36 所示。

图 6-35

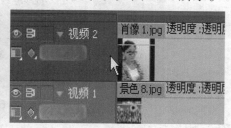
图 6-36

步骤 3：把鼠标移到轨道头的两个轨道交界处，将视频 2 轨道拉高一些。如图 6-37 所示。

图 6-37

步骤 4：选中视频 2 轨道上的素材，将时间定位指针移到 00：00：01：00 处，单击轨道头的 🔲 "添加/删除关键帧"按钮，在视频 2 轨道的素材上时间定位指针处添加一个关键帧。如图 6-38 所示。

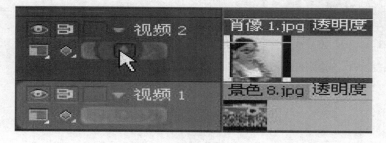
图 6-38

步骤 5：将时间定位指针移到另一时间点，再点击轨道头的 🔲 "添加/删除关键帧"按钮，添加另一个关键帧。

也可以选择 ✒️ 钢笔工具，然后按住键盘上的 Ctrl 键不放，将鼠标移到视频 2 轨道素材上的黄线上，当鼠标变形为 🖊️ 时，按下鼠标便在鼠标当前位置添加一个关键帧，如图 6-39 所示。

图 6-39

步骤6：用鼠标往下(也可左右)拖动关键帧以改变透明度的参数,如图6-40所示。

图 6-40

拖动时会出现一组数字串,前面显示的是时间位置,后面显示的是"透明度"的值。图6-41显示的是第一个关键帧的效果。

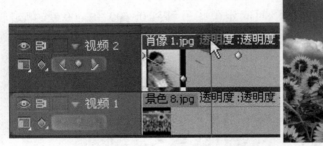

图 6-41

6.3　训练：制作运动的时钟

步骤1：新建一个DV-PAL制式(4:3)的项目。将项目命名为"闹钟"。

步骤2：导入素材"钟面""指针"和"圆钮",也可以在字幕窗口新建,或者在PS里创建。

步骤3：将"钟面"从项目窗口拖放到时间线窗口的视频1轨道,入点为00:00:00:00。

步骤4：右键素材"钟面",在弹出的菜单中选择"速度/持续时间"命令,在弹出的对话框中将持续时间设为00：00：60：00，即一分钟，如图6-42所示，单击"确定"按钮。这时，时间线视频1轨道上的素材的持续时间为一分钟。

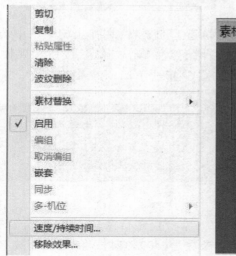

图6-42

步骤5：将"指针"从项目窗口拖放到时间线窗口的视频2轨道，入点为00：00：00：00，出点与视频1轨道上的"钟面"出点对齐（将鼠标移到素材末端出现 ↔ 图标后向右拖动）。

步骤6：再次将"指针"从项目窗口拖放到时间线窗口的视频3轨道，入点为00：00：00：00，出点与视频1轨道上的"钟面"出点对齐。如图6-43所示。

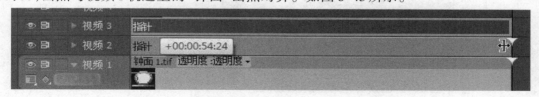

图6-43

步骤7：将"圆钮"从项目窗口拖放到时间线窗口的视频4轨道（直接往视频3轨道上方空白处拖放，系统自动添加视频4轨道），入点为00：00：00：00，出点与视频1轨道上的"钟面"出点对齐。

步骤8：关闭视频4、视频3和视频2轨道开关（轨道左边的小眼睛），如图6-44所示。

图6-44   图6-45

步骤9：选中视频1轨道上的素材，打开特效控制窗口，展开"运动"特效，将"位置"设为（406，307）；"缩放比例"设为122。如图6-45所示。这里有意把"钟面"位置调偏一点。

步骤10：打开视频2轨道开关，右键视频2轨道上的素材，在弹出的菜单中选择"重命名"，在重命名对话框中将素材名称改为"分针"，然后单击"确定"按钮。视频2轨道上的素材名称由原来的"指针"改为"分针"。如图6-46所示。

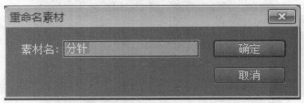 

图6-46

步骤11：选中视频2轨道的"分针"素材，打开特效控制台窗口。展开"分针"的"运动"特效。设置参数如图6-47所示。其中位置参数为（409，314）；将"等比缩放"勾选取消，分别改变宽和高为200和120，目的是使"分针"的旋转点与"钟面"的圆点重合，但是"分针"被圆点分为上下各一半。如果"分针"旋转的话，旋转的轴心点在中间。

图6-47

所以再将"定位点"的纵坐标调整为332，分针的旋转轴心点在下约1/3处，效果如图6-48所示。

图6-48

步骤 12：将时间定位指针移到素材的开始端，给"旋转"打上关键帧（打开关键帧开关即可），保持 0°不变，再将时间定位指针移到素材的末端即 00：01：00：00 处，将旋转的值改为 6°。

步骤 13：打开视频 3 轨道开关，右键视频 3 轨道上的素材，在弹出的菜单中选择"重命名"，在重命名对话框中将素材名称改为"秒针"。然后单击"确定"按钮。

步骤 14：选中视频 3 轨道的"秒针"素材，打开特效控制台窗口。展开"秒针"的"运动"特效。设置参数如图 6-49 所示。位置的坐标与"分针"相同，"缩放比例"比分针窄而长（150），目的是区分"分针"和"秒针"。将"定位点"改为（360，337）。

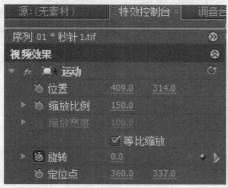

图 6-49

步骤 15：将时间定位指针移到素材的开始端，给"秒针"的"旋转"打上关键帧，起始位置保持 0°不变，再将时间定位指针移到素材的末端即 00：01：00：00 处，将旋转的值改为 360°，让秒针旋转一圈。

步骤 16：为了让秒针与分针有更大的区别，我们将秒针的颜色转换成红色。在"特效"面板中打开"视频特效"文件夹，再打开"色彩校正"子文件夹，将其中的"转换颜色"特效选中，按住鼠标左键不放并拖动鼠标到视频 3 轨道上的"秒针"上，这时，"特效控制台"的"秒针"上增加了一个"转换颜色"特效。

步骤 17：展开"特效控制台"的"秒针"上的"转换颜色"特效，设置参数：①将第一个选项"从……色块"右边的"吸管"选中，然后在节目窗口中点击"秒针"的颜（黑）色，如图 6-50 所示。

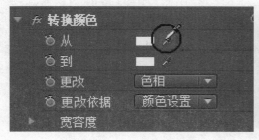

图 6-50

②点击第二个选项"到……色块"的色块，在弹出的拾色器中选择红色（白色圆圈为选中颜色），然后点击"确定"按钮，如图 6-51 所示。

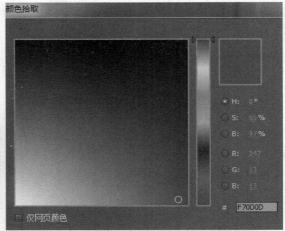

图 6-51

③将第三个选项"更改"右边的下拉菜单选择"色相、明度和饱和度"。如图 6-52
所示。

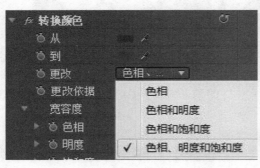

图 6-52

图 6-53

如果此时节目窗口的"秒针"还没有变成红色,请继续④展开第五个选项"宽容度",
将"色相"的值调整为100。如图 6-53 所示。

步骤 18:为了让走针更具立体感,给"秒针"添加一个"阴影"特效。打开"特效"面
板,展开"视频特效"文件夹,在子文件夹"透视"中将"阴影(投射)"特效拖放到视频 3 轨
道上的"秒针"上。

步骤 19:在特效控制台中展开"阴影"特效,将"透明度"设为60;"距离"参数调整为
8。为了保持阴影方向的一致性(右边),将"方向"设置了五个关键帧(分别为 135、
5、-44、-166、-233),如图 6-54 所示。画面效果如图 6-55 所示。

图 6-54　　　　　　　　　　　　　　图 6-55

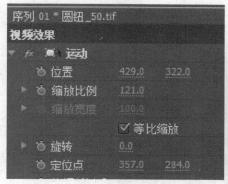

步骤 20：打开视频 4 轨道开关，选中视频 4 轨道的"圆钮"素材，打开特效控制台窗口。展开"圆钮"的"运动"特效，使其位置与"钟面"的中心点重合，位置为（429，322），缩放比例为 121。如图 6-56 所示。

图 6-56

步骤 21：单击菜单栏"文件"/"新建"/"序列"，在弹出的对话框中单击"确定"按钮，新建一个序列 02。此时，时间线窗口增加了一个序列，共有序列 01 和序列 02，并且序列 02 处于当前窗口（如果序列 02 没有处在当前窗口，请点击激活序列 02）。

步骤 22：将"序列 01"从项目窗口拖放到序列 02 的视频 1 轨道上，入点为 00：00：00：00。如图 6-57 所示。

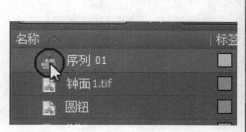

图 6-57

上述两个步骤被称之为"序列嵌套"。嵌套序列的方法与从项目窗口拖放其他素材到时间线轨道的方法一样,在项目窗口点击"序列01"前面(左边)的图标,按住鼠标左键不放,拖到时间线窗口"序列02"轨道上的合适位置再松开鼠标左键。

序列嵌套就是序列中包含其他的序列,它的基本作用就是把一个序列中经过处理的一组(多段)素材合成为单一的素材进行再加工、再处理。相当于把一个序列输出后再导入到项目窗口,然后拖到其他序列中再次加工。但是输出一个序列需要花费一定的时间,序列嵌套可以省去输出和再导入的时间。序列嵌套的另一个重要作用是把一个特效应用到一个序列里的多重素材上,本例的目的就在于此。

在"序列01"中我们用了四条轨道,但是我们将"序列01"从项目窗口拖到"序列02"中发现,它变成了一个文件而且只占用"序列02"的一条视频轨道,这相当于PS里的图层合并。

步骤23:在"视频特效"文件夹中展开子文件夹"时间",将其中的"抽帧"特效拖放到视频1轨道上的"序列01"上。这相当于给"序列01"中的四个轨道上的素材都运用了"抽帧"特效,避免了将"抽帧"特效分四次分别拖到四个轨道上。

步骤24:在特效控制台窗口展开"抽帧"特效,将"帧速率"设置为1。如图6-58所示。

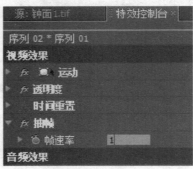

图6-58

步骤25:播放剪辑,在节目窗口中发现秒针在跳着走动,原本一秒钟走25帧的,现在一秒钟只走1帧画面。这在电影里面叫"跳格"。如果将"帧速率"调整为4,即每秒钟走4帧,秒针的跳动频率加快。如果将"帧速率"调整为25,即每秒钟走25帧,秒针的运动不再是跳动的,而是正常的运动,均匀的滑动。

通过本例的学习,加深了对"运动"特效的"位置""缩放比例""旋转"和"定位点"的认识,同时我们也对其他的视频特效和序列嵌套有了大概的了解。

6.4 嵌套素材(剪辑)

上个练习中,我们把整个序列嵌入到另一个序列中。我们也可以在同一个序列中选择一组素材,把它们嵌入到其他序列内,而不必是一个序列内的所有素材。图6-59中有两段五个素材,如果要给"钟面1"和"景色5"两段素材之间做一个"翻页"的过渡效果,但"钟面1"上面还有三层轨道画面,过渡效果难以实现。

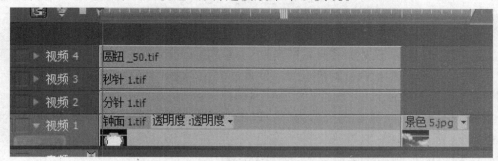

图 6-59

现在把前面一段的四个素材在序列内嵌套,作为一个合成的剪辑,就可以实现上述过渡效果了。

步骤1:框选前面一段的四个素材,然后右键,在弹出的菜单中选择"嵌套",如图6-60所示。序列1四个轨道上的素材在序列内折叠为单个嵌套剪辑,如图6-61所示。

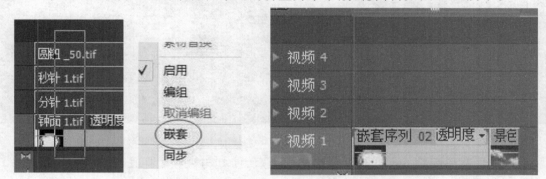

图 6-60   图 6-61

步骤2:打开"特效"面板,展开"视频切换"文件夹,将子文件夹"卷页"中的"页面剥落"效果拖放到视频1轨道上的两个素材之间。如图6-62所示。

图 6-62

当然,也可以将"视频特效"的"抽帧"特效拖到折叠后的嵌套剪辑上。

6.5 通 道 混 合

"通道混合"也属于改变透明度的范畴。前面我们介绍了通过改变透明度的值,可以产生两个视频轨道上素材的叠化效果,通过改变"通道混合"模式,也能达到类似于叠化效果,甚至于类似某些"键控"的效果("键控"特效将在下一章具体介绍)。

步骤1:打开软件,新建一个名为"水墨"的项目,编辑模式为 DV-PAL 标准 48 KHz。

步骤2:导入"水墨"文件夹中的子文件夹"季节"里的八张图片素材,并将其拖放到"时间线"窗口的视频1轨道上,入点为 00:00:00:00。

步骤3:再导入"水墨"文件夹中的八个"水墨"文件,并将其拖放到"时间线"窗口的视频2轨道上,入点为 00:00:00:00。如图 6-63 所示。

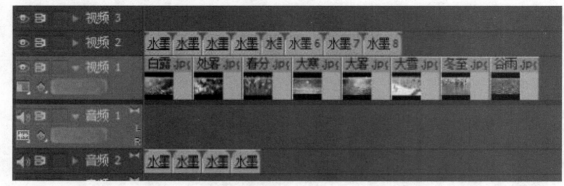

图 6-63

步骤4:调整视频1轨道上每个素材的长短,使其与视频2轨道上的素材一一对齐。如图 6-64 所示。

图 6-64

这时从头播放编辑的素材,节目窗口只能看到视频2轨道上的黑白水墨变化,视频1轨道上的画面是看不到的。

步骤5:用鼠标选中视频2轨道上的"水墨1"素材,打开特效控制台窗口。

步骤6:展开"透明度"选项,将其下面的"混合模式"由"正常"改为"滤色"。如图 6-65 所示。

影视非线性编辑教程

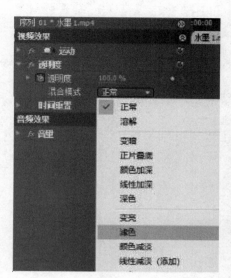

| 图 6-65 | 图 6-66 |

　　这时在节目窗口浏览"水墨1"的效果,原来的黑白水墨变化渐变成对应视频1轨道上的画面。如图6-66所示。

　　步骤7:参照步骤6,分别将视频2轨道上的"水墨2"至"水墨8"素材的"混合模式"由"正常"改为"滤色"。

　　这里的"混合模式"其实是指视频轨道的"混合模式",与PS中的图层"混合模式"是相同的原理。不同的混合模式效果各异。

　　步骤8:将"水墨"文件夹中的"粒子"视频导入项目窗口,并将其拖放到视频3轨道上。连拖三次,将最后一次的长度调整于视频2轨道上的素材等长。如图6-67所示。

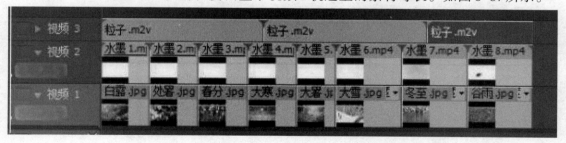

图 6-67

　　步骤9:参照步骤6,分别将视频3轨道上的每个素材的"混合模式"由"正常"改为"滤色"。给整个剪辑增加粒子运动的效果。

　　◆ **内容提要**

　　"运动"是视频创作的基本要求,本章着重介绍了"运动"与"透明度"这两种基本特效的使用方法与操作步骤,并结合实例训练——制作运动的时钟来激活读者的发散性思维,进一步加深对"运动"特效的"位置""缩放比例""旋转"和"定位点"的认识,同时也对其他特效和序列嵌套(剪辑)有一个大概的了解。

◆ **关键词**

运动　　透明度　　定位点　　嵌套素材　　旋转

◆ **思考题**

1. 如何理解关键帧？满足"运动"的两个基本条件是什么？
2. 简要表述"透明度"特效的两种使用方法。
3. 简要说明嵌套素材（剪辑）的作用和方法。

第7章 视频特效

【学习目标】

知识目标	技能目标
了解视频特效在影视编辑中的用途	熟练掌握关键帧在视频特效的使用方法
了解视频特效的基本操作方法	熟练掌握添加和调整视频特效
了解"键控"类特效的用途	熟练掌握"键控"类特效的使用方法
了解"图像控制"特效的作用	熟练掌握"图像控制""色彩校正"特效使用方法

【知识结构】

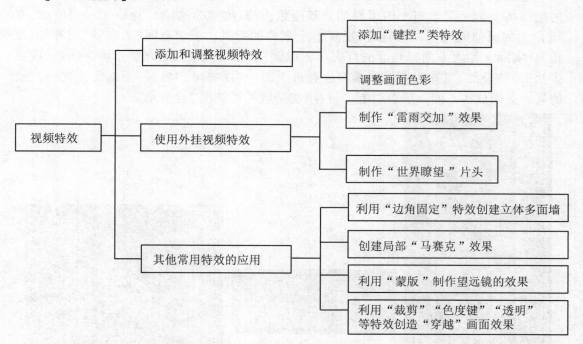

"视频特效"与"视频切换"效果一样,都属于特效范畴。当然如果编辑音频素材,还有"音频切换"和"音频特效"。如果说"视频切换"效果只是在两个画面之间起转场过渡效果,那么"视频特效"的作用更多:可以在源素材中添加视频效果或者纠正画面的技术问题;可以改变素材的曝光度和颜色、扭曲图像或者添加艺术效果;可以对剪辑的

素材进行旋转和动画处理;利用键控技术还可以为剪辑的素材改换背景等等。利用特效可为影视画面增添较强的艺术效果。

Premiere Pro CS4系统内置的视频特效非常丰富,共分为18类(组)140多个特效。要在一本教材中全面解释这140多个特效是不现实的,也没有必要。我们将选一些具有代表性的特效例子来解释如何使用可能遇到的各种参数或关键帧的设置。要想全面了解这些特效,必须亲自动手实践。

7.1　添加和调整视频特效

添加视频特效很简单,与添加视频切换效果相似,将需要的视频特效直接从特效面板拖放到时间线轨道上需要处理的素材上的任何位置即可。也可以选中轨道上的素材,打开特效控制台窗口,然后将需要的视频特效直接从特效面板拖放到特效控制台窗口。

7.1.1　添加"键控"类特效

键控(Keying)类特效是电视后期制作中常用的特效之一,专业术语叫作"抠像",目的就是将上面一层轨道上的素材的背景颜色去掉(变成全透明),让下面一层轨道(视频1)上的画面成为上一层轨道(视频2)上素材的背景。所以也叫"去背景"或者"换背景"。实际上是上下两幅画面的合成。所以做"抠像"特效时,必须要用两个轨道(或更多轨道)的叠加,将作为背景的素材放在最下面一层(视频1)轨道,而需要换(去)背景的素材必须放在上面一层轨道上。"键控"类特效种类如图7-1所示。

图7-1　　　　　　　　图7-2　　　　　　　　图7-3

下面介绍一些常用的键控类特效使用方法。

1. 蓝屏键

步骤1：导入素材"景色3"和"肖像9"两个素材。

步骤2：将"景色3"从项目窗口拖放到视频1轨道，入点为00：00：00：00。

步骤3：将"肖像9"从项目窗口拖放到视频2轨道，入点为00：00：00：00。如图7-2所示。节目窗口的效果图7-3所示。由于"肖像9"的画面高度较大，所以人物头部还有一部分在画框外面。

步骤4：选中"肖像9"，打开特效控制台窗口。调整"运动"的"位置"参数为（529，288），"缩放比例"为60，如图7-4所示。画面效果如图7-5所示。

图7-4

图7-5

步骤5：打开"特效"面板，展开"视频特效"文件夹，再打开"键控（Keying）"子文件夹，将"蓝屏键"特效拖放到视频2轨道的"肖像9"上（也可以直接拖放到特效控制台窗口），如图7-6所示。这时特效控制台窗口也增加了一个"蓝屏键"特效。

图7-6

步骤6：点击特效控制台窗口的"蓝屏键"特效左边的三角形按钮，展开特效参数并进行设置。将鼠标移到"阈值"选项的参数值上，当鼠标变成手指状时，按下鼠标左键不放并向左拖动。如图7-7所示。一边拖动一边观看节目窗口的效果，当发现"肖像9"的蓝色背景快要全部消失的时候松开鼠标；再用同样方法调整"屏蔽度"的参数值，如图7-8所示。直到右边节目窗口的蓝色背景完全消失且人物也很清晰为止，如图7-9所示。原来的蓝色背景被视频1轨道上的"景色3"所取代，人物仿佛站在红色的油纸伞下。

图7-7　　　　　　　　　　图7-8　　　　　　　　　图7-9

注意：调整参数值的时候，大多数情况下都是直观的看着节目窗口的画面调整，很难一次非常准确地直接输入参数值，而且几个参数要综合的调整，而不能单独调整某一个参数。

之所以要选"蓝屏键"特效，是因为"肖像9"的背景颜色是蓝色的。"蓝屏键"只对蓝色背景起作用。在很多电视台的虚拟演播厅里的背景墙都是蓝色或绿色的，目的是方便后期合成。美国电影《阿甘正传》中阿甘和几任美国总统的会见就是采用这种方法做的。

步骤7：导入素材"桌面2"，并将其拖放到时间线窗口的视频3轨道，入点为00∶00∶00∶00，打开特效控制台窗口，如图7-10所示。

步骤8：在"视频特效"文件夹的子文件夹"键控（Keying）"中将"色度键"特效拖放到视频3轨道的"桌面2"上。

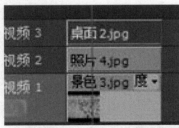

图7-10

步骤9：点击特效控制台窗口的"色度键"特效左边的三角形按钮，展开特效参数并进行设置。用鼠标点击"颜色"选项右边的吸管，如图7-11所示。然后将鼠标移到节目窗口的画面上选中（点击）需要去掉的颜色，如图7-12所示。

图7-11　　　　　　　　　　图7-12

影视非线性编辑教程

系统默认的选中颜色是纯白色,而本例的画面背景颜色不是白色,所以要选择。

步骤10:综合调整"相似性""阈值"和"屏蔽度"参数以及"运动"特效的"位置"和"缩放比例"参数值,如图7-13组图所示。但是两人的肤色有点差别,感觉灯光不一致,下面来调整一下。

图7-13

步骤11:打开"视频特效"文件夹的子文件夹"色彩校正",将其中的"RGB曲线"特效拖放到视频3轨道上的"桌面2"上。

步骤12:在"特效控制台"窗口展开"RGB曲线"参数选项,调整"白色""红色"和"绿色"曲线(用鼠标拖动),效果如图7-14所示。

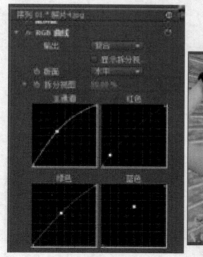

图7-14

通过上例可以看出,一个素材可以使用多个特效进行处理;同一个特效也可以多次使用于某一个素材。

2. 色度键

"色度键"是"键控"类特效中非常有用的一个特效,它对于任何颜色都起作用,尤其是背景颜色比较复杂(多种颜色)的情况下,可以多次使用它。

步骤1:导入素材"肖像4"和"景色10"。

步骤2:将素材"肖像4"和"景色10"分别拖到视频2和视频1轨道,使两个轨道上的画面叠加。效果如图7-15所示。

图7-15

下面要调整"肖像4"的位置，还要去掉它的绿色、白色和灰色背景。

步骤3：选中"肖像4"，打开其特效控制台窗口，调整位置，效果如图7-16所示。

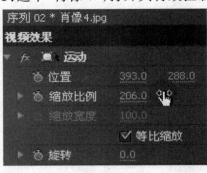

图7-16

步骤4：将"色度键"特效从特效面板中拖放到"肖像4"上。此时会发现节目窗口中，"肖像4"的白色边框消失了，效果如图7-17所示。这是因为"色度键"默认"去掉"的颜色为白色。

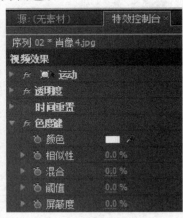

图7-17

步骤5：再次将"色度键"特效从特效面板中拖放到"肖像4"上，点击特效控制台窗口的第二个"色度键"特效左边的三角形按钮，展开特效参数并进行设置。将鼠标点击"颜色"选项右边的吸管，如图7-18所示，鼠标变成吸管状，然后将鼠标移到节目窗口的画面上选中(点击)需要去掉的绿色,如图7-19所示。

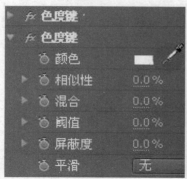
图7-18

图7-19

然后调整"相似性"参数值(用鼠标直接拖动参数值),效果如图7-20所示,去掉绿色背景。

图7-20

步骤6:再次将"色度键"特效从特效面板中拖放到"肖像4"上,点击特效控制台窗口的第三个"色度键"特效左边的三角形按钮,展开特效参数并进行设置。用鼠标点击"颜色"选项右边的吸管,然后将鼠标移到节目窗口的画面上选中(点击)需要去掉的灰白色,如图7-21所示。

图7-21

图7-22

图7-23

综合调整"相似性""阈值""屏蔽度"等参数,如图7-22所示,效果如图7-23所示。

遗憾的是人物的"眼白"随着灰白色的消除而消除了。

通过本例我们知道,抠像不仅仅是去掉"背景"颜色,而是去掉画面中的某一颜色,不论是背景还是前景,只要颜色相同或相似都会被去掉。所以在做抠像效果之前,就要设计好画面背景的颜色,背景颜色越单一抠像效果越好,背景颜色与前景颜色差别越大抠像效果越好。

3. 16点无用信号遮罩(16点垃圾蒙版)

如果遇到前景颜色与背景颜色非常接近可以用另一种抠像效果"16点无用信号遮罩"(也有汉化为"16点垃圾蒙版")来实现。

步骤1:导入素材"桂林风光32"与"景色11",并分别从项目窗口拖放到时间线窗口的视频2和视频1轨道,出入点保持一致。效果如图7-24所示。本例要做的效果是将素材"桂林风光32"中的荷叶全部去掉,只留下一支花苞与"景色11"合成。

图7-24

步骤2:单击"特效"/"视频特效"/"键控"文件夹,将"16点无用信号遮罩"特效从特效面板拖放到"桂林风光32"上,如图7-25所示。

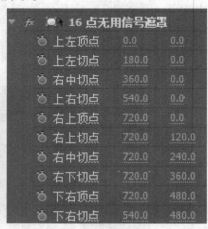

图7-25　　　　　　　　　　　图7-26

步骤3:选中"桂林风光32",打开特效控制台窗口。如果展开"16点无用信号遮罩"参数,会出现16个点的"位置"坐标,如图7-26所示。可以拖动这些点的坐标来改变它的位置(边拖动边看节目窗口的变化),但这样做有点麻烦。

步骤4：用鼠标点击特效控制台窗口的"16点无用信号遮罩"特效名称，将其选中（反色显示），这时在节目窗口可以看到围绕在"桂林风光32"四周的16个点（带十字的圆圈），如图7-27所示。

步骤5：在节目窗口用鼠标直接拖动这些点，把想去掉的背景画面排除在由这些点组成的封闭空间之外，如图7-28的四幅画面所示。

步骤6：调整"桂林风光32"的位置，然后用鼠标在时间线窗口任意位置点击一下，带十字的白色小圈消失，两幅画面完美组合成一幅新画面，如图7-29所示。

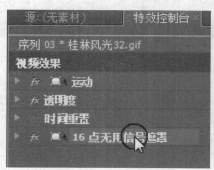

图 7-27

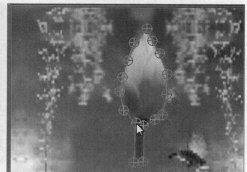

图 7-28

图 7-29

在"键控"类特效中,还有"8点无用信号遮罩"和"4点无用信号遮罩"特效,其原理都是一样的,只不过是"点"多"点"少的事。点越多、越密集,构成的封闭空间曲线越圆滑,越逼真。如果16个点不够用,可先将16个点相对集中于某一区域,然后再将"16点无用信号遮罩"键从特效窗口拖放到要处理的素材上,再将第二次特效的16个点集中在另外某一区域,直到满足需要为止。前面说过,同一特效可以多次作用于同一个素材。

在 Premiere Pro 系统的特效中,也有一些特效的基本功用相似,只是存在一些细微的不同,比如在"键控"类特效中,"色度键"和"颜色键""非红色键",请读者亲自去探索。

7.1.2 调整画面色彩

在视频编辑中,经常遇到一些画面色彩因前期拍摄而造成的缺陷,需要修整,或者想让画面色彩达到预想的效果需要对画面进行色彩调整。所以调整画面色彩是后期制作的重要内容之一。调整画面色彩的特效主要集中在"图像控制"和"色彩校正"两个文件夹中。在第6章的"运动的时钟"训练中我们曾运用过一个"转换颜色"特效,将"秒针"由黑色转换为红色,便是一例。本节将重点介绍三种"色彩平衡"。

1. "色彩(颜色)平衡(RGB)"

步骤1:单击"文件"/"导入",在"非编素材"文件夹中,导入素材"树叶"和"移动长城"。

步骤2:将"移动长城"拖放到时间线窗口的视频1轨道,入点为00:00:00:00,并将其放大以充满屏幕。

步骤3:将"树叶"拖放到时间线窗口的视频2轨道,入点为00:00:00:00,并将其长度与"长城"等长,如图7-30所示。

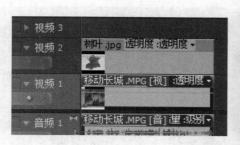 

图 7-30

下面要做的效果是给"树叶"去背景,然后让其改变颜色并在长城上空飘荡。

步骤 4:单击"效果"/"视频特效"/"键控",将其中的"色度键"特效拖放到视频 2 轨道的"树叶"上。

步骤 5:在视频 2 轨道上选中素材"树叶",打开特效控制台窗口(如果特效控制台窗口已经打开,该步骤省略)。

步骤 6:点击特效控制台窗口的"色度建"左边的三角形按钮,展开参数选项,用鼠标点击"颜色"选项右边的"吸管"(鼠标变成吸管状),然后将鼠标移到节目窗口点击树叶的背景色白色,并调整"阈值"和"混合"两个参数值分别为 12 和 17,如图 7-31 所示,将"树叶"的白色背景取消(变透明),效果如图 7-32 所示。

图 7-31 　　　　　　　图 7-32

步骤 7:将时间定位指针移到入点位置,展开"运动"参数选项,将"位置"设为(0, 0);将"缩放比例"的"等比缩放"左边的 ☑"勾"取消掉,将"缩放高度"和"缩放宽度"均设为 20,并将"位置""缩放高度"和"缩放宽度"左边的 ⏱"关键帧开关"打开,设置第一组关键帧,如图 7-33 所示,节目窗口的画面效果如图 7-34 所示。

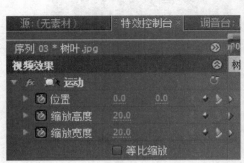

图 7-33

图 7-34

步骤 8：将时间定位指针移到 00：00：02：00 处，将"位置"设为（157，156），将"缩放高度"和"缩放宽度"分别设为 36 和 44，如图 7-35 所示，节目窗口的画面效果如图 7-36 所示。

图 7-35

图 7-36

步骤 9：将时间定位指针移到 00：00：05：05 处，将"位置"设为（240，261），将"缩放高度"和"缩放宽度"分别设为 74 和 80，并给"旋转"打上关键帧，如图 7-37 所示，节目窗口的画面效果如图 7-38 所示。

图 7-37

图 7-38

步骤 10：打开"视频特效"文件夹的子文件夹"图像控制"，将其中的"色彩平衡

（RGB）"特效从特效面板拖放到视频2的"树叶"上。

步骤11：展开特效控制台窗口的"色彩平衡"左边的三角形按钮，将"红""绿""蓝"三选项的关键帧开关打开。

步骤12：将时间定位指针移到00：00：08：00处，将"位置"设为（333，321），将"缩放高度"和"缩放宽度"分别设为109和111，将"旋转"设为-42。将"色彩平衡"特效的"红""绿""蓝"分别设为130、84、85，如图7-39所示，节目窗口的画面效果如图7-40所示，树叶开始变成青黄色。

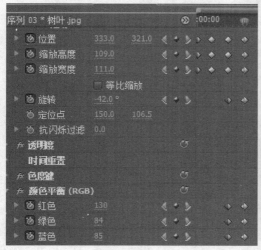

图7-39

图7-40

步骤13：将时间定位指针移到00：00：12：00处，将"位置"设为（385，341），将"缩放高度"和"缩放宽度"分别设为35和146，将"旋转"设为-8；将"色彩平衡"特效的"红""绿""蓝"分别设为161、70、75，如图7-41所示，节目窗口的画面效果如图7-42所示。树叶变得更黄了。

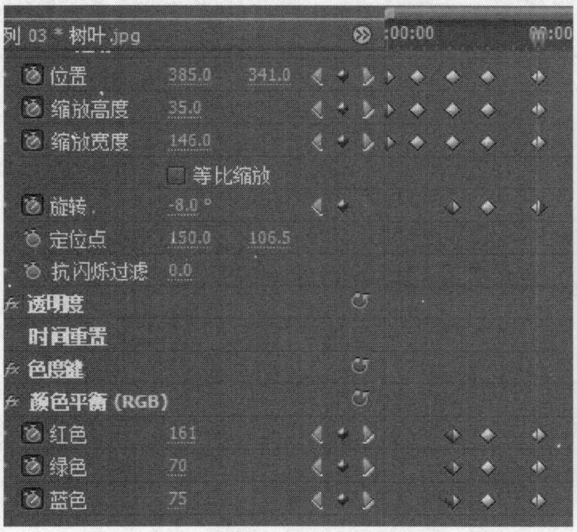

图7-41

图7-42

步骤14：将时间定位指针移到00:00:16:05处，将"位置"设为(489,287)，将"缩放高度"和"缩放宽度"分别设为99和103，将"旋转"设为23；将"色彩平衡"特效的"红""绿""蓝"分别设为200,59,66，如图7-43所示，节目窗口的画面效果如图7-44所示。树叶变得枯黄泛红了。色彩平衡(RGB)主要是通过调整R、G、B比例来达到调整颜色的目的，各参数的调整范围在0至200之间。

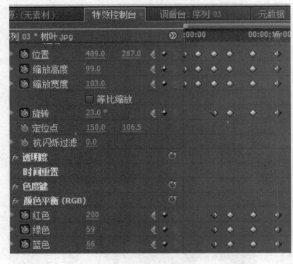

图7-43   图7-44

步骤15：将时间定位指针移到00:00:19:21处，将"位置"设为(595,184)，将"缩放高度"和"缩放宽度"分别设为21和65，将"旋转"设为-19；打开"透明度"的"关键帧开关"，如图7-45所示，节目窗口的画面效果如图7-46所示。

图7-45   图7-46

步骤16：将时间定位指针移到00:00:25:04处，将"位置"设为(706,22)，将"缩放高度"和"缩放宽度"分别设为5和25，将"透明度"设为36，如图7-47所示，节目窗口的画面效果如图7-48所示，让树叶逐渐消失在(远处)画框的右上角。

影视非线性编辑教程

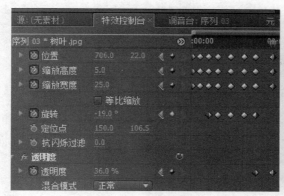

图 7-47   图 7-48

本例的效果类似于美国电影《阿甘正传》的开头和结尾。从本例可看出大多数视频特效都带有一组参数,这些参数可以用精确的关键帧控制进行动画处理,使它们随时间的变化而变化。本例是把"运动""抠像"和"色彩平衡"综合运用的典型。要学会综合利用,但是运用多个特效时,有些特效先后顺序不同效果可能不一样。本例是先做"抠像"特效,再做"色彩平衡"的,若反过来应用画面效果有可能不一样。

2. 色彩平衡

在"色彩校正"文件夹中还有一个"色彩平衡"和一个"色彩平衡(HLS)",它们有相似处也各有不同。下面先做一个汽车倒影效果,然后再用"色彩平衡"改变倒影(水面)的色彩。

步骤1:导入素材"汽车",并将其分别拖放到视频1轨道和视频2轨道,出入点均保持一致,如图7-49所示,节目窗口的画面效果如图7-50所示。

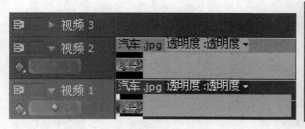

图 7-49   图 7-50

在节目窗口中看到,两幅画面完全一样重叠在一起,而且只能看到视频2轨道的画面。下面要调整画面大小和位置。

步骤2:选中视频2轨道上的"汽车",打开特效控制台。

步骤3:展开"运动"特效的参数选项,取消"等比缩放"的勾选,调整"位置"和"缩放宽度"的参数值分别为(360,142)和107。如图7-51所示,节目窗口的画面效果如图7-52所示。

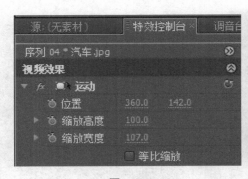

图 7-51　　　　　　　　　　　　图 7-52

步骤 4：右键视频 1 轨道上的素材，在弹出的菜单中选择"重命名"，在"重命名"对话框中将其名称改为"倒影"，单击"确定"按钮，时间线窗口视频 1 轨道上的素材被改名，如图 7-53 所示。

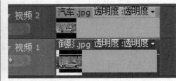

图 7-53

步骤 5：选中视频 1 轨道上的"倒影"，打开其特效控制台窗口，展开"运动"参数选项，取消"等比缩放"的勾选，调整"位置"和"缩放高度""缩放宽度"的参数值分别为（360,467）、90、107。之所以将"倒影"的高度调小，是因为水面倒影都有物理上的"折射"现象，目的使倒影更为逼真。如图 7-54 所示，节目窗口的画面效果如图 7-55 所示。

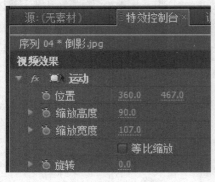
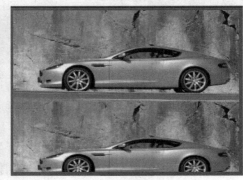

图 7-54　　　　　　　　　　　　图 7-55

步骤 6：打开"特效"（效果）面板，将"视频特效"文件夹中的子文件夹"变换"打开，将其中的"垂直翻转"特效拖放到视频 1 轨道的"倒影"上。如图 7-56 所示，节目窗口的画面效果如图 7-57 所示。

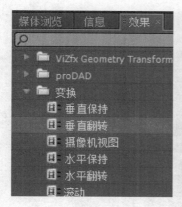

图 7-56   图 7-57

步骤 7：将"视频特效"文件夹中的子文件夹"扭曲"打开，将其中的"波形弯曲"特效拖放到视频 1 轨道的"倒影"上。

步骤 8：在特效控制台窗口展开"波形弯曲"参数选项，将"波形高度"调整为 5，"波形宽度"调整为 36，其他选项保持默认值。当然也可以根据需要调整其他参数。把波形高度和宽度调小，目的是要造成涟漪的效果。如图 7-58 所示，节目窗口的画面效果如图 7-59 所示。

图 7-58   图 7-59

步骤 9：播放剪辑，节目窗口可以看到"倒影"产生水面波纹的动画效果。在 Premiere Pro CS4 中有部分特效带有动画效果。

步骤 10：将"视频特效"文件夹中的子文件夹"色彩校正"打开，将其中的"色彩平衡"特效拖放到视频 1 轨道的"倒影"上。如图 7-60 所示。

步骤 11：在特效控制台窗口展开"色彩平衡"参数选项，我们发现它比"色彩平衡（RGB）"的内容要丰富，它把 R、G、B 三色分别细分为高光、中值和阴影三个参数，这样的色彩调整要丰富细腻得多。参数调整如图 7-61 所示，目的是使"水面"变蓝一些。如果想"水面"变绿点，那么就将所有绿色参数增大，将蓝色参数减小，所有红色参数全都调至零以下的负数。节目窗口的画面效果如图 7-62 所示。

图7-60　　　　　　图7-61　　　　　　　　图7-62

3. 调整画面的亮度和饱和度的"色彩平衡（HLS）"

步骤1：导入"桂林风光7"。

步骤2：将"桂林风光7"从项目窗口拖放到时间线窗口的视频1轨道上，并将其放大，使其充满画框。

步骤3：将"视频特效"文件夹中的子文件夹"色彩校正"打开，将其中的"色彩平衡（HLS）"特效拖放到视频1轨道上。

步骤4：选中视频1轨道上的素材，打开特效控制台窗口。

步骤5：展开"色彩平衡（HLS）"参数选项，调整"亮（明）度"和"饱和度"，分别为10和30，如图7-63所示。效果如图7-64所示，相较于原来的画面（见图7-65）色彩要艳丽得多。

图7-63　　　　　　图7-64　　　　　　　　图7-65

4. 强调突出一种颜色的"脱色"特效

步骤1：导入素材"景色8"，将其拖放到视频1轨道。

步骤2：将"视频特效"文件夹中的子文件夹"色彩校正"打开，将其中的"脱色"特效拖放到视频1轨道上。

步骤3：选中视频1轨道上的素材，打开特效控制台窗口。

步骤4：展开"脱色"参数选项，将"要保留的"色块右边的"吸管"选中（鼠标变成吸管状），然后在节目窗口点击需要保留的颜色（黄色），特效控制台窗口的"色块"变成了

影视非线性编辑教程

黄色。如图 7-66 所示。

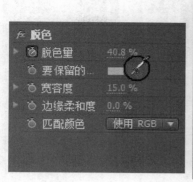

图 7-66

步骤 5：将时间定位指针移到素材的开始处，打开"脱色量"选项的关键帧开关，再将时间定位指针移到 00：00：02：00 处，将"脱色量"参数由 0 改为 100。如图 7-67 所示。这时我们发现当"脱色量"变成 100 时，画面中的其他颜色都变成了黑白色，只有黄色被保留下来。如图 7-68 所示。

图 7-67　　　　　　　　　　　图 7-68

通过设置"关键帧"可以让画面产生变化过程；宽容度默认为 15，数值越大相似性的颜色也被保留下来，当宽容度为 100 时，所有颜色都被保留，也就是没有变化。

5. 将彩色转换为黑白色的"黑白"特效

步骤 1：导入素材"肖像 4"，并将其从项目窗口拖放到视频 1 轨道。

步骤 2：打开"特效"面板，将"视频特效"文件夹中的子文件夹"图像控制"打开，将其中的"黑白"拖放到视频 1 轨道上的"肖像 4"上，原来彩色的画面立马变成黑白色，如图 7-69。

图 7-69

打开特效控制台窗口，我们发现"黑白"特效没有参数项选择，也没有关键帧开关，如图7-70所示，这也就意味着不能产生由彩色到黑白的变化过程。如果要想这种变化过渡自然顺畅可以采用如下方法。

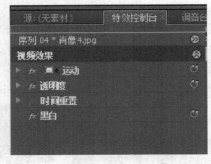

图 7-70

步骤3：将时间定位指针移到00：00：02：00处，用鼠标选择"工具栏"的 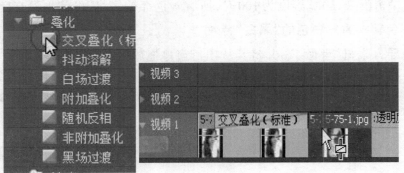 "剃刀"工具，然后在2秒处将素材剪断。

步骤4：再将时间定位指针移到00：00：04：00处，用 "剃刀"工具将素材在4秒处剪断。这样把素材剪为三段。

步骤5：打开"视频切换"文件夹和"叠化"子文件夹，将"交叉叠化"分别拖放到两个剪辑点之间，如图7-71所示。

图 7-71

步骤6：选中第一段素材，打开其特效控制台窗口，点击"黑白"的功能开关，关掉该效果。如图7-72所示。

影视非线性编辑教程

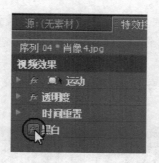

图 7-72

步骤 7：选中第三段素材，打开其特效控制台窗口，点击"黑与白"的功能开关，关掉该效果。

步骤 8：从头播放剪辑，画面由彩色逐渐过渡到黑白色再过渡到彩色。如果把中间一段素材的"黑白"的功能开关关闭，而两端的"黑白"功能开关不关闭，画面则由黑白过渡到彩色再过渡到黑白。

"视频特效"分为很多类，这种分类也是大致的，有些特效很难界定为准确的分类，可能在两个不同的文件夹都能找到，或者是有的特效在不同的版本里放置的位置也不一样，比如"渐变（镜）"特效有的是放在"渲染"文件夹中，有的是放在"生成"文件夹中。"黑与白"有的放在"图像控制"文件夹里，有的放在"模糊与锐化"文件夹。如果知道某个特效的部分或全部名称，但不知在哪类文件夹中，可以在特效面板中进行搜索查找。比如想要"阴影"效果，直接在"特效"（效果）面板下的搜索区域输入"阴影"二字，下面就显现出三个带有"阴影"文字的特效。如图 7-73 所示。

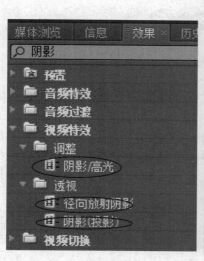

图 7-73

图 7-74

如果对一些常用的特效，或自己喜欢用的特效，还可以在特效面板中自建一个文件夹，把它们放在自建的文件夹中，取名"我的最爱"。

步骤 1：点击特效面板右下角带有"星号"的文件夹按钮，如图 7-74 所示，便在"特效"面板下面增添了一个文件夹,将文件夹改为"我的最爱",如图7-75所示。

步骤2:在其他文件夹中找到喜爱的特效如"轨道遮罩键",然后直接拖拽到"我的最爱"文件夹中,如图7-76所示。这里我们拖拽了三个特效在里面,如图7-77所示。这三个特效在原来的文件夹中也存在着,把特效由一个文件夹拖放到另一个文件夹相当于复制该特效。

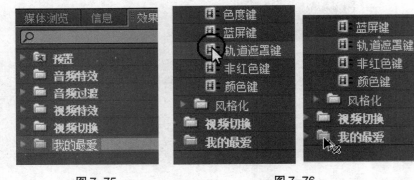

图7-75   图7-76

图7-77

7.2　使用外挂视频特效

Premiere Pro除了系统内置的十八类(组)特效外,还支持很多的第三方外挂视频特效和视频切换效果。借助这些外挂特效,可以制作出Premiere Pro CS4自身不易制作或者无法实现的某些特效,使Premiere Pro CS4成为编辑兼效果制作软件,功能十分强大。

本书将介绍"最终效果(Final Effects)""Trapcode"等插件的应用。本小节只介绍"Final Effects"中的"FE Rain""FE Sphere"和"FE Star Burst"三个特效,其他一些特效在后面的字幕特效中一并介绍。

应用外挂插件先要下载该插件,然后安装在系统的根目录下。安装方法是:将外挂插件复制,然后打开系统盘(一般为C盘),然后点击"Program"/"Adobe"/"Premiere Pro CS4"/"Plug-ins"/"Common\en-us"。如果是视频切换效果,将复制的效果粘贴在Common文件夹内,如果是视频特效软件粘贴在en-us文件夹中,也就是说en-us文件夹是系统的"视频特效"的根目录。复制、粘贴完毕后重启计算机就可以使用这些外挂特效了。

7.2.1　制作"雷雨交加"效果

步骤1:新建一个DV-PAL制式720×576(4:3)的项目,名称为"雷雨"。

步骤2:导入素材"建筑",并将其从项目窗口拖放到视频1轨道,入点为00:00:00:00,出点为00:00:15:00。观看画面,其亮度和饱和度都很好,不像要下雨的天气,如图7-78所示。要做的逼真,需要对画面做色彩处理。

步骤3:打开"特效"面板,将"视频特效"文件夹的子文件夹"色彩校正"打开,将其中的"色彩平衡(HLS)"特效拖放到视频1轨道上的"建筑"上。

步骤4：选中视频1轨道的"建筑"，打开其特效控制台窗口，展开"色彩平衡（HLS）"参数选项，调整参数，色相：-14；明度：-30；饱和度：-45，如图7-79所示。画面效果如图7-80所示。

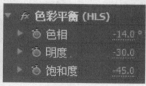

图7-78　　　　　　　　　　　图7-79　　　　　　　　　　　图7-80

步骤5：打开"视频特效"/"Final Effects"文件夹，将其中的"FE Rain"拖放到视频1轨道上的"建筑"上，如图7-81所示。

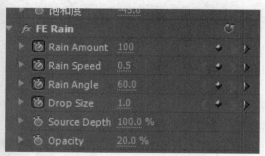

图7-81　　　　　　　　　　　　　　图7-82

步骤6：将时间定位指针放在00:00:00:00处，在特效控制台窗口展开"FE Rain"参数选项，将"雨量""速度""角度"和"雨点尺寸"选项左边的 ![关键帧开关]"关键帧开关"打开，并将其参数分别设为100，0.5，60，1.0；如图7-82所示。因为开始时是细雨，所以三个参数都变小，只有"角度"变大，最大为60。画面效果如图7-83所示。

步骤7：将时间定位指针移到素材的末端，将"雨量""速度""角度"和"雨点尺寸"分别设为1000，1.5，5，2.5。因为素材结束时是暴雨，所以数值变大。只是角度相反，雨越大角度应该越小，如图7-84所示。画面效果如图7-85所示。

图7-84

图7-83 图7-85

步骤8：右键素材"建筑"/"复制"（或者按键盘的Ctrl＋C键），然后将时间定位指针移到轨道后面的空白处，按键盘上的Ctrl＋V键粘贴。如图7-86所示。

图7-86

步骤9：将复制的剪辑拖放到视频2轨道上，与视频1轨道上的素材重叠。

步骤10：打开"视频特效"/"生成"文件夹，将最后一个特效"闪电"拖放到视频2轨道上。如图7-87所示。

步骤11：在特效控制台窗口展开"闪电"参数选项，设置参数。如图7-88所示。

f_x	■ 闪电		
○	起始点	111.6	-36.9
○	结束点	477.9	573.7
▶	线段	12	
▶	波幅	10.000	
○	细节层次	7	
▶	细节波幅	0.300	
▶	分支	0.200	
▶	再分支	0.100	
▶	分支角度	20.000	
▶	分支线段…	0.500	
▶	分支线段		
▶	分支宽度	0.700	
○	速度	10	

图7-87 图7-88

"闪电"的参数项比较多，可以根据需要进行设置。首先需要调整的是闪电的"起始点"和"结束点"的位置，让"起始点"位于屏幕上方的画外，"结束点"位于屏幕的下方，让闪电呈斜线状（可以点击"闪电"名称，然后直接在节目窗口拖拽带十字的小圆圈也即端点，如图7-89所示）。其次，将"固定端点"（结束点）勾选取消，让结束点移动。如

图7-90所示。再次调整"线段""细节层次""分支线段""拉力""随机植入"等参数。

图7-89

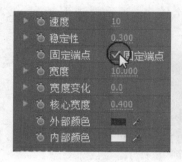 

图7-90　　　　　　　　　　　　　　图7-91

步骤12：用"剃刀"工具将视频2轨道上的素材剪为四段，如图7-91所示。

步骤13：删除视频2上的第二段和第四段剪辑，如图7-92所示，并将保留的两段素材持续时间设为1秒钟。

图7-92　　　　　　　　　　图7-93　　　　　　　　　　图7-94

步骤14：打开"视频特效"/"风格化"文件夹，将其中的"闪光灯"特效分别拖放到视频2轨道上的两段素材上。这时我们发现在特效控制台窗口，刚刚拖上去的"闪光灯"特效排在"闪电"特效的上面，如图7-93所示，先后顺序颠倒了，需要调整顺序。

步骤15：用鼠标选中"闪电"特效并按住左键不放往"闪光灯"特效的上方拖动，鼠标变成小手状，待"闪光灯"特效的上方出现一条黑色粗线时松开鼠标，这时"闪电"特效排在了"闪光灯"特效的上方（前面），如图7-94所示。

步骤16：分别为视频2轨道上的两段1秒钟的剪辑调整"闪光灯"的特效参数："明暗闪动颜色"为白色；"与原始图像混合"为34%；"明暗闪动持续"为0.2；"明暗闪动间隔"为0.6；"随机明暗"为15%；"随机植入"为23，如图7-95所示。

图 7-95   图 7-96

步骤 17：播放剪辑，有"闪光灯"特效的两个片段出现连续闪烁的效果，如图 7-96 所示。

整个剪辑要表达的意思是，刚开始出现雷电时雨还比较小，然后雨越下越大，接着再次出现闪电时雨已经很大了，然后雨更大。

7.2.2 "世界瞭望"片头

下面再做一个新闻片头"世界瞭望"。

步骤 1：新建一个 DV-PAL 制式 720×576（4:3）的项目，名称为"世界瞭望"。

步骤 2：单击"文件"/"新建"/"字幕"，在弹出的对话框中为字幕取名"鸟瞰全球"，如图 7-97 所示。然后按"确定"按钮，打开字幕窗口。如图 7-98 所示。

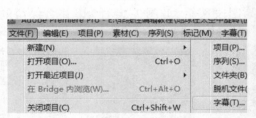

图 7-97

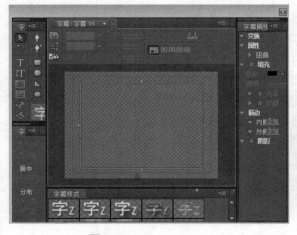

图 7-98   图 7-99

步骤3：选中字幕窗口左上角的 **T** "文字输入工具"，如图7-99所示。然后将鼠标移到字幕显示区，单击鼠标，出现光标并闪烁。

步骤4：输入文字"鸟瞰全球"后，字幕却不能完全显示。如图7-100所示。这是因为该软件的字幕兼容多种文字，而当前的字体不是汉字字体，需要选择字体。

图7-100

图7-101

步骤5：点击字幕窗口上方的"字体"下拉按钮，如图7-101所示，弹出字体选择下拉菜单，如图7-102所示。

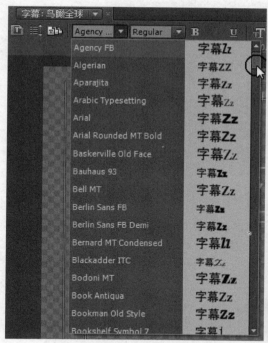

图7-102

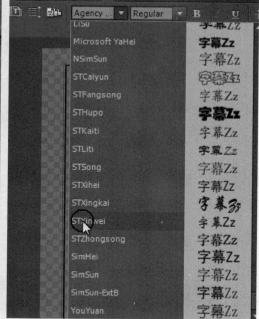

图7-103

步骤6：按住下拉菜单右边的滚动条一直拉到最下面，出现汉字字体名称（汉语拼音），然后选择"ST Xinwei"，如图7-103所示。这时的字幕就全都变成了"新魏体"汉字，如图7-104所示。

图 7-104

图 7-105

步骤 7：将字幕窗口右侧的“填充类型”设为“实色”，并点击“色彩”选项右侧的“色块”，如图 7-105 所示，弹出“拾色器”，如图 7-106 所示。

步骤 8：用鼠标点击所需要的颜色，即白色小圆圈所在处的颜色（红色），如图 7-106 所示。然后点击“确定”按钮，字幕窗口的文字即刻变成红色。

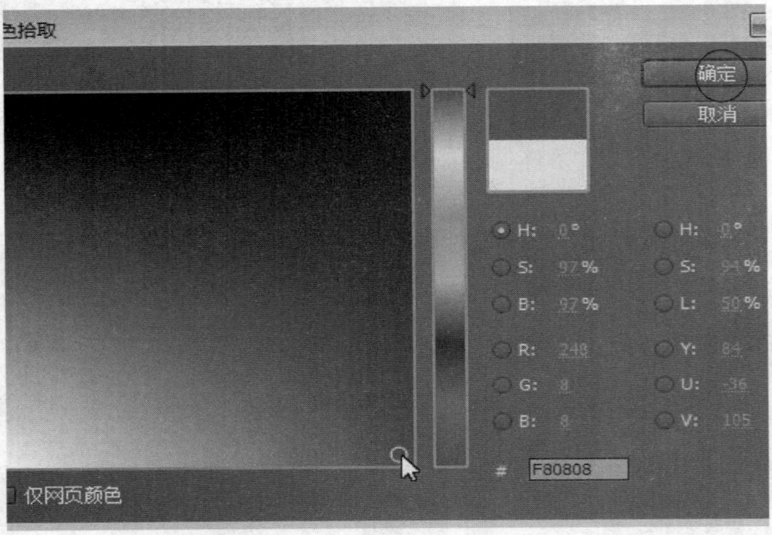

图 7-106

图 7-107

步骤 9：用鼠标单击字幕窗口左上角的“选择工具”，如图 7-107 所示，然后将鼠标移到字幕上点击字幕，字幕被选中（四周出现白色矩形框）。按下鼠标不放拖动鼠标可以移动字幕的位置。将鼠标放在白色矩形框的四角的任一角，按下鼠标拖动可以缩放文字大小，如图 7-108 所示。

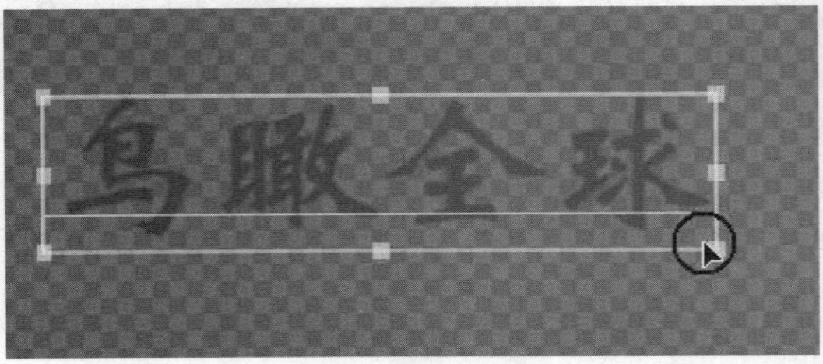

图 7-108

图 7-109

步骤10：选中文字，然后分别点击窗口左下方的"字幕动作"面板的"水平居中"和"垂直居中"，如图7-109所示，使文字居于画框中间。

步骤11：关闭字幕窗口，字幕"鸟瞰全球"自动保存在项目窗口，其图标与图片（照片）素材的图标一致，表示字幕与图片的性质相同。

步骤12：导入素材"地球"和"树叶"。

步骤13：将素材"地球"从"项目"窗口拖到视频2轨道，入点为00：00：00：00，出点为00：00：15：00，即素材持续时间为15秒。

步骤14：右键素材，在弹出的菜单中选择"适配为当前画幅大小"。或者在"效果控制"窗口将素材的"运动"特效下的"比例"调整到与节目窗口大小相一致。

步骤15：打开"特效"面板，展开"视频特效"文件夹，将"Final Effects（最终效果）"文件夹中的"FE Sphere（球体）"特效拖放到视频2轨道上的"地球"上。画面效果如图7-110所示。

步骤16：将"时间定位指针"置于00：00：00：00处，展开"特效控制台"窗口中"运动"和"FE Sphere（球体）"参数选项，打开"位置""Rotation Y（Y旋转）"和"Radius（半径）"左边的 ⏱ "关键帧开关"，并将各参数值分别设为0°和0.2，如图7-111所示。让地球从画面的左上角开始运动。画面效果如图7-112所示。

图7-110

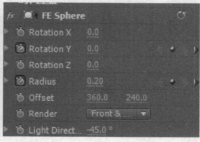
图7-111

图7-112

步骤17：将"时间定位指针"置于00：00：04：00处，设置"位置""Rotation Y（Y旋转）"和"Radius（半径）"的关键帧分别为360°和0.4，如图7-113所示。画面效果如图7-114所示。

图7-113

图7-114

步骤18：将"时间定位指针"置于00：00：14：00处，设置"Rotation Y（Y旋转）"和"Radius（半径）"的关键帧分别为1080°和1.0，如图7-115所示。画面效果如图7-116所示。

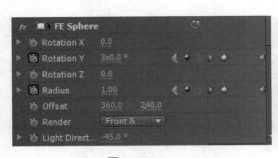

图 7-115   图 7-116

步骤19：将字幕"鸟瞰全球"从"项目"窗口拖到视频3轨道，入点与视频2轨道上的"地球"对齐，出点为00：00：05：00。

步骤20：将"时间定位指针"置于00：00：00：00处，展开"特效控制台"窗口中"运动"特效参数项，设置"位置"为（360，-80），"缩放比例"为40。

步骤21：将"时间定位指针"置于00：00：04：15处，将"位置"改为（360，288），"缩放比例"为100。画面效果如图7-117所示。

图 7-117   图 7-118

步骤22：再次将字幕"鸟瞰全球"从"项目"窗口拖到视频3轨道，入点为00：00：05：00，出点与视频2轨道上的"地球"对齐，如图7-118所示。

步骤23：打开"特效"面板，展开"视频特效"文件夹，将"Final Effects（最终效果）"文件夹中的"FE Sphere（球体）"特效拖放到视频3轨道上后面一段字幕上。画面效果如图7-119所示。

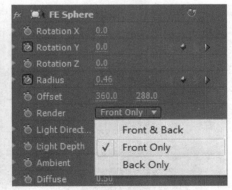

图 7-119   图 7-120

步骤24：选中视频3轨道上后面一段字幕"鸟瞰全球"，打开其特效控制台窗口。

步骤25：将"时间定位指针"置于00：00：05：00处，打开"Rotation Y（Y旋转）"和"Radius（半径）"左边的 关键帧开关，并将其分别设为0°和0.46（与视频2轨道上的半径保持同步，目的使文字紧贴地球表面转动），并将"渲染（Render）"设为"仅显示前面（Front Only）"，如图7-120所示。画面效果如图7-121所示。

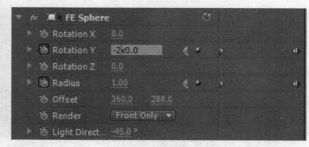

图7-121 图7-122

步骤26：将"时间定位指针"置于00：00：14：00处，设置字幕的"Rotation Y（Y旋转）"和"Radius（半径）"的关键帧分别为-360°和1.0，如图7-122所示。

步骤27：将素材"树叶"从"项目"窗口拖到视频1轨道，右键素材，在弹出的菜单中选择"画面大小与当前画幅比例适配"，使其充满屏幕。出入点与视频2轨道上的"地球"对齐。如图7-123所示。

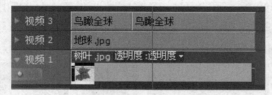

图7-123

步骤28：在"特效"面板中，将"Final Effects"文件夹中的"FE Star Burst"特效拖放到视频1轨道上的"树叶"上。

步骤29：在"特效控制"窗口将"树叶"素材的"FE Star Burst"特效中的"Speed"设为-1（目的是让小星星往纵深空间运动，与"地球"和"字幕"的运动反方向，增强空间纵深感），将"Grid Spacing"设为23，将"Size"设为1.3，如图7-124所示。画面效果如图7-125所示。

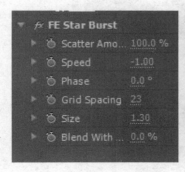

图7-124 图7-125

步骤30：在"特效"面板中将"Trapcode"文件夹中的"Starglow（星光）"特效拖放到视频1轨道上的"树叶"上。

步骤31：在"特效控制台"窗口将"树叶"素材的"Starglow（星光）"特效中的"Pree set（预置）"更改为"White Cross（白色十字）"，将"光线长度"改为27，"提升亮度"改为1.6，如图7-126所示。

步骤32：框选后半段的四个轨道，如图7-127所示。然后右键，在弹出的菜单中选择"嵌套"，效果如图7-128所示，实现序列内嵌套。

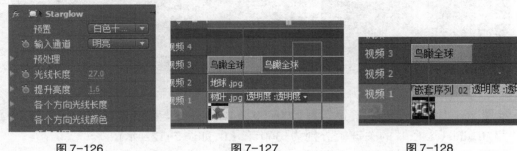

图7-126　　　　　图7-127　　　　　图7-128

步骤33：从头播放剪辑。如果播放不流畅，按键盘的"Enter"进行渲染，渲染完成后，时间标尺上的红线条变成绿线条，再次播放就流畅了。播放效果如图7-129（时间定位指针在00：00：00：23处）、图7-130（时间定位指针在00：00：03：07处）、图7-131（时间定位指针在00：00：04：15处）、图7-132（时间定位指针在00：00：05：05处）、图7-133（时间定位指针在00：00：10：05处）、图7-134（时间定位指针在00：00：13：02处）所示。

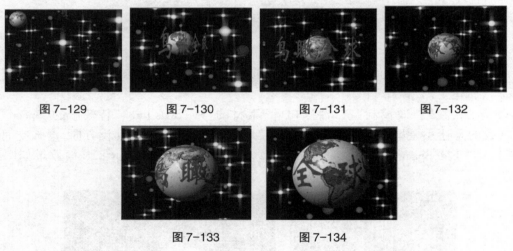

图7-129　　　　　图7-130　　　　　图7-131　　　　　图7-132

图7-133　　　　　图7-134

7.3　其他常用特效的应用

7.3.1　利用"边角固定"特效创建立体多面墙

步骤1：新建一个DV-PAL制式的宽高比为4∶3的项目，将项目命名为"立体多面墙"。

步骤2：单击菜单命令"文件"/"导入"，在导入对话框中选择"非编素材"文件夹/"童年"文件夹，然后点击"导入文件夹"按钮。

步骤3：单击项目窗口"童年"文件夹左边的三角形按钮，展开文件夹如图7-135所示。将"1.jpg"从项目窗口拖放到时间线窗口的视频1轨道，入点为00：00：00：00，并放大轨道显示，如图7-136所示。

图7-135   图7-136

步骤4：右键视频1轨道上的"1.jpg"，在弹出的菜单中选择"速度/持续时间"，弹出"速度/持续时间"对话框，在对话框中将"持续时间"设为1200，即12秒，如图7-137所示。然后单击"确定"按钮。

图7-137   图7-138   图7-139

步骤5：在时间线窗口的时间标尺左边的时间码显示区内输入0200（系统会自动识别为00：00：02：00），如图7-138所示。然后在任意空白处单击鼠标左键，时间定位指针自动移到00：00：02：00处。如图7-139所示。

步骤6：将"2.jpg"从项目窗口拖放到时间线窗口的视频2轨道，入点为00：00：02：00，即时间定位指针处。如图7-140所示。

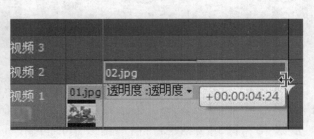

图7-140   图7-141

步骤7：将鼠标移到"2.jpg"的末端，待鼠标变成 ✛ 时，按下鼠标不放并向右拖动鼠标，当拖到与视频1轨道上的素材末端对齐时会出现一条黑色竖线表示出点对齐，松开鼠标。如图7-141所示。

步骤8：仿照步骤5，在时间线窗口的时间标尺左边的时间码显示区内输入0400，然后在任意空白处单击鼠标左键，时间定位指针自动移到00：00：04：00处。如图7-142所示。

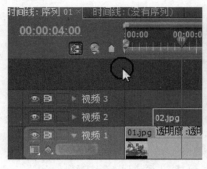

图7-142

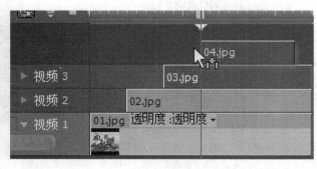

图7-143

步骤9：将"3.jpg"从项目窗口拖放到时间线窗口的视频3轨道，入点为00：00：04：00，即时间定为指针处。

步骤10：将鼠标移到视频3轨道的"3.jpg"的末端，待鼠标变成 ✛ 时，按下鼠标不放并向右拖动鼠标，当拖到与视频1（或视频2）轨道上的素材末端对齐时出现一条黑色竖线便释放鼠标。

步骤11：在时间线窗口的时间标尺左边的时间码显示区内输入0600，然后在任意空白处单击鼠标左键，时间定位指针自动移到00：00：06：00处。

步骤12：将"4.jpg"从项目窗口拖放到时间线窗口的视频3轨道上方的空白空间，入点为00：00：06：00，如图7-143所示，松开鼠标后系统自动添加视频4轨道。

步骤13：将鼠标移到视频4轨道的"4.jpg"的末端，待鼠标变成 ✛ 时，按下鼠标不放并向右拖动鼠标，当拖到与视频1（或视频2）轨道上的素材的末端对齐时出现一条黑色竖线，释放鼠标。如图7-144所示。

图7-144

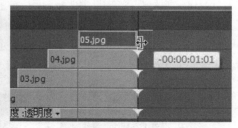

图7-145

步骤14：在时间线窗口的时间标尺左边的时间码显示区内输入0800，然后在任意空白处单击鼠标左键，时间定位指针自动移到00：00：08：00处。

步骤15：将"5.jpg"从项目窗口拖放到时间线窗口的视频4轨道上方的空白处，入点为 00 : 00 : 08 : 00，松开鼠标后系统自动添加视频 5 轨道。

步骤 16：将鼠标移到视频 5 轨道的"5.jpg"的末端，待鼠标变成 ✚ 时，按下鼠标不放并向左拖动鼠标，当拖到与视频 1（或视频 2）轨道上的素材的末端对齐时出现一条黑色竖线，释放鼠标。如图 7-145 所示，这次是将素材剪短。

步骤 17：用鼠标点击视频 2 至视频 5 轨道开关，让"眼睛"消失，将其关闭，如图 7-146 所示。

步骤 18：打开"效果（特效）"面板，展开"视频特效"文件夹，将"扭曲"类特效中的"边角固定"特效拖放到视频 1 轨道的素材上。特效控制台窗口自动打开。

步骤 19：将时间定位指针移到 00 : 00 : 00 : 00 处，然后展开特效控制台窗口中的"边角固定"特效左边的三角形按钮。

图 7-146

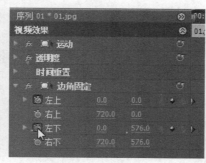

图 7-147

图 7-148

步骤 20：将"左上"和"左下"两个参数项左边的 ⏱ 关键帧开关打开，参数保持不变，如图 7-147 所示。画面效果如图 7-148 所示。

步骤 21：将时间定位指针移到 00 : 00 : 02 : 00 处，将"左上"和"左下"两个参数项的参数分别改为（500,150）和（500,450），系统自动添加第二组关键帧。如图 7-149 所示。此时的画面效果如图 7-150 所示。

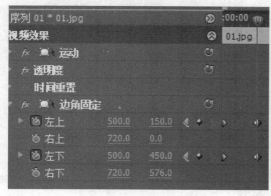

图 7-149

图 7-150

步骤 22：用鼠标点击视频 2 轨道开关按钮，使"眼睛"出现，打开视频 2 轨道。

步骤 23：再将"边角固定"特效拖放到视频 2 轨道的素材上。其特效控制台窗口自动打开。

步骤24：在特效控制台窗口将"2.jpg"的"边角固定"特效的参数展开，将"右上"和"右下"两个参数项左边的 ⏱ 关键帧开关打开，参数保持不变，如图7-151所示。

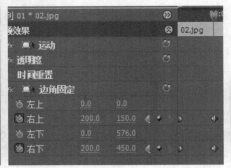

图7-151　　　　　　　　　图7-152　　　　　　　　图7-153

步骤25：将时间定位指针移到00：00：04：00处，将"右上"和"右下"两个参数项的参数分别改为（200，150）和（200，450），系统自动添加第二组关键帧，如图7-152所示。此时的画面效果如图7-153所示。

步骤26：用鼠标点击视频3轨道开关按钮，使"眼睛"出现，打开视频3轨道。

步骤27：再将"边角固定"特效拖放到视频3轨道的素材上。其特效控制台窗口自动打开。

步骤28：在特效控制台窗口将"3.jpg"的"边角固定"特效的参数展开，将"左上"和"右上"两个参数项左边的 ⏱ 关键帧开关打开，参数不变，如图7-154所示。

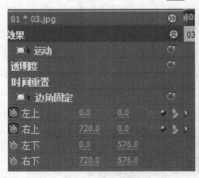

图7-154　　　　　　　　　图7-155　　　　　　　　图7-156

步骤29：将时间定位指针移到00：00：06：00处，将"左上"和"右上"两个参数项的参数分别改为（200，450）和（500，450），系统自动添加第二组关键帧，如图7-155所示。此时的画面效果如图7-156所示。

步骤30：用鼠标点击视频4轨道开关按钮，使"眼睛"出现，打开视频4轨道。

步骤31：再将"边角固定"特效拖放到视频4轨道的素材上。其特效控制台窗口自动打开。

步骤32：在特效控制台窗口将"4.jpg"的"边角固定"特效的参数展开，将"左下"和"右下"两个参数项左边的 ⏱ 关键帧开关打开，参数不变，如图7-157所示。

图 7-157　　　　　　　　　图 7-158　　　　　　　　　图 7-159

步骤33：将时间定位指针移到00：00：08：00处，将"左下"和"右下"两个参数项的参数分别改为（200,150）和（500,150），系统自动添加第二组关键帧，如图7-158所示。此时的画面效果如图7-159所示。

步骤34：用鼠标点击视频5轨道开关按钮，使"眼睛"出现，打开视频5轨道。

步骤35：再将"边角固定"特效拖放到视频5轨道的素材上，其特效控制台窗口自动打开。

步骤36：在特效控制台窗口将"5.jpg"的"边角固定"特效的参数展开，将"左上""右上""左下""右下"四个参数项左边的 关键帧开关全都打开，参数不变，如图7-160所示。

步骤37：将时间定位指针移到00：00：10：00处，将将"左上""右上""左下""右下"四个参数项的参数分别改为（200,150）、（500,150）、（200,450）、（500,450），系统自动添加第二组关键帧，如图7-161所示。此时的画面效果如图7-162所示。

图 7-160　　　　　　　　　图 7-161　　　　　　　　　图 7-162

本例我们设计了四个点的坐标即（200,150）、（500,150）、（200,450）、（500,450），像这样用设计坐标的方法来搭建立体多面墙，需要一个条件，那就是所使用的素材的画幅大小（像素纵横比）必须一致，不同大小画幅尺寸的素材是不能用设计坐标的方法来做的。

7.3.2　创建局部"马赛克"效果

步骤1：新建一个DV-PAL制式的宽高比为4：3的项目，将项目命名为"局部马赛克"。

步骤2：单击菜单命令"文件"/"导入"，在导入对话框中选择"非编素材"文件夹，选中"肖像1.jpg"，然后点击"打开"按钮。

步骤3：将"肖像1.jpg"从项目窗口拖放到时间线窗口的视频2轨道，入点为00：00：

00：00，并放大轨道显示，如图7-163所示。

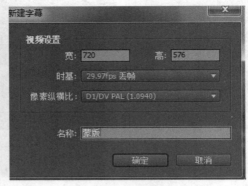

图 7-163　　　　　　　　　　　　图 7-164

步骤4：单击菜单栏"文件"/"新建"/"字幕"，在弹出的"新建字幕"对话框中将"名称"设为"蒙版"，如图7-164所示，然后单击"确定"按钮。

步骤5：在字幕窗口的上方位置点击 ⬛ "显示背景视频"按钮（如果字幕窗口看不到时间线轨道上的视频时需要点击它，让其显示视频），如图7-165所示，使字幕窗口也能看到时间线轨道上的画面。如图7-166所示。

图 7-165

步骤6：用鼠标点击字幕窗口左上方的"字幕工具"栏中的 ⬤ "椭圆"按钮，如图7-167所示。

步骤7：将鼠标移到"字幕显示区"的画面上，在人物的眼睛部位画上一个椭圆（其他图形也行，想在什么部位打上马赛克就在什么部位画），如图7-168所示。系统默认的颜色为白色，下面需要将其改为黑色。

图 7-166　　　　　　　　　　　　图 7-167

图 7-168

图 7-169

步骤 8：用鼠标点击字幕工具栏的 **⇖** "选择工具"按钮，然后点击（选中）白色椭圆（椭圆四周出现白色矩形框表示选中），在字幕窗口右侧的"填充"选项下面将"填充类型"设为"实色"，如图 7-169 所示。

步骤 9：点击"色彩"右侧的"颜色块"，在弹出的"颜色拾取"对话框中将颜色选为黑色，白色小圆圈表示选中的颜色，如图 7-170 所示。然后点击"确定"按钮，白色椭圆即变为黑色椭圆，如图 7-171 所示。

图 7-170

图 7-171

图 7-172

183

步骤10：关闭字幕窗口，将"蒙版"从项目窗口拖放到时间线窗口的视频3轨道上，如图7-172所示。

步骤11：打开"特效"面板，展开"视频特效"文件夹，再打开其中的"键控"类文件夹，将其中的"轨道遮罩键"拖放到视频2轨道上的"肖像1.jpg"上。

步骤12：在特效控制台窗口展开"轨道遮罩键"参数选项，将"遮罩（蒙版）"右侧的下拉按钮点开，然后选择"视频3"，如图7-173所示。画面效果如图7-174所示。

图7-173　　　　　　　　　　图7-174

步骤13：将"视频特效"文件夹的"风格化"文件夹中的"马赛克"特效拖放到视频2轨道上的"肖像1.jpg"上。

步骤14：在特效控制台窗口展开"马赛克"参数选项，将"水平块"和"垂直块"均设为20，如图7-175所示。画面效果如图7-176所示。

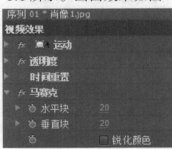 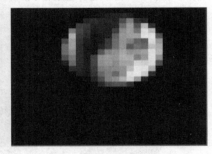

图7-175　　　　　　　　　　图7-176

步骤15：再次将"肖像1.jpg"从项目窗口拖放到时间线窗口的视频1轨道，入点为00：00：00：00，如图7-177所示。画面效果如图7-178所示。

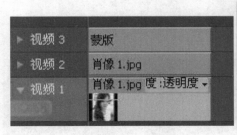 

图7-177　　　　　　　　　　图7-178

如果人物对象处于运动状态，则需要将"蒙版"作"运动"设置，与人物对象运动保持一致。与下例的"望远镜"的运动一样。

7.3.3 利用"蒙版"制作望远镜的效果

步骤1：单击菜单命令"文件"/"导入"，在导入对话框中选择"非编素材"文件夹，选中"打球1.mpg"，然后点击"打开"按钮。

步骤2：单击菜单命令"文件"/"新建"/"序列"，新建一个"序列02"。

步骤3：将"打球1.mpg"从项目窗口拖放到时间线窗口序列02的视频1轨道，入点为00：00：00：00。

步骤4：单击菜单栏"文件"/"新建"/"字幕"，在弹出的"新建字幕"对话框中将"名称"设为"望远镜"，然后单击"确定"按钮。

步骤5：用鼠标点击字幕窗口左上方的"字幕工具"栏中的 ⬭ "椭圆"按钮，将鼠标移到"字幕显示区"，画一个大小合适的正圆（按住键盘上Shift键的同时拖动鼠标）。如图7-179所示。

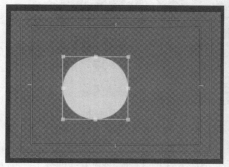
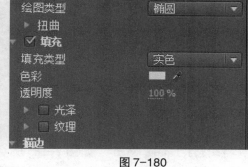

图7-179　　　　　　　　　　　　　　　　图7-180

步骤6：用鼠标点击字幕工具栏的 ▶ "选择工具"按钮，然后点击（选中）白色正圆（如果正圆四周已经出现白色矩形框表示已经选中，就无需进行选择），在字幕窗口右侧的"填充"选项下面将"填充类型"设为"实色"，如图7-180所示。

步骤7：点击"色彩"右侧的"颜色块"，在弹出的"颜色拾取"对话框中将颜色选为黑色，白色小圆圈表示选中的颜色，也可以直接将R、G、B三原色的值均更改为0，如图7-181所示。然后点击"确定"按钮，白色正圆即变为黑色正圆，如图7-182所示。

图7-181　　　　　　　　　　　　　　　　图7-182

步骤8：用鼠标点击黑色正圆，按键盘"Ctrl＋C"组合键一次，再按"Ctrl＋V"组合键一次，复制一个黑色正圆。

步骤9：用鼠标点击黑色正圆并按住鼠标不放进行拖动，两个圆并排相交时松开鼠标，如图7-183所示。

步骤10：框选两个黑色正圆，如图7-183所示（注意，框选时鼠标离被选对象要远一点，否则只能选中某一个）。然后分别点击字幕窗口左下方的"字幕动作"栏的"上对齐""水平居中"和"垂直居中"。如图7-184所示。

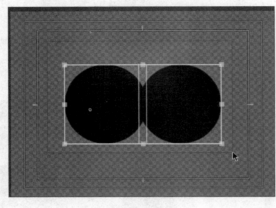 

图7-183　　　　　　　　　　　　　图7-184

步骤11：关闭字幕窗口，将"望远镜"从项目窗口拖放到序列02的视频2轨道上，入、出点与"打球1.mpg"对齐。如图7-185所示。节目窗口的画面效果如图7-186所示。

图7-185　　　　　　　　　　　　　图7-186

步骤12：将"视频特效"文件夹的"键控"文件夹中的"轨道遮罩键"特效拖放到视频1轨道上的"打球1.mpg"上。

步骤13：在特效控制台窗口展开"轨道遮罩键"参数选项，将"遮罩（蒙版）"右侧的下拉按钮点开，然后选择"视频2"，如图7-187所示。画面效果如图7-188所示。

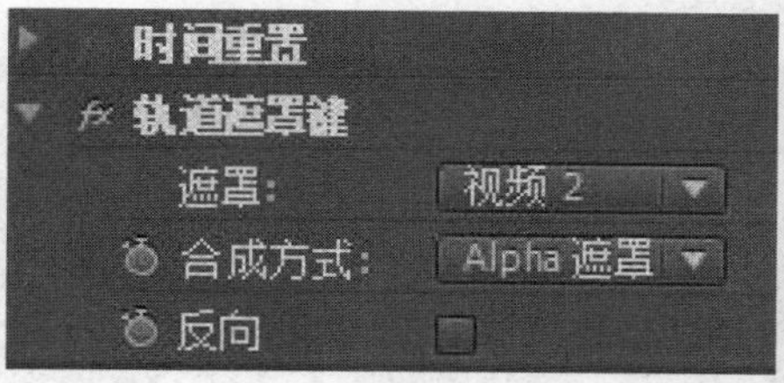

图 7-187

图 7-188

步骤 14：选中视频 2 轨道上的"望远镜"，打开其特效控制台窗口，展开"运动"选项，将时间定位指针移到 00：00：00：00，将"位置"的关键帧开关打开，并将其参数值设为（0，288），将"缩放比例"设为 150，如图 7-189 所示。画面效果如图 7-190 所示。

图 7-189

图 7-190

步骤 15：将时间定位指针移到 00：00：01：23，将"位置"的参数值设为（450，426），系统自动添加第二个关键帧。画面效果如图 7-191 所示。

图 7-191

图 7-192

步骤16：将时间定位指针移到00：00：02：16，将"位置"的参数值设为(475,460)，系统自动添加第三个关键帧。画面效果如图7-192所示。

步骤17：将时间定位指针移到00：00：04：08，将"位置"的参数值设为(475,377)，系统自动添加第四个关键帧。画面效果如图7-193所示。

图7-193　　　　　　　　　　　　　图7-194

步骤18：将时间定位指针移到00：00：05：08，将"位置"的参数值设为(495,377)，系统自动添加第五个关键帧。画面效果如图7-194所示。

步骤19：将时间定位指针移到00：00：06：08，将"位置"的参数值设为(401,377)，系统自动添加第六个关键帧。画面效果如图7-195所示。

步骤20：将时间定位指针移到00：00：07：02，将"位置"的参数值设为(330,377)，系统自动添加第七个关键帧。画面效果如图7-196所示。

图7-195　　　　　　　　　　　　　图7-196

步骤21：将时间定位指针移到00：00：07：22，将"位置"的参数值设为(330,386)，系统自动添加第八个关键帧。画面效果如图7-197所示。

图 7-197 图 7-198

步骤22：将时间定位指针移到00：00：08：20，将"位置"的参数值设为（189，420），系统自动添加第九个关键帧。画面效果如图7-198所示。总之，通过运动的设置让望远镜始终跟随一个运动主体（上篮的人）运动。

7.3.4 利用"裁剪""色度键""透明"等特效创造"穿越"画面效果

下面用Pr CC制作一个"向日葵"从"油菜花丛"中钻出的效果。

步骤1：打开软件，新建一个名为"穿越"的项目，编辑模式为DV-PAL标准48 KHz。

步骤2：在"项目"窗口导入"向日葵"和"油菜花"两个素材。

步骤3：将"油菜花"从"项目"窗口拖放到"时间线"窗口的视频1轨道，入点为00：00:00:00。

步骤4：将"向日葵"从"项目"窗口拖放到"时间线"窗口的视频2轨道，入点为00：00:00:00。

下面将要为向日葵抠像。

步骤5：选中视频2轨道上的素材，打开"效果控件"（特效控制台）窗口。

步骤6：选中（用鼠标左键点击）"不透明度"效果下面的钢笔（自由绘制贝塞尔曲线）工具。如图7-199所示。

图 7-199

图 7-200

步骤7：然后将鼠标移到右边的"节目"窗口，在向日葵周围绘制贝塞尔曲线。如图7-200所示。

步骤8：围绕向日葵一周绘制（点击）许多点，最后将起点和终点重合，形成封闭的贝塞尔曲线，曲线外边的画面被透明。如图7-201所示。这一效果在CS4中可用"十六点无用信号键"来完成，但CC版本中没有"十六点无用信号键"，所以我们用"不透明度"的"自由绘制贝塞尔曲线"来完成。前面说过，"键控"类特效的本质就是使色彩透明。

图7-201   图7-202

步骤9：调整这些点的位置，把向日葵的叶子"抠"出来。如图7-202所示。

步骤10：打开"效果"/"键控"/"颜色键"，将"颜色键"特效拖放到视频2轨道的素材上。

步骤11：在"效果控件"窗口选中"颜色键"特效下面的"吸管"工具，然后移到"节目"窗口选中（点击）蓝色，并将"颜色容差"参数设置为147左右，使向日葵周围的蓝色全透明。如图7-203所示。

图7-203

步骤12：再次将"颜色键"特效拖放到视频2轨道的素材上。

步骤13：在"效果控件"窗口选中"颜色键"特效下面的"吸管"工具，然后移到"节目"窗口选中（点击）灰白色，并将"颜色容差"参数设置为57左右，使向日葵周围的灰白色全透明。如图7-204所示。

图 7-204

步骤 14: 将"油菜花"素材从"项目"窗口拖放到视频 3 轨道,入点为 00:00:00:00。

步骤 15: 打开"效果"/"变换"/"裁剪",将"裁剪"特效拖放到视频 3 轨道的素材上。

步骤 16: 在"效果控件"窗口将"裁剪"特效的"顶部"参数设为 65 左右。如图 7-205 所示。裁掉的部分是为了让向日葵显现。

图 7-205

图 7-206

步骤 17: 选中视频 2 轨道的素材,并将"时间定位指针"置于 00:00:00:00 处,然后在"效果控件"窗口设置其"运动"特效下面的"位置"和"缩放"关键帧分别为:360、595 和 75。如图 7-206 所示。

步骤 18: 将"时间定位指针"置于 00:00:02:00 处,将"位置"和"缩放"关键帧分别设为:190、240 和 65,让向日葵从花丛中钻出来。

利用同一素材的多次"裁剪",可以创造出"穿越"的画面效果。

关于"视频特效",我们将在第 8 章中结合字幕特效继续介绍。

◆ **内容提要**

本章重点介绍视频特效中的"键控"类特效与调整画面色彩特效的基本使用方法与操作步骤,结合案例详细讲解了使用"最终效果""Trapcode"等外挂视频特效插件制作"雷雨交加"效果和"世界瞭望"片头的基本操作方法,并在影视特效应用中选取了利用"边角固定"特效创建立体多面墙,创建局部"马赛克"效果和利用"蒙版"制作望远镜效果等几种常用的视频特效使用技巧,让读者全面了解影视特效在影视非线性编辑中的用处。

◆ **关键词**

影视特效　关键帧　键控　画面色彩　蒙版

1. 简要叙述关键帧在影视特效中的用处。
2. 如何添加和调整视频特效?
3. 简述色彩平衡和色彩平衡(HLS)的联系与区别。
4. 如何实现"雷雨交加"效果?
5. 如何利用"边角固定"特效创建立体多面墙?
6. 如何创建局部"马赛克"效果?
7. 如何利用局部"蒙版"制作望远镜的效果?

第8章 字 幕

【学习目标】

知识目标	技能目标
理解字幕效果在影视编辑中的作用	熟练掌握在非线性编辑软件中创建文字效果
了解字幕窗口功能	熟练掌握字幕窗口功能用途
了解10种字幕特效设计的风格	熟练掌握10种字幕特效的创建步骤与方法

【知识结构】

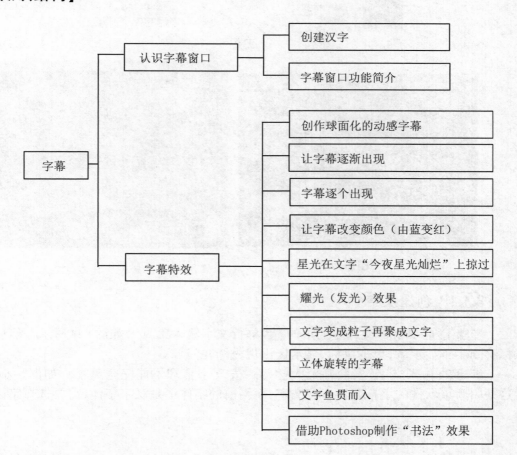

前面一章我们已经涉及创建字幕的基本知识，字幕制作是影视节目的重要内容，甚至可以说没有字幕就不能成为完整的影视节目。在 Premiere Pro 的字幕窗口中，可以使用系统中安装的任何字体(Font)创建字幕，绘制一些基本图形，并可以通过插入标志的方式植入各种图形和图像。本章先介绍字幕窗口的基本内容，然后着重介绍字幕特技。

8.1　认识字幕窗口

创建字幕主要在字幕窗口进行。打开系统后，在菜单栏中单击"文件"/"新建"/"字幕"(或者在菜单栏中点击"字幕"/"新建字幕"/"默认静态字幕"，如图8-1所示；也可以在"项目"窗口的空白处右键鼠标，在弹出的菜单中选择"新建分类"/"字幕"命令)弹出"新建字幕"对话框，在对话框中为字幕取名，如图8-2所示，然后按"确定"按钮，进入字幕窗口，如图8-3所示。如果不重新命名，系统默认的名称是"字幕01"，再建字幕就自动命名为"字幕02"。之所以要求先命名，是因为它会自动保存在项目窗口中。

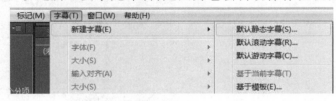

图8-1

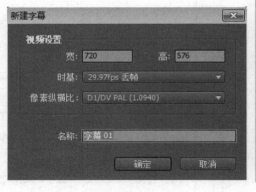

图8-2

图8-3

8.1.1　创建汉字

步骤1：选中字幕窗口左上角的 T "单行文字输入工具"，如图8-4所示。然后将鼠标移到字幕显示区，单击鼠标，显示区出现光标并闪烁。

步骤2：输入文字"安徽师范大学"后，发现字幕却不能完全显示。如图8-5所示。这是因为该软件的字幕兼容多种文字，而当前的字体不是汉字字体，需要选择字体。

图 8-4

图 8-5

步骤3：点击字幕窗口上方的"字幕属性控制区"的"字体"下拉按钮如图8-6所示，弹出字体选择下拉菜单，如图8-7所示。

步骤4：按住下拉菜单右边的滚动条一直拉到最下面，出现汉字字体名称（汉语拼音），然后选择"ST Xinwei"，如图8-8所示。这时的字幕就全都变成了"新魏体"汉字，如图8-9所示。各个版本不一样，植入的汉字字体有所不同，常见的几种字体都有。

图 8-6

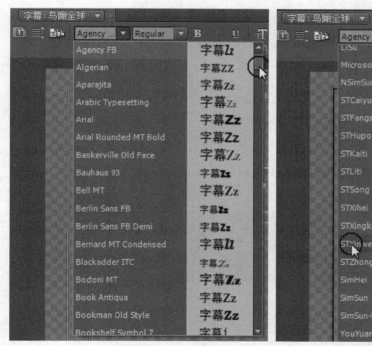

图 8-7

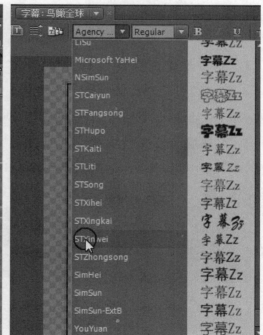

图 8-8

图 8-9

步骤 5：关闭字幕窗口，字幕"安徽师范大学"自动保存在项目窗口，其图标与图片（照片）素材的图标一致，表示字幕与图片的性质相同。

步骤 6：导入素材"景色 11"。

步骤 7：将"景色 11"从项目窗口拖放到时间线窗口的视频 1 轨道，将字幕"安徽师范大学"拖放到视频 2 轨道，出入点与"景色 11"对齐，画面效果如图 8-10 所示，到此为止，完成了字幕叠加。

图 8-10

字幕属性与静态图像文件的属性一致，所不同的是，字幕的背景是透明的，因此，字幕可以与任何的图像或活动的视频文件叠加，但字幕必须放在最高（上）一层轨道上，否则会被其他轨道上的画面遮盖。

8.1.2 字幕窗口功能简介

字幕窗口可以分为字幕显示区、字幕属性控制区、字幕工具栏、字幕动作、字幕样式（风格）几个功能区，有些功能可能分布在两个功能区中，各功能区也是可以分开的。

1. 字幕显示区

字幕显示区位于字幕窗口的中上部，如图 8-11 所示。

图 8-11 图 8-12

字幕显示区主要是用来显示文字和选择字体、字体大小以及查看视频轨道上的画面。在显示区的上方有一排功能按钮，如图 8-12 所示。

在文字显示区有两个白色的线框，外层的叫（画面）动作安全框，内层的叫字幕安全框。一些重要的动作或文字要放在安全框之内才可以完全显现，即比较安全。如果超出安全框之外，在某些 NTSC 显示器上将发生模糊或变形，也可能是在宽高比为 4:3 屏幕中可以完全显示，但在宽高比为 16:9 的宽屏中不能完全显现。这两个线框只在字幕显示区出现，在节目窗口或者输出时都不显现。

在显示区内,可以通过选择工具 ▶ 用鼠标拖动文本框改变字幕的位置和大小。如图8-13所示。

图8-13

2. 显示区功能按钮

字幕显示区功能按钮有的与字幕属性功能相同,也有几个不一样。

➢ 基于当前字幕新建字幕按钮 🔲

按此按钮,会弹出一个"新建字幕"对话框,新建一个与当前字幕属性(如字体、字的大小、起始位置、颜色等)完全一致的不同内容的字幕。

步骤1:比如当前字幕内容是"安徽师范大学",字体是"隶体",字的大小是100,颜色是白色的,如图8-14所示。单击"基于当前字幕新建字幕按钮 🔲"弹出如图8-15所示的对话框。在对话框中的"名称"选项输入"传媒学院",单击"确定"按钮。

图8-14

图8-15

图8-16

步骤2:用鼠标点击一下"单行文字输入"按钮 **T**(只有首次使用"基于当前字幕新建字幕"时需要这么做)。

步骤3:用鼠标选中前面字幕内容的"安徽师范大学",如图8-16所示。

图 8-17　　　　　　　　　　图 8-18

步骤 4：输入"传媒学院"后，字幕内容即变成新建的字幕，如图 8-17 所示。

步骤 5：单击"基于当前字幕新建字幕"按钮■，在弹出的对话框中的"名称"选项输入"新闻系"，单击"确定"按钮。

步骤 6：用鼠标在显示区选中"传媒学院"后，输入"新闻系"，字幕内容即变成新建的第三个字幕。如图 8-18 所示。

"基于当前字幕新建字幕"按钮■这个功能，比较适用于建立相同类型的一系列字幕，如新闻采访的同期声字幕，MTV 的唱词字幕等。

➢ *滚动/游动按钮*■

此按钮是设置字幕的运动的类型，默认为静态字幕。

步骤 1：在字幕显示区输入"中央电视台"，字体和颜色如图 8-19 所示。

图 8-19

步骤 2：点击"滚动/游动"按钮■，弹出如图 8-20 所示的对话框。

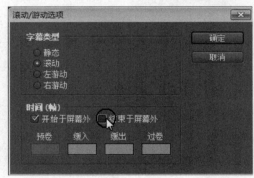　　　　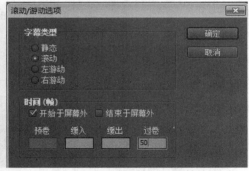

图 8-20　　　　　　　　　　图 8-21

步骤 3：在对话框中选择运动类型（点击"滚动"左边的圆形复选框），其中"滚动"是指字幕从屏幕下方往上方运动，"左游动"是由右边向左边运动，"右游动"是自左向右运动。但是没有自上往下的运动类型，要想实现"自上往下"的运动，必须通过在"特效控制台窗口"设置"位置"的关键帧来实现。

另外，如果字幕是"静态"类型，对话框下面的"时间"选项不可用。只有运动类型的字幕，"时间"才有效。一般都要求勾选"开始于屏幕外"，意为字幕从画框（屏幕）外进入（入画），如果同时也勾选了"结束于屏幕外"，意为字幕会从画框的另一侧离开画框

（出画）。如果不勾选"结束于屏幕外"，字幕运动结束时会停留在画框中，创建字幕时字幕在字幕显示区什么位置，最后就停留在什么位置。比如一些电视节目结束后的"台标"字幕都需要停留片刻的，那么除了不勾选"结束于屏幕外"，还要在"过卷（后卷）"下面的时间块中设置要停留的时间长度（以帧为计算单位，如要停留2秒钟，那么输入50即可，如图8-21所示），最后按"确定"按钮。

步骤4：关闭字幕窗口，字幕"中央电视台"自动保存在项目窗口。此时字幕的图标与活动视频的图标一致，如图8-22所示，表明该字幕是动态的而不是静态的。

图8-22　　　　　　　　　图8-23

步骤5：导入素材"景色11"。

步骤6：将"景色11"从项目窗口拖放到时间线窗口的视频1轨道，将字幕"中央电视台"拖放到视频2轨道，出入点与"景色11"对齐。如图8-23所示。

步骤7：从头播放剪辑，画面效果如图8-24所示。最后字幕在画框中停留2秒。

图8-24

➤ 字幕模板

系统为用户设置了很多字幕模板样式，实际上是为文字提供一个背景，用户可以在其中选择一种并加以改造。

步骤1：点击字幕模板　按钮，弹出字幕模板选择对话框，如图8-25所示。

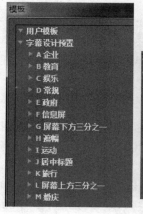
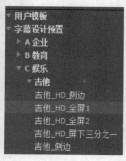

图8-25　　　　　　　　　图8-26

这里的"字幕设计预置"分为 A、B、C、D 等 13 个类型，展开每个类型左边的三角形按钮可以浏览具体的模板样式。

步骤 2：展开"C 娱乐"左边的三角形按钮，再展开"吉他"左边的三角形按钮，选择"吉他_HD_全屏 1"，点击"确定"。字幕显示区就变成带吉他背景的画面，如图 8-26 所示。

步骤 3：点击显示区的英文标题字幕并删除，输入汉字"音乐"（彩云体）和"天地"（舒体），如图 8-27 所示。这样就把原有的模板改成自己需要的带背景的字幕。

图 8-27

图 8-28

➢ 显示背景视频

单击该按钮，节目窗口的画面将作为背景显示在字幕显示区，目的是给创作者提供合适的字幕位置以及与画面相匹配的字幕风格。

图 8-28 所示是时间定位指针在 00：00：22：14 处的画面。如果想在此处添加横排字幕，很显然文字和画面不匹配，文字的位置和排列方式都不合适，需要调整，比如把字幕放在画面左侧，而且采用竖排方式可能较好。如图 8-29 所示。

图 8-29

图 8-30

如果想查看时间线轨道上某处的画面，可以用鼠标直接在"显示背景视频"按钮下面的"显示背景视频时间码"上拖动到想要的时间点，如图 8-30 所示，即可直接在字幕窗口观看时间线轨道上的画面，而不需要将字幕窗口关闭。

显示区的其他一些功能按钮与 Word 文档的功能一样或相似，如图 8-31 所示，中间三个按钮分别为字体大小、字间距和行间距，这在字幕窗口右侧的"字幕属性"中也有显示，这里不再一一介绍。

图 8-31

3. 字幕属性

字幕属性位于字幕窗口的右侧,共有"变换""属性""填充""描边"和"阴影"5 项内容,如图 8-32 所示。展开每一项左边的三角形按钮显示各项的具体参数。

➢ 变换

变换主要是对所选字幕进行整体调整,其参数如图 8-33 所示。

图 8-32

图 8-33

透明度:调整字幕的透明度。100% 为不透明,0% 为全透明(文字消失)。

X 位置:字幕在字幕窗口的横坐标,相当于特效控制台窗口的"位置"的横坐标。

Y 位置:字幕在字幕窗口的纵坐标,相当于特效控制台窗口的"位置"的纵坐标。

宽度:调整文字对象的宽度。

高度:调整文字对象的高度。

旋转:调整字幕平面旋转的角度。与"文字工具"栏的 "旋转"按钮具有同样的效果。

➢ 属性

"属性"主要用于控制字幕文字的大小、字体类型、字间距、行间距、倾斜、扭曲等,如图 8-34 所示。

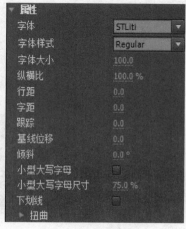

图 8-34

图 8-35

其中"字体""字体样式""字体大小""行距""字距"跟字幕显示区的功能一样。调整"纵横比"不仅改变文字的大小，还改变字间距。"倾斜"的最大数值为±44°，效果如图8-35所示。

图8-36   图8-37

"扭曲"分为X方向扭曲和Y方向扭曲。扭曲的数值为±100。X方向为正数值时，文字上大下小（如图8-36所示）；负数值时，文字上面小下面大。Y方向正数值时，文字左边大右边小；负数值时左边小右边大（如图8-37所示）。

➤ 填充

"填充"主要是控制字幕颜色填充的类型、颜色以及是否启用纹理填充、光泽等。如图8-38所示。展开填充类型，共有7种类型，如图8-39所示。

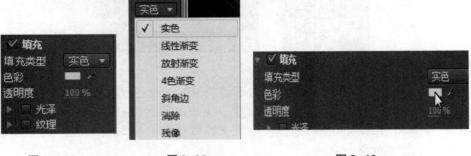

图8-38   图8-39   图8-40

实色：给文字设置单一颜色。

步骤1：先选中字幕显示区的文字。

步骤2：保持默认的填充类型"实色"，点击"色彩"右边的"色块"，弹出"颜色拾取器"。如图8-40所示。

步骤3：用鼠标点击所需要的颜色，即白色小圆圈所在处的颜色（红色），然后点击"确定"按钮，字幕窗口的文字即刻变成红色。如图8-41所示。

图8-41

线性渐变：给文字提供两种颜色，由一种颜色过渡到另一种颜色。当选择"线性渐变"时，色彩框发生变化，如图8-42所示。点击长方形色块下面两个颜色滑块的任何一个，弹出颜色拾取器，然后选中颜色（白色），按"确定"按钮。长色块变成由白色向红色过渡，文字效果如图8-43所示。两个颜色滑块是可以左右拖动的。

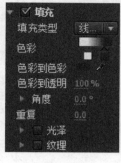

图8-42   图8-43

放射性渐变：与线性渐变类似，只是颜色由中间向四周渐变，效果如图8-44所示。这里将"重复"参数做了调整。

图8-44

四色渐变：单个文字由四种颜色构成，点击色块可自由选择颜色。如图8-45所示。

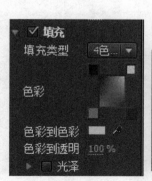

图8-45   图8-46

斜角边：使文字具有管状的立体效果。其参数设置如图8-46所示，效果如图8-47所示。

| 图8-47 | 图8-48 | 图8-49 |

将"高亮颜色"设为创作者需要的颜色,此处为白色;将"阴影颜色"改为黑色,无论"高亮颜色"是什么颜色,阴影颜色都设为黑色或灰色;将"管状"和"变亮"两个参数复选框勾选;最后综合调整"平衡"与"大小"两个参数值。

"消除"与"残像":常用来制作空心字效果。在选择"消除"或"残像"类型之前,先要给文字添加"外描边"效果,参数设置如图8-48所示;然后再选择"消除",效果如图8-49所示。

4. 字幕工具栏

字幕工具栏位于字幕窗口的左上角,提供了用于制作文字和图像的基本工具,包括选择工具、文字输入工具、钢笔工具、图形工具等,如图8-50所示。

➢ 选择工具 :用于在字幕显示区选择一个物体或文字块。按住"Shift"键使用选择工具可以选择多个物体,直接拖动选择对象句柄可以改变对象的位置和大小,对于Bezier(贝塞尔)曲线物体来说,还可以使用选择工具编辑节点。

➢ 旋转工具 :选择该工具在字幕显示区的字块四角可以旋转字幕,如图8-51所示。

| 图8-50 | 图8-51 | 图8-53 |

➢（单行）文字工具 **T**：选择该工具后，在文字显示区单击鼠标会出现光标闪烁，表明可以输入文字了。但是它只能输入单行文字，不能自动换行，比较适用于标题字幕。如图8-52所示。

图8-52

➢（单列）垂直文字工具 **T**：与单行文字工具一样，它不能自动换列，比较适用于标题字幕。如图8-53所示。

➢（横排）文本框工具 ▦：用于建立段落文本。需要输入一屏字幕（横排版）时，选择该工具。选择该工具后，点击显示区并不出现光标。需将鼠标移到字幕显示区的左上角按住鼠标不放并向右下角拖动，这时会出现文本框和光标，光标在左上角开始闪烁，然后才能输入文字。如图8-54所示。主要功用是自动换行。

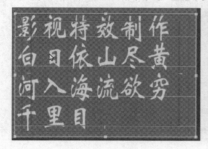

图8-54　　　　　　　　　　　图8-55

➢（竖排）垂直文本框工具 ▦：操作与横排文本工具一样，需将鼠标移到字幕显示区的左上角按住鼠标不放并向右下角拖动，这时会出现文本框，光标在右上角开始闪烁，然后才能输入文字。如图8-55所示。主要功用是自动换列。

➢路径输入工具 ✐：该工具可以建立一个沿路径排列的文本。

步骤1：选择该工具。

步骤2：鼠标点击显示区，并不出现光标，而是出现一个点。将鼠标移到别处点击会出现另一个点，而且两个点之间有一条连线，继续点击，会出现一条路径，如图8-56所示。

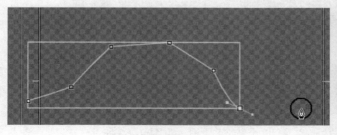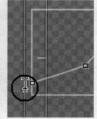

图8-56　　　　　　　　　　图8-57

步骤3：再次点击"路径输入工具"，将鼠标移到第一个点的位置，待鼠标出现如图 8-57 所示符号时，按下鼠标左键，出现光标并闪烁。

步骤4：输入文字"远上寒山石径斜"，文字沿路径排列，效果如图 8-58 所示。

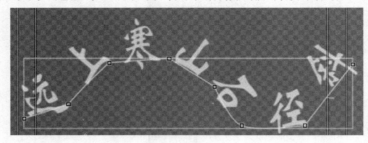

图 8-58

➤ **垂直路径输入工具** ：与路径输入工具操作方法一样，只是文本排列垂直于路径，效果如图 8-59 所示。

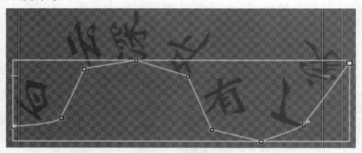

图 8-59

➤ **钢笔工具** ：钢笔工具用来描绘复杂的曲线。与路径工具有些相似，只是不能沿路径排列文本。

步骤1：点击钢笔工具 ，然后移动鼠标到显示区。

步骤2：按下鼠标出现一个点，将鼠标移到别处点击会出现另一个点，而且两个点之间有一条连线，继续点击，会出现一条路径，如图 8-60 所示。

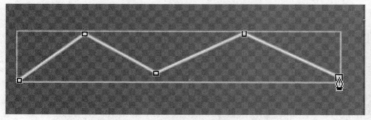 

图 8-60   **图 8-61**

步骤3：在工具栏中选择"转换定位点工具" （见图 8-61），然后将鼠标移到路径的第二个点上（尖角处），按下鼠标拖动，原来的尖角和直线变成圆滑的曲线，如图 8-62 所示。

步骤4：重复步骤3，把第三、第四个点变圆滑，如图 8-63 所示。

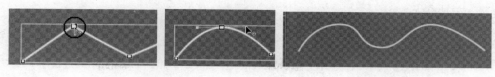

图 8-62　　　　　　　　　　　　　　　　　　　图 8-63

步骤 5：选中图形工具中的"椭圆工具" ，按下 Shift 键画一正圆，并将正圆填为红色，如图 8-64 所示。

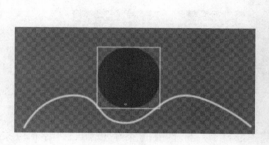

图 8-64　　　　　　　　　　　图 8-65

➤ 添加定位点工具 ：使用该工具可以在路径的线段上增加控制点。

➤ 删除定位点工具 ：使用该工具可以在路径的线段上删除控制点。

➤ 转换定位点工具 ：该工具可以产生一个尖角或用来调整曲线的圆滑程度。

➤ 矩形工具 ：用该工具来绘制矩形。按下 Shift 键的同时使用矩形工具可以绘制正方形。

➤ 切角矩形工具 ：绘制被切去四角的矩形。

➤ 圆角矩形工具 ：绘制一个带有圆角的矩形。

➤ 圆矩形工具 ：绘制一个偏圆的矩形。

➤ 三角形工具 ：绘制三角形。

➤ 扇形工具 ：绘制扇形。

➤ 椭圆型工具 ：绘制椭圆，按下 Shift 键可画一正圆。

➤ 直线工具 ：绘制直线。

5. 字幕动作工具

字幕动作功能按钮如图 8-65 所示，主要是用来排列显示区的多个图形。只有将两个以上的图形图像框选中，这些功能按钮才可用。主要有对齐、居中、分布。图标都很形象也很简单，不再赘述。

6. 字幕样式(风格)

字幕样式又称为"风格化效果",位于字幕显示区的正下方。系统预设了多种风格的字幕样式。如果要为一个对象(文字或图形)应用预设的样式,首先在显示区选中该对象(见图8-66),然后在"字幕样式"面板中点击需要的样式(如"方正大黑-内外边立体"效果,见图8-67)即可。效果如图8-68所示。

图8-66

图8-67

图8-68

选择一个样式效果后,单击"字幕样式"右上角的菜单按钮,弹出下拉菜单,如图8-69所示。

➤ 新建样式:新建一个字幕样式效果。

➤ 应用样式:使用当前所显示的样式。

➤ 应用样式和字体大小:在使用样式时只应用样式的字号。

➤ 仅应用样式色彩及效果特征:在使用样式时只应用样式的当前色彩及效果特征。

➤ 复制样式:复制一个风格化效果。

➤ 删除样式:删除选定的风格化效果。

➤ 样式重命名:给选定的样式另设一个名称。

➤ 更新样式库:用默认样式替换当前样式。

➤ 追加样式库:读取风格化样式库。

➤ 保存样式库:可以把定制的样式效果存储到硬盘上,产生一个格式为"prsl"文件,以供随时调用。

➤ 替换样式库:替换当前的样式效果库。

➤ 仅显示文字:在样式库中只显示名称。

➤ 小缩略图:小图标显示风格化效果。

➤ 大缩略图:大图标显示风格化效果。

| 图 8-69 | 图 8-70 | 图 8-71 |

7. 创建字幕样式

如果我们费尽心思创作了一种令自己十分满意的字幕风格,而且想把它保存下来以备后用,那就可以把这种风格保存到样式库里。

步骤1:在字幕窗口创建好字幕样式,如图8-70所示。

步骤2:单击"字幕样式"右上角的菜单按钮,弹出下拉菜单,如图8-71所示,选中"新建样式"命令,弹出"新建样式"对话框,为新样式取名,默认的名称是"字体加字号",如图8-72所示。当然也可以为新样式起上自己喜欢的名称。然后按"确定"按钮。

| 图 8-72 | 图 8-73 |

步骤3:查看字幕样式库,发现最后一个样式就是刚刚新建的"STXinwei Regular 100"样式,如图8-73所示。以后要用的时便可随时调取。

8.2 字 幕 特 效

除了在字幕窗口为字幕设计各种风格外,还可以利用各种视频特效创造丰富绚丽的字幕效果。

8.2.1 创作球面化的动感字幕

步骤1:导入素材"景色11",并将其拖放到时间线窗口的视频1轨道上,入点为00:00:00:00,出点为00:00:06:00。

步骤2:单击"文件"/"新建"/"字幕",在弹出的"新建字幕"对话框中为字幕命名"传媒动态",然后按"确定"按钮。

步骤3:在字幕窗口创建"传媒动态",并将其颜色填充设置为"线性渐变",如图8-74所示。然后关闭字幕窗口。

图 8-74 图 8-75

步骤4:将字幕"传媒动态"从项目窗口拖放到视频2轨道上,出入点与视频1轨道上的"景色11"保持一致,如图8-75所示。

步骤5:打开"特效"(效果)面板,展开"视频特效"文件夹,将子文件夹"扭曲"的"球面化"特效拖放到视频2轨道的素材上,其特效控制台窗口自动打开。

步骤6:将时间定位指针移到素材的开始端,选中并展开"特效控制台"窗口的"球面化"效果,为其设置参数。首先要设置半径,默认情况下半径为0,是没有球面的凹凸效果的,创作者根据需要自行设置半径。其次是要给"球面中心"设置一个运动路径。"球面中心"的运动轨迹应该通过字幕的中心。

步骤7:用鼠标点击特效控制台窗口的"球面化"特效名称,让其反色显示。之所以要选中(点击)"球面化"特效让其反色显示,目的是让我们在节目窗口直观地看到球面中心的位置(即带十字的白色小圆圈)。将其拖到字幕的左边的某个时间点上(字幕还没有发生变化),然后打开"球面中心"左边的 "关键帧开关"。如图8-76所示。

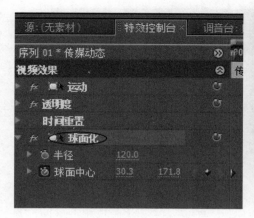
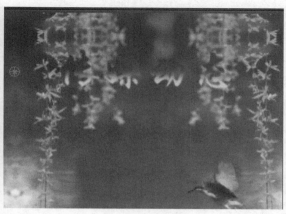

图 8-76

步骤 8：将时间定位指针移到 00：00：05：00 处，然后将"球面中心"（带十字的白色小圆圈）从字幕的左边拖到字幕的右边，如图 8-77 所示，让字幕完成运动。

将时间定位指针移到素材的开始端，图中可以看到"球面中心"从字幕左边运动到字幕右边的轨迹。

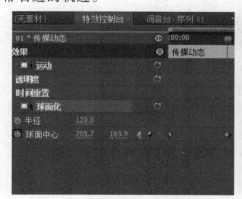

图 8-77

步骤 9：从头播放剪辑，效果如图 8-78、图 8-79、图 8-80、图 8-81 所示。每个文字都出现被球面凸出并放大的效果。

图 8-78   图 8-79

图 8-80   图 8-81

8.2.2　让字幕逐渐出现

步骤 1：进入系统，打开字幕窗口。

步骤 2：创建字幕"帽子戏法"，如图 8-82 所示。然后关闭字幕窗口。

图 8-82

　　步骤 3：将字幕"帽子戏法"从项目窗口拖放到视频 2 轨道上，入点为 00：00：00：00，出点为 00：00：06：00。

　　步骤 4：单击菜单"文件"/"新建"/"彩色蒙板"，弹出"新建彩色蒙板"对话框，可以保持默认，点击"确定"按钮，弹出"选择名称"对话框，如图 8-83 所示。

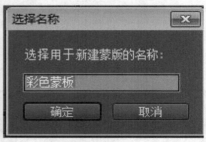

图 8-83

　　步骤 5：在"选择名称"对话框中设置彩色蒙板的名称，也可保持默认名称，点击"确定"按钮。弹出"颜色拾取"器，选择"黑色"后，单击"确定"按钮，如图 8-84 所示。一个黑色的彩色蒙板自动保存在项目窗口。

　　如果要建的彩色蒙板是黑色的，也可以点击菜单栏"文件"/"新建"/"黑场（视频）"，一个"黑场视频"文件自动保存在项目窗口。这样更为简单方便。

　　步骤 6：将"彩色蒙板"从项目窗口拖放到视频 3 轨道上，入点为 00：00：00：00，出点为00:00:06:00，长度与视频2轨道上的字幕保持一致。这时字幕被遮盖，节目窗口除黑色外看不到任何内容。

　　步骤7：打开"特效"（效果）面板，展开"视频特效"文件夹，将子文件夹"生成"的"渐变（镜）"特效拖放到视频3轨道的素材上，其特效控制台窗口自动打开。

　　步骤8：将时间定位指针移到素材的开始端，选中并展开"特效控制台"窗口的"渐变"效果，设置"渐变起点"和"渐变终点"两个参数分别为（0，0）和（10，0），并打开它们左边的 "关键帧开关"，如图8-85所示。画面效果如图8-86所示。

图8-84

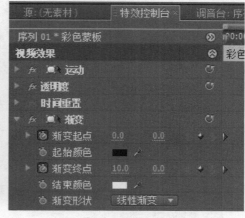

图8-85

　　这里需要注意的是：由于字幕的文字是横排的，所以要做的渐变效果也应是从左往右的变化。那么需要满足两个条件：一是"渐变起点"和"渐变终点"的纵坐标要始终保持一致，在0至576之间的任何一个数值都行。二是"渐变终点"的横坐标始终要比"渐变起点"横坐标（最好从0开始）要略大一些，但不能太大，差值最好不超过50。

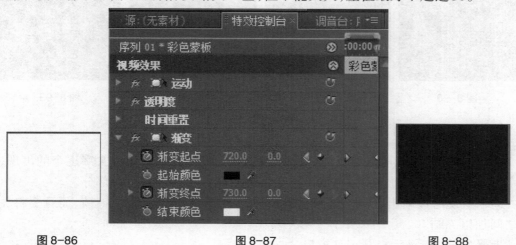

图8-86　　　　　　　　　　图8-87　　　　　　　　　　图8-88

　　步骤9：将时间定位指针移到素材的结尾，将"渐变起点"和"渐变终点"的横坐标分别改为720和730，纵坐标不变，如图8-87所示。画面效果如图8-88所示。节目窗口从左到右由白色逐渐被黑色覆盖。

步骤10：将"视频特效"文件夹中的子文件夹"键控"打开，选中"轨道遮罩（蒙版）键"并将其拖放到视频2轨道的字幕上。

步骤11：展开特效控制台窗口中"轨道遮罩键"参数，设置参数。

将"遮罩"参数项改为"视频3"。点击"遮罩"右侧的三角形"下拉按钮"，然后选择"视频3"，意为对视频3抠像，如图8-89左图所示。用同样的方法将"合成方式"改为"Luma遮罩"，将"反向"右边的复选框勾选上，如图8-89右图所示。如果"反向"不勾选，画面效果是先出现字幕，然后逐渐消失，而我们要的效果正相反，是字幕逐渐出现。

"轨道遮罩键"又汉化为"轨道跟踪键"，与其他键控特效有些不同，一般是把它拖放在要处理的素材的下面一个轨道上，然后对上一层轨道抠像。

步骤12：从头播放剪辑，效果如图8-90、图8-91、图8-92、图8-93所示。文字从左到右逐渐出现。

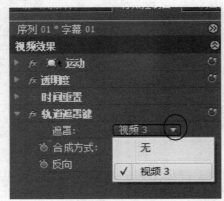

图 8-89

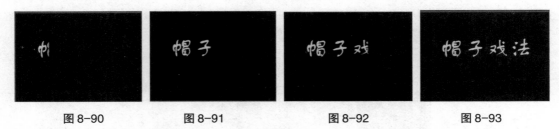

图 8-90　　　　　图 8-91　　　　　图 8-92　　　　　图 8-93

8.2.3 字幕逐个出现

上例中的"帽子戏法"四个字是从左到右逐渐出现的，本例介绍文字逐个的出现，单个字出现时是完整地出现，而不是先出现左边一部分再出现右边一部分。

逐个出现与逐渐出现制作过程基本相同，只是要多设置几个关键帧，而且要将关键帧之间加以冻结。

步骤1：进入系统，打开字幕窗口。

步骤2：创建字幕"帽子戏法"，如图8-82所示。然后关闭字幕窗口。

步骤3：将字幕"帽子戏法"从项目窗口拖放到视频3轨道上，入点为00：00：00：00，出点为00：00：06：00。

步骤4：单击菜单"文件"/"新建"/"黑场视频"。在"选择名称"对话框中设置黑场视频的名称，也可保持默认名称，点击"确定"按钮。

步骤5：将"黑场视频（彩色蒙版）"从项目窗口拖放到视频2轨道上，入点为00：00：00：00，出点为00：00：06：00，长度与视频3轨道上的字幕保持一致，如图8-94所示。画面效果如图8-95所示。

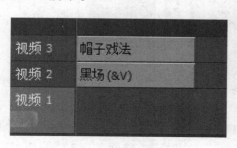
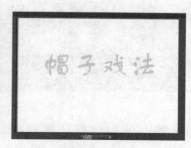

图 8-94 　　　　　　　　　　　　　　图 8-95

步骤6：打开"特效"（效果）面板，展开"视频特效"文件夹，将子文件夹"生成"中的"渐变（镜）"特效拖放到视频2轨道的"黑场视频"上，其特效控制台窗口自动打开。

步骤7：将时间定位指针移到素材的开始端，选中并展开"特效控制台"窗口的"渐变"效果，设置"渐变起点"和"渐变终点"两个参数分别为（0，0）和（10，0），并打开它们左边的 关键帧开关。

步骤8：将时间定位指针移到00：00：05：10处，将"渐变起点"和"渐变终点"的横坐标分别改为720和730，纵坐标不变，如图8-96所示。画面效果如图8-97所示。

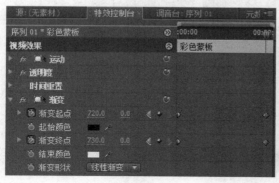
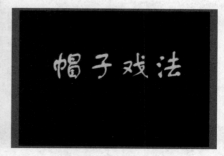

图 8-96 　　　　　　　　　　　　　　图 8-97

步骤9：将时间定位指针移到00：00：01：15处，即时间定位指针在字幕"帽"和"子"之间，用鼠标分别点击"渐变起点"和"渐变终点"的"添加/移除关键帧"按钮，添加一组关键帧，关键帧的值已经自行设定好了，分别为（249，0）、（259，0），如图8-98所示。画面效果如图8-99所示。

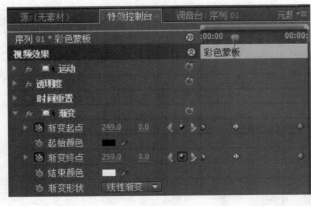

图 8-98　　　　　　　　　　　　　　　　图 8-99

步骤 10：将时间定位指针移到 00：00：02：09 处，即时间定位指针在字幕"子"和"戏"之间，分别点击"渐变起点"和"渐变终点"的"添加/移除关键帧"按钮，再添加一组关键帧，如图 8-100 所示。画面效果如图 8-101 所示。

图 8-100　　　　　　　　　　　　　　　图 8-101

步骤 11：将时间定位指针移到 00：00：03：04 处，即时间定位指针在字幕"戏"和"法"之间，分别点击"渐变起点"和"渐变终点"的"添加/移除关键帧"按钮，如图 8-102 所示。画面效果如图 8-103 所示。

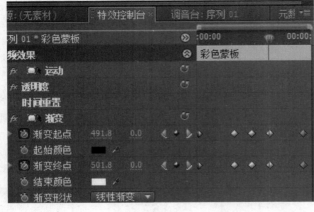
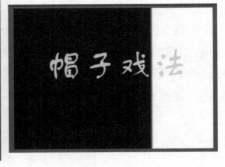

图 8-102　　　　　　　　　　　　　　　图 8-103

步骤12：将特效控制台窗口的关键帧从右向左全部框选中，如图8-104所示。

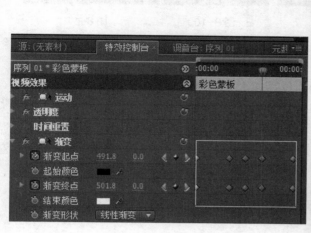

图 8-104

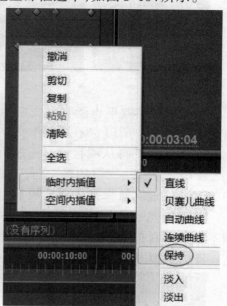

图 8-105

步骤13：将鼠标对准选中的任何一个关键帧右键，在弹出菜单中选择"临时内插值"/"保持"（Hold）（如图8-105），所选中的关键帧变成如图8-106所示的形状，意味着关键帧之间的数值被冻结，"渐变起点"和"渐变终点"的横坐标由第一个关键帧数值0和10直接跳到第二个关键帧的249和259，中间不再连续变化。

图 8-106

步骤14：将字幕"帽子戏法"从视频3轨道拖放到视频1轨道，出入点与视频2轨道的素材对齐。之所以要先放在视频3轨道，目的是为了方便看见在每个字之间设置关键帧。

步骤15：将"视频特效"文件夹中的子文件夹"键控"打开，选中"轨道遮罩（蒙版）键"并将其拖放到视频1轨道的字幕上。

步骤16：展开特效控制台窗口中"轨道遮罩键"参数项，设置参数，将"遮罩"参数项改为"视频2"，意为对视频2抠像；将"合成方式"改为"Luma遮罩"；将"反向"右边的复选框勾选上。

步骤17：从头播放剪辑，效果如图8-107、图8-108、图8-109、图8-110所示，文字从左到右先后逐个出现。

提示：彩色蒙板的颜色可以任选。也可以不用"渐变"特效，而是直接通过改变彩色蒙板的位置，使蒙板产生运动。这种操作更简便。

| 图 8-107 | 图 8-108 | 图 8-109 | 图 8-110 |

用视频切换效果也能实现文字的逐渐出现,但缺点是不能用关键帧控制变化节奏,只能匀速变化。所以它不能制作文字逐个出现的效果。

步骤1:将字幕从项目窗口拖放到时间线窗口的视频1轨道上。

步骤2:打开"视频切换"文件夹,再打开其中的"擦除"子文件夹,将"擦除"文件夹中的"擦除"过渡效果拖放到视频1轨道上素材的开始端。如图8-111左图所示。

步骤3:然后将鼠标移到"擦除切换"效果的右侧,待鼠标变成┿图标时按住鼠标左键不放并向右拖动直到字幕的结尾处。如图8-111右图所示。

步骤4:从头播放剪辑,效果为文字从左到右逐渐出现。

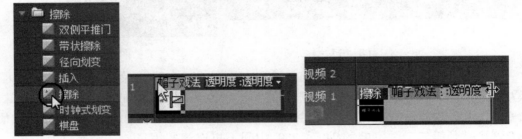

图 8-111

8.2.4 让字幕改变颜色(由蓝变红)

步骤1:新建一个DV-PAL制式宽高比为4:3的项目,并导入素材"景色11"。

步骤2:打开字幕窗口,新建一个字幕"狂欢之夜",将字幕颜色填充为蓝色,如图8-112所示。然后关闭字幕窗口。

图 8-112

图 8-113

步骤3:单击菜单"文件"/"新建"/"彩色蒙板",将彩色蒙板命名为"红色蒙板",并将其设为红色,如图8-113所示。然后点击"确定"按钮。

步骤4:将"红色蒙板"从项目窗口拖放到时间线窗口的视频1轨道上,入点为00:00:00:00,持续时间为00:00:06:00。

步骤5:在视频1轨道上选中"红色蒙板",打开特效控制台窗口,展开"运动"特效参数选项。

步骤6:将时间定位指针移到00:00:00:00处,设置"位置"的关键帧为(-360,288),并打开左边的 ⬛ 关键帧开关。

步骤7:将时间定位指针移到00:00:06:00处,将"位置"的关键帧为(360,288),系统自动添加一个关键帧。

步骤8:单击菜单栏"文件"/"新建"/"序列",新建一个"序列02"。

步骤9:将"序列01"从项目窗口拖放到"序列02"中的视频3轨道上。

步骤10:将字幕"狂欢之夜"从项目窗口拖放到"序列02"中的视频4轨道上,如图8-114所示。

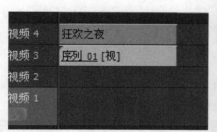

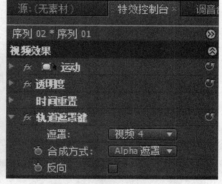

图 8-114   图 8-115

步骤11:打开"特效"面板,点击"视频特效"/"键控"文件夹,将其中的"轨道遮罩键"拖放到"序列02"的视频3轨道的"序列01[视]"上。

步骤12:展开特效控制台窗口中"轨道遮罩键"参数项,设置参数,将"遮罩"参数项改为"视频4"即可,其余参数不动。如图8-115所示。

步骤13:将字幕"狂欢之夜"从项目窗口拖放到"序列02"中的视频2轨道上。

步骤14:将"景色11"从项目窗口拖放到"序列02"中的视频1轨道上。如图8-116所示。

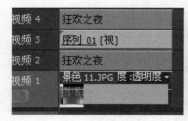

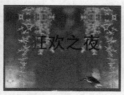

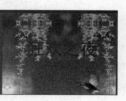

图 8-116   图 8-117

步骤15:播放剪辑,效果如图8-117所示。

8.2.5 星光在文字"今夜星光灿烂"上掠过

步骤1：新建一个DV-PAL制式、宽高比为4:3的项目。

图8-118

步骤2：打开字幕窗口，新建一个字幕"今夜星光灿烂"，将字幕颜色填充为"四色渐变"，如图8-118所示。然后关闭字幕窗口。

步骤3：单击菜单"文件"/"新建"/"彩色蒙板"，将彩色蒙板命名为"白色蒙板"，并将其设为白色。

步骤4：将"白色蒙板"从项目窗口拖放到时间线窗口的视频1轨道上，入点为00:00:00:00。

步骤5：将时间定位指针移到00:00:00:00处，在视频1轨道上选中"白色蒙板"，打开特效控制台窗口。展开"运动"和"缩放比例"特效参数选项。将"位置"设为(-73,288)；将"等比缩放"的勾选取消，将缩放宽度设为20(这里的参数值是随意设置的)，打开"位置"的 ⏱ 关键帧开关，如图8-119所示。

步骤6：将时间定位指针移到00:00:06:00(素材的结尾)处，将"位置"改为(800,288)，如图8-120所示。画面效果为一个白色的竖条从屏幕左边向右边运动。

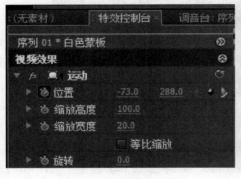

图8-119　　　　　　　　　　　图8-120

步骤7：单击菜单栏"文件"/"新建"/"序列"，新建一个序列02。

步骤8：将序列01从项目窗口拖放到序列02中的视频2轨道上。

步骤9：将字幕"今夜星光灿烂"从项目窗口拖放到序列02中的视频3轨道上，如图8-121所示。画面效果如图8-122所示。

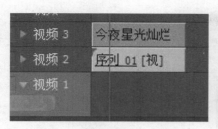

图 8-121   图 8-122

步骤10：打开"特效"面板，点击"视频特效"/"键控"，将其中的"轨道遮罩键"拖放到序列02的视频2轨道的"序列01[视]"上。

步骤11：展开特效控制台窗口中"轨道遮罩键"参数项，设置参数。将"遮罩"参数项改为"视频3"即可，其余参数不动。

步骤12：将字幕"今夜星光灿烂"从项目窗口拖放到序列02中的视频1轨道上，如图 8-123 所示。

图 8-123   图 8-124

步骤13：点击"视频特效"/"Trapcode"，将其中的"Starglow"拖放到序列02的视频2轨道的"序列01[视]"上。

步骤14：展开特效控制台窗口中"Starglow"参数选项，设置参数，将"预置"改为"白色星光"，将"光线长度"改为25，"提升亮度"改为1.0，如图 8-124 所示。

星光的参数项很多，可以根据创作需要来设置。

步骤15：播放剪辑，画面效果如图 8-125 所示，星光从文字上掠过。

图 8-125

8.2.6　耀光（发光）效果

步骤1：新建一个 DV-PAL 制式、宽高比为 4：3 的项目。

步骤2：打开字幕窗口，新建一个字幕"影视特效"。

步骤3：在字幕样式库里将字幕样式设为"方正大黑-内外边立体"，如图8-126所示，然后关闭字幕窗口。

图 8-126

步骤4：将字幕"影视特效"从项目窗口拖放到时间线窗口的视频1轨道上，入点为00：00：00：00。

步骤5：打开"特效"面板，点击"视频特效"/"Trapcode"，将其中的"发光（耀光）"拖放到视频1轨道的"影视特效"上。添加特效后的画面效果如图8-127所示。字幕变模糊了。

步骤6：展开特效控制台窗口中"发光"参数选项，设置参数。首先要将"改变（转换）模式"设为除"无"之外的任何一个模式，按"改变模式"右侧的三角形下拉按钮，如图8-128所示。默认的模式为"无"，文字几乎看不见。

图 8-127   图 8-128   图 8-130

步骤7：模式种类很多，不同的模式画面效果也不相同。这里设为"增加"，如图8-129所示，画面效果如图8-130所示。

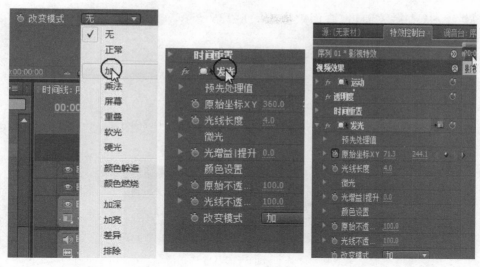

图 8-129 　　　　　　　　　　图 8-131 　　　　　　　　　图 8-133

步骤8：将时间定位指针移到00：00：00：00处，用鼠标选中特效控制台窗口的"发光"名称或图标，如图8-131所示。这时节目窗口出现带十字的小圆圈。

图 8-132

图 8-134

步骤9：将带十字的小圆圈从节目窗口的中心拖放到字幕的左边，如图8-132所示。将"原始坐标"的关键帧开关打开，如图8-133所示。

步骤10：将时间定位指针移到00：00：05：00处，再将带十字的小圆圈从字幕的左边拖放到字幕的右边，如图8-134所示。系统自动添加"原始坐标"的第二个关键帧。

步骤11：将"光线长度"设为40，"光增益/提升"设为8，如图8-135所示。

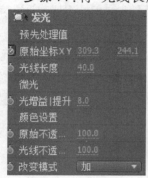

图 8-135

图 8-136

步骤12：从头播放剪辑，画面效果如图8-136所示。

8.2.7　文字变成粒子再聚成文字

步骤1：新建一个DV-PAL制式宽高比为4:3的项目。

步骤2：打开字幕窗口，新建一个字幕"影视特效"。

步骤3：在字幕样式库里将字幕样式设为"方正大黑"，如图8-137所示，然后关闭字幕窗口。

图 8-137

步骤4：将"影视特效"从项目窗口拖放到时间线窗口的视频1轨道上，入点为00：00：00：00，出点为00：00：05：00。

步骤5：打开"特效"面板，点击"视频特效"/"Final Effects"，将其中的"FE Pixel Polly（FE像素爆炸）"拖放到视频1轨道的"影视特效"上。添加特效后的画面效果如图8-138所示，字幕变成碎片。

图 8-138

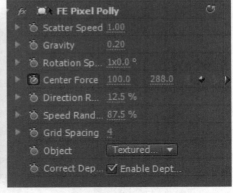

图 8-139

步骤6：将时间定位指针移到00：00：00：00处，展开特效控制台窗口中"FE Pixel Polly（FE像素爆炸）"参数选项，设置参数。将"Gravity（重力）"设为0.2；将"爆炸中心（Center Force）"设置为(100,288)，并打开其 ⏱ 关键帧开关；将"Grid Spacing（栅格间距）"设为4。如图8-139所示。需要注意的是"Gravity（重力）"不能太大，越大坠落的越快，效果较好的值是±0.2至±0.3，正数为粒子下坠，负数为粒子上扬；而"Grid Spacing"越小则粒子越细碎。

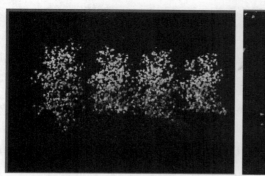

图 8-140

步骤7：将时间定位指针移到00：00：05：00处，将"爆炸中心（Center Force）"设置为（600，288）。

步骤8：播放剪辑，画面效果如图8-140所示。

步骤9：选择菜单"文件"/"新建"/"序列"命令，新建一个"序列02"。

步骤10：将"序列01"从项目窗口拖放到"序列02"的视频1轨道上。

步骤11：右击"序列02"上的"序列01［视］"，在弹出的菜单中单击"速度/持续时间"命令，在弹出的"速度/持续时间"对话框中选中"倒放速度（Reverse speed）"复选框，单击"确定"按钮。

步骤12：点击"视频特效"/"Trapcode"，将其中的"Starglow"拖放到"序列02"的视频1轨道的"序列01［视］"上。

步骤13：展开特效控制台窗口中"Starglow"参数选项，设置参数，将"预置"改为"白色十字"，将"光线长度"改为10，"提升亮度"改为0.3，如图8-141所示。画面效果如图8-142所示。

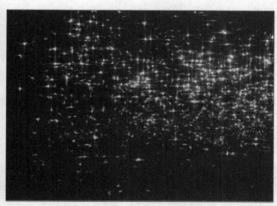

图 8-141　　　　　　　　　　　　　　图 8-142

步骤14：将字幕"影视特效"从项目窗口拖放到序列02的视频1轨道上"序列01［视］"之后，将持续时间设为00：00：03：00。

步骤15：选择菜单"文件"/"新建"/"序列"命令，新建一个"序列03"。

步骤16：选择菜单"文件"/"新建"/"彩色蒙板"命令，新建一个白色的彩色蒙板。

步骤17：将新建的"彩色蒙板"从项目窗口拖放到"序列03"的视频1轨道上，并将持续时间设为00：00：03：00。

步骤18：将时间定位指针移到00：00：00：00处，在"序列03"视频1轨道上选中"白色蒙板"，打开特效控制台窗口。展开"运动"和"缩放比例"特效参数选项。打开"位置"的⏱关键帧开关，将"位置"设为（10，288）；将"等比缩放"的勾选取消，将缩放宽度设为20。

步骤19：将时间定位指针移到00：00：03：00处，将"位置"改为（800，288），画面效果为一个白色的竖条从屏幕左边向右边运动。

步骤20：在时间线窗口点击"序列02"，使其激活成为当前编辑序列，将"序列03"从项目窗口拖放到"序列02"的视频2轨道上，与视频1轨道上的3秒钟的字幕"影视特效"对齐。如图8-143所示。

图8-143　　　　　　　　　　　　　　图8-144

步骤21：将视频1轨道上的字幕"影视特效"复制（先在视频1轨道的空白处粘贴），再将复制的字幕拖放到视频3轨道上，与"序列03视"重叠对齐，如图8-144所示。

步骤22：打开"特效"面板，点击"视频特效"/"键控"，将其中的"轨道遮罩键"拖放到序列02的视频2轨道的"序列03〔视〕"上。

步骤23：展开特效控制台窗口中"轨道遮罩键"参数项，将"遮罩"参数项改为"视频3"即可，其余参数不动。

步骤24：点击"视频特效"/"Trapcode"，将其中的"Starglow"拖放到序列02的视频2轨道的"序列03〔视〕"上。

步骤25：展开特效控制台窗口中"Starglow"参数选项，设置参数，将"预置"改为"白色十字"，其他保持默认。

步骤26：从头播放剪辑，效果如图8-145所示。

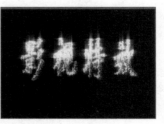

00：00：00：11处画面　　　　00：00：04：16处画面　　　　00：00：05：13处画面

00：00：05：19处画面　　　　00：00：06：23处画面　　　　00：00：07：20处画面

图 8-145

8.2.8　立体旋转的字幕

步骤1：新建一个DV-PAL制式宽高比为4:3的项目。

步骤2：打开字幕窗口，新建一个字幕"恭"，如图8-146所示。

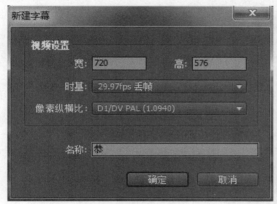

图 8-146　　　　　　　　　　　　　　　　图 8-147

　　步骤3：将字体设为"STXinwei"；字号大小设为150；填充类型设置为如图8-147所示。文字效果如图8-148所示。

　　步骤4：在字幕显示区选中"恭"，然后在"字幕动作"区中分别点击"水平居中"和"垂直居中"，如图8-149所示。

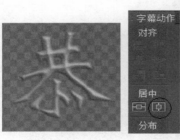 

图 8-148　　　　图 8-149　　　　　　　　图 8-150

注意：文字"恭"一定要水平居中，否则在后面的步骤中使用"基本 3D"特效时，文字不是在原地转动，而是围绕窗口的水平中轴线从左边转到右边或相反。

步骤 5：在字幕设计器窗口的左上角点击 ▣ "基于当前字幕新建字幕"按钮，在弹出的"新建字幕"对话框中命名"贺"，点击"确定"按钮。然后将文字"恭"改为"贺"字。

步骤 6：仿照步骤 5 再建两个字幕"新"和"禧"。

步骤 7：关闭字幕窗口，回到编辑界面。

步骤 8：单击"文件"/"新建"/"彩色蒙版"，新建一个彩色蒙版，将蒙版颜色设为红色（RGB 分别为 249、10、218），如图 8-150 所示。

步骤 9：将红色的彩色蒙版从"项目"窗口拖放到时间线上的视频 1 轨道，入点时间为 00：00：00：00，并将素材持续时间设为 9 秒。

步骤 10：将字幕"恭"从"项目"窗口拖放到时间线上的视频 2 轨道，入点时间为 00：00：00：00。

步骤 11：将字幕"贺"从"项目"窗口拖放到时间线上的视频 3 轨道，入点时间为 00：00：01：15。

步骤 12：将字幕"新"从"项目"窗口拖放到时间线上的视频 4 轨道，入点时间为 00：00：03：05。

步骤 13：将字幕"禧"从"项目"窗口拖放到时间线上的视频 5 轨道，入点时间为 00：00：05：00。之所以这样排列，目的是让这四个字幕相隔一秒零五帧先后出现，间隔时间主要根据字的大小来决定。几个字幕的轨道排列效果如图 8-151 所示。

图 8-151

步骤 14：关闭视频 3、视频 4、视频 5 的轨道开关。如图 8-152 所示。

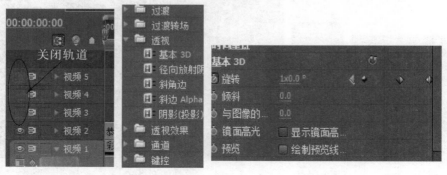

图 8-152　　　　图 8-153　　　　图 8-154

步骤15：选中视频2轨道上的字幕"恭"，打开其"特效控制"窗口，展开"运动"特效。

步骤16：设置"恭"在00：00：00：00时打开"位置"左边的 ⚙ "关键帧开关"，并将参数值设为（360；682）。让"恭"字完全离开屏幕下边框架，也即让字幕从屏幕下方入画。

步骤17：将时间定位标尺拖到00：00：06：00处即素材的结尾处，将"位置"的关键帧设为（360；－40），让"恭"字完全离开屏幕上方框架，也即让字幕从屏幕上方出画。

步骤18：打开"视频特效"文件夹，将其中的"透视"类的"基本3D"特效（如图8-153所示）拖放到视频2轨道上的字幕"恭"上。

步骤19：在"特效控制"窗口展开"基本3D"特效，将时间定位标尺拖到00：00：01：12处，打开"旋转"左边的 ⚙ "关键帧开关"按钮，并将"旋转"的参数设为0°，再将时间定位标尺拖到00：00：04：18处，设置"旋转"的关键帧为360°，如图8-154所示。

步骤20：右键视频2轨道上的字幕"恭"，在弹出的菜单中选择"复制"，再右键视频3轨道上的字幕"贺"，在弹出的菜单中选择"粘贴属性"，如图8-155所示。这样就把视频2上素材的"运动"和"基本3D"的效果及其参数等粘贴给视频3轨道上的"贺"，使"贺"字也有相同的运动效果和3D旋转效果。

图8-155　　　　　　　　　　　　　　　　图8-156

步骤21：同样的操作，右键视频4轨道上的字幕"新"和右键视频5轨道上的字幕"禧"，分别"粘贴属性"，使"新"和"禧"字也有相同的运动效果和3D旋转效果。

步骤22：打开视频3、视频4、视频5轨道开关，让其"眼睛"睁开。从头播放剪辑，浏览效果，如图8-156、图8-157所示。

图8-157

注意：如果不想让字幕在窗口的水平中轴线上立体旋转，而要在窗口靠左或靠右的位置立体旋转，则只需要将"恭"字位置的横坐标也作相应的调整即可。

8.2.9　文字鱼贯而入

步骤1：打开字幕窗口，新建字幕"文"。输入"文"字，设为"楷体"，字号大小为165。

在字幕样式框里选择"方正大黑-内外边立体"样式,如图8-158所示。然后在"字幕动作"区中分别点击"水平居中"和"垂直居中"。

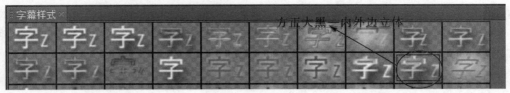

图8-158

步骤2:在字幕设计器窗口的左上角点击 🔳 "基于当前字幕新建字幕"按钮,如图8-159所示,新建字幕"字",按"确定"按钮,并将"文"字改为"字"字。

字幕窗口打开后第一次使用 🔳 "基于当前字幕新建字幕"时,先用鼠标点击 🔳 "单行文字输入"工具(第二次使用就不需要了),再将字幕窗口中的"文"字选中(将鼠标移到文字的左边,按下鼠标左键不放并向文字的右边拖动,使文字反白显示后松开鼠标),再输入"字",字幕窗口的"文"字就变成了"字"字,如图8-160所示。

图8-159

图8-160

步骤3:仿照步骤2,再建四个字幕"鱼""贯""而""入"。

步骤4:关闭字幕窗口,回到编辑窗口。导入图片"景色11"。

步骤5:将图片"景色11"从"项目"窗口拖放到时间线上的视频1轨道,入点时间为00:00:00:00,并将素材持续时间设为8秒。

步骤6:将字幕"文"从"项目"窗口拖放到时间线上的视频2轨道,入点时间为00:00:00:00,并将出点与视频1轨道"景色11"出点对齐。

步骤7:在时间线窗口的时间码显示区单击,时间码呈蓝色显示,这时输入10,如图8-161所示。然后在时间线窗口的任意位置点击鼠标左键,时间定位指针自动移到00:00:00:10处,时间码也自动转换成00:00:00:10。

图8-161

影视非线性编辑教程

将字幕"字"从"项目"窗口拖放到时间线上的视频3轨道,入点时间为00:00:00:10(时间定位指针处),并将出点与视频1轨道"景色11"出点对齐。

步骤8:将字幕"鱼"从"项目"窗口拖放到时间线上的视频4轨道(直接将素材拖放到视频3轨道上方的空白处松开鼠标,系统会自动添加一个视频4轨道,以下同),入点时间为00:00:00:20(参照步骤7设定入点位置),并将出点与视频1轨道"景色11"出点对齐。

步骤9:将字幕"贯"从"项目"窗口拖放到时间线上的视频5轨道(直接拖到视频4上方),入点时间为00:00:01:05(参照步骤7设定入点位置),并将出点与视频1轨道"景色11"出点对齐。

步骤10:将字幕"而"从"项目"窗口拖放到时间线上的视频6轨道(参照步骤8增加视频轨道),入点时间为00:00:01:15(参照步骤7设定入点位置),并将出点与视频1轨道"景色11"出点对齐。

步骤11:将字幕"入"从"项目"窗口拖放到时间线上的视频7轨道(参照步骤8增加视频轨道),入点时间为00:00:02:00(参照步骤7设定入点位置),并将出点与视频1轨道"景色11"出点对齐。各轨道排列如图8-162所示。

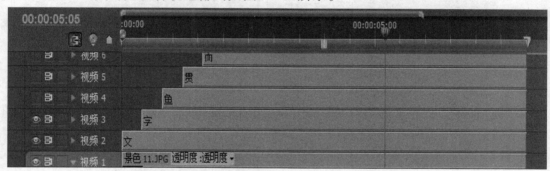

图8-162

步骤12:关闭视频3、4、5、6、7轨道开关。用鼠标逐一点击轨道最左边的小眼睛图标使其消失,如图8-163所示。

图8-163

图8-164

步骤13:选中(左键单击)视频2轨道上的字幕"文",打开"特效控制台"窗口,展开"运动"特效。

步骤14:将时间定位指针移到00:00:00:00,打开"位置"和"比例"左边的关键帧开关,并将其参数分别设为(-17,176)和15,让"文"字从屏幕左边框外偏上一点入

画,如图 8-164 所示。

步骤 15:移动时间定位指针至 00∶00∶00∶20,设置"文"在 00∶00∶00∶20 时"位置"和"比例"的关键帧分别为(101,236)和 25,如图 8-165 所示。

图 8-165

步骤 16:移动时间定位指针至 00∶00∶01∶15,设置"文"在 00∶00∶01∶15 时"位置"和"比例"的关键帧分别为(262,320)和 50,如图 8-166 所示。

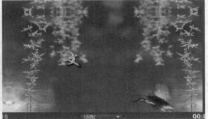

图 8-166

步骤 17:移动时间定位指针至 00∶00∶02∶10,设置"文"在 00∶00∶02∶10 时"位置"和"比例"的关键帧分别为(414,373)和 70,如图 8-167 所示。

图 8-167

步骤 18:移动时间定位指针至 00∶00∶03∶05,设置"文"在 00∶00∶03∶05 时"位置"和"比例"的关键帧分别为(570,233)和 90,如图 8-168 所示。

图 8-168

影视非线性编辑教程

步骤19：移动时间定位指针至00∶00∶04∶00，设置"文"在00∶00∶04∶00时"位置"和"比例"的关键帧分别为（364，302）和100。

　　步骤20：移动时间定位指针至00∶00∶04∶20，设置"文"在00∶00∶04∶20时"位置"和"比例"的关键帧分别为（70，454）和100，如图8-169所示。"文"字的运动轨迹和最终排列位置如图8-170所示。

图 8-169

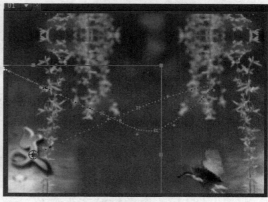
图 8-170

　　步骤21：打开"视频特效"文件夹，将其中的"透视"类的"基本3D"特效选中并拖放到视频2轨道上的字幕"文"上。

　　步骤22：将时间定位指针移动到00∶00∶01∶23处，在"特效控制台"窗口展开"基本3D"特效，打开"旋转"左边的 关键帧开关，并将参数设为0°。再将时间定位指针拖到00∶00∶04∶00处，设置"旋转"的关键帧为360°。

　　步骤23：右键视频2轨道上的字幕"文"，在弹出的菜单中选择"复制"，再右键视频3轨道上的字幕"字"，在弹出的菜单中选择"粘贴属性"。这样就把视频2上素材的"运动"和"基本3D"的效果粘贴给视频3轨道上的"字"，使字幕"字"字也有相同的运动效果和3D旋转效果。

　　步骤24：打开视频3轨道开关（让"眼睛"睁开），显示视频3上的画面。同时选中（左键单击）视频3轨道上的字幕"字"，打开"特效控制台"窗口，展开"运动"特效。

　　步骤25：将时间定位指针移到"位置"的最后一个关键帧处（一定要重合，最好使用"跳到前、后关键帧"按钮精确定位），将"位置"的最后一个关键帧改为（195，454）。这样就可以将字幕"文"和字幕"字"的最后位置错开，而不是重叠在一起，如图8-171所示。

图 8-171

步骤26：仿照步骤23、24、25，将视频3轨道"字"的属性复制、粘贴给视频4上的字幕"鱼"，并适当改变"位置"的最后一个关键帧的参数（300,454）。如图8-172所示。

图8-172

以此类推，将视频4轨道上素材的属性复制、粘贴给视频5轨道上的素材；将视频5轨道上素材的属性复制、粘贴给视频6轨道上的素材；将视频6轨道上素材的属性复制、粘贴给视频7轨道上的素材。关键是要将每一素材的最后一个关键帧做相应的调整，这样六个字就不会有重叠，在节目窗口中可以一字排开（也可以错落有致地排列）。由于"位置"的最后一个关键帧产生变化，所以要一个轨道一个轨道的复制、粘贴属性。这也是与前一个例子的不同之处。

步骤27：从头播放剪辑，画面效果如图8-173所示。

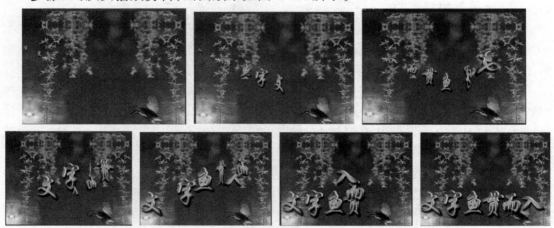

图8-173

8.2.10　借助Photoshop制作"书法"效果

通过Photoshop制作手写的书法效果。

步骤1：打开Photoshop软件，点击菜单栏"文件"/"新建"，在弹出的"新建"对话框中设置"宽"和"高"像素大小分别为720和576，如图8-174所示，然后单击"确定"按钮。

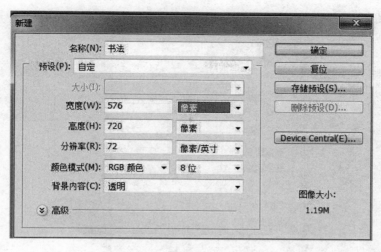

图 8-174

步骤 2：点击菜单栏"图层"/"新建"/"背景图层"，如图 8-175 所示，弹出制作界面。

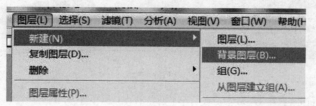

图 8-175

步骤 3：点击 **T** "文字输入"工具按钮，然后输入汉字"大"并将字体设为"华文行楷"，如图 8-176 所示。

图 8-176

步骤 4：点击 🔍 "缩放工具"按钮，将文字放大。

步骤 5：点击菜单栏"图层"/"栅格化"/"文字"，如图 8-177 所示。

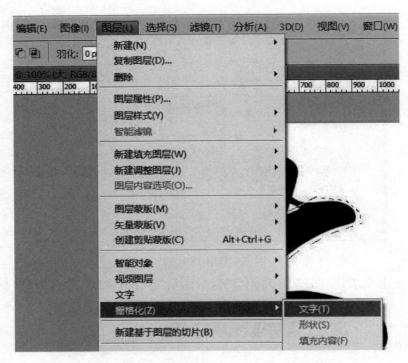

图 8-177

步骤6：在界面的右下方选中"大"字图层。如图8-178所示。

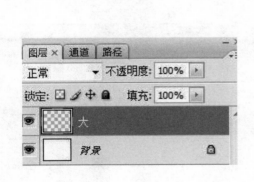

图 8-178   **图 8-179**

步骤7：使用 ✍ "多边形套索工具（快捷键L）"勾选出"大"字的第一笔"一"。如图8-179所示。

步骤8：在"大"字的一"横"上单击鼠标右键，在弹出的菜单中选择"通过拷贝的图层"，如图8-180所示。

图 8-180

图 8-181

步骤9：再选中"大"字图层，然后使用 "多边形套索工具（快捷键L）"勾选出"大"字的第二笔"丿"并右键，在弹出的菜单中选择"通过拷贝的图层"，如图8-181所示。

步骤10：再选中"大"字图层，蓝色显示表示选中状态，如图8-182所示。然后使用 "多边形套索工具（快捷键L）"勾选出"大"字的第三笔"乀"，如图8-183所示。然后右键，在弹出的菜单中选择"通过拷贝的图层"。

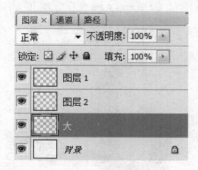

图 8-182

图 8-183

步骤11：单击菜单栏"文件"/"存贮"（保存），在弹出的菜单中选择保存的路径和名称"大字"，然后单击"确定"按钮。

步骤12：删除图层1、2、3和"大"图层，如图8-184所示。

图 8-184

图 8-185

237

步骤13：点击 **T**"文字输入"工具按钮，然后输入汉字"山"并将字体设为"华文行楷"，如图 8-185 所示。

步骤14：点击菜单栏"图层"/"栅格化"/"文字"。

步骤15：选中（点击）"山"字图层，蓝色显示表示选中状态，如图 8-186 所示。然后使用 "多边形套索工具（快捷键 L）"勾选出"山"字的第一笔"l"，然后右键，在弹出的菜单中选择"通过拷贝的图层"，如图 8-187 所示。

图 8-186

图 8-187

步骤16：选中（点击）"山"字图层，然后使用 "多边形套索工具（快捷键 L）"勾选出"山"字的第二笔左边的"l"，然后右键，在弹出的菜单中选择"通过拷贝的图层"，如图 8-188 所示。

图 8-188

图 8-189

步骤17：选中（点击）"山"字图层，然后使用 "多边形套索工具（快捷键 L）"勾选出"山"字的第三笔"一"，然后右键，在弹出的菜单中选择"通过拷贝的图层"，如图 8-189 所示。

步骤18：选中（点击）"山"字图层，然后使用 "多边形套索工具（快捷键 L）"勾选出"山"字的第四笔右边的"l"，然后右键，在弹出的菜单中选择"通过拷贝的图层"。

步骤 19：单击菜单栏"文件"/"存贮"（保存），在弹出的菜单中选择保存的路径和名称"山字"，然后单击"确定"按钮。

步骤 20：关闭 Photoshop（PS）软件，打开 Premiere Pro CS4 软件，新建一个 DV-PAL 制式宽高比为 4:3 的项目，给项目命名为"书法"。

步骤 21：单击菜单栏"编辑"/"首选项"/"常规"，弹出"首选项"对话框，将其中的"视频切换默认持续时间"设为 25 帧。如图 8-190 所示。

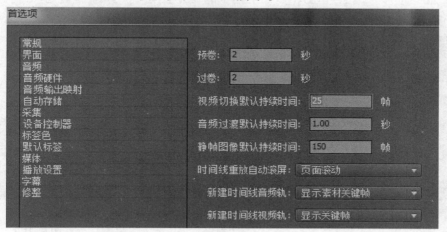

图 8-190

步骤 22：单击菜单栏"文件"/"导入"，在"导入"对话框中选中"大字"，然后单击"确定"按钮，弹出"导入分层文件"对话框，在"导入分层文件"对话框中将"导入为"设置为"单个图层"，先导入"图层 1"，将其他图层前面的 ☑ "勾"去掉。如图 8-191 所示。然后按"确定"按钮。

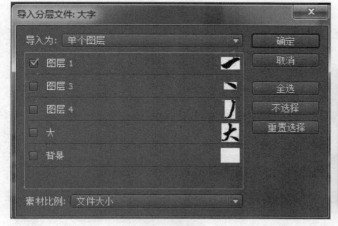

图 8-191

图 8-192

步骤 23：在项目窗口将导入的文件改名为"大字 1"。如图 8-192 所示。

步骤 24：单击菜单栏"文件"/"导入"，选中"大字"，然后单击"确定"按钮，弹出"导入分层文件"对话框，在"导入分层文件"对话框中将"导入为"设置为"单个图层"，再导入"图层2"，将其他图层前面的 ☑ "勾"去掉。然后按"确定"按钮。

步骤25：在项目窗口将导入的文件改名为"大字2"。

步骤26：单击菜单栏"文件"/"导入"，选中"大字"，在弹出的"导入分层文件"对话框中将"导入为"设置为"单个图层"，再导入"图层3"，将其他图层前面的 ☑ "勾"去掉。

步骤27：在项目窗口将导入的文件改名为"大字3"。

步骤28：仿照步骤21至25，导入"山字"的四个图层，并分别命名为"山字1""山字2""山字3"和"山字4"。最终项目窗口的素材排列如图8-193所示。

影视非线性编辑教程

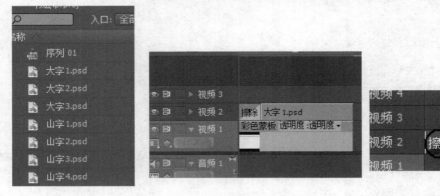

图8-193 　　　　　　　　 图8-194 　　　　　　　　 图8-195

步骤29：单击菜单栏"文件"/"新建"/"彩色蒙板"，新建一个白色的彩色蒙板。将"白色"彩色蒙板从项目窗口拖放到时间线窗口的视频1轨道上，入点为00：00：00：00。

步骤30：将"大字1"从项目窗口拖放到时间线窗口的视频2轨道上。入点为00：00：00：00。

步骤31：打开"特效"面板，展开"视频切换"文件夹，再将其中的"擦除"文件夹展开，将"擦除"转场效果拖放到视频2轨道上的"大字1"开始端，如图8-194所示。

步骤32：点击"擦除"图标，打开特效控制台，如图8-195所示。将擦除方向设为"从西向东"（以笔画方向作为设置的依据），如图8-196所示。

步骤33：将"大字2"从项目窗口拖放到时间线窗口的视频3轨道上，入点为00：00：01：00。

步骤34：将"擦除"转场效果拖放到视频3轨道上的"大字2"开始端，如图8-197所示。

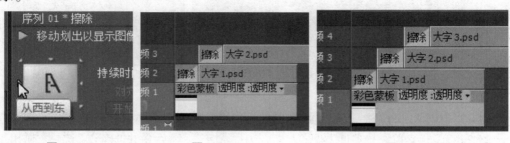

图8-196 　　　　　　　　 图8-197 　　　　　　　　 图8-198

步骤35：点击"擦除"图标，打开特效控制台，将擦除方向设为"从东北到西南"。

步骤 36：将"大字 3"从项目窗口拖放到时间线窗口的视频 3 轨道上方空白处松开鼠标，系统自动添加为视频 4 轨道，入点为 00：00：02：00。

步骤 37：将"擦除"转场效果拖放到视频 4 轨道上的"大字 3"开始端，如图 8-198 所示。

步骤 38：点击"擦除"图标，打开特效控制台，将擦除方向设为"从西北到东南"。

步骤 39：将"大字 2"和"大字 3"的末端与"大字 1"的末端对齐，并删除视频 1 轨道上的彩色蒙板，如图 8-199 所示。

播放剪辑，浏览效果如图 8-200 组图所示。

图 8-199

图 8-200 组图

步骤 40：单击菜单栏"文件"/"新建"/"序列"，新建一个"序列 02"。

步骤 41：将"白色"彩色蒙板从项目窗口拖放到时间线窗口"序列 02"的视频 1 轨道上。入点为 00：00：00。

步骤 42：将"山字 1"从项目窗口拖放到时间线窗口的视频 2 轨道上，入点为 00：00：00。

步骤 43：将"擦除"转场效果拖放到视频 2 轨道上的"山字 1"开始端，如图 8-201 所示。

图 8-201

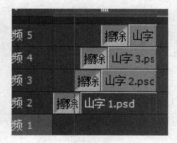

图 8-202

步骤 44：点击"擦除"图标，打开特效控制台，将擦除方向设为"从北到南"。

步骤 45：将"山字 2"从项目窗口拖放到时间线窗口的视频 3 轨道上，入点为 00：00：01：00。

步骤 46：将"擦除"转场效果拖放到视频 3 轨道上的"山字 2"开始端。

步骤 47：点击"擦除"图标，打开特效控制台，将擦除方向设为"从北到南"。

步骤 48：将"山字 3"从项目窗口拖放到时间线窗口的视频 3 轨道上方空白处松开鼠标，系统自动添加为视频 4 轨道，入点为 00：00：02：00。

步骤 49：将"擦除"转场效果拖放到视频 4 轨道上的"山字 3"开始端。

步骤 50：点击"擦除"图标，打开特效控制台，将擦除方向设为"从西到东"。

步骤 51：将"山字 4"从项目窗口拖放到时间线窗口的视频 4 轨道上方空白处松开

鼠标,系统自动添加为视频5轨道,入点为00:00:03:00。

步骤 52:将"擦除"转场效果拖放到视频5轨道上的"山字4"开始端。

步骤 53:点击"擦除"图标,打开特效控制台,将擦除方向设为"从北到南"。

步骤 54:将"山字4"、"山字3"和"山字2"的末端与"山字1"的末端对齐,并删除视频1轨道上的彩色蒙板,如图8-202所示。

播放剪辑,浏览效果如组图8-203所示。

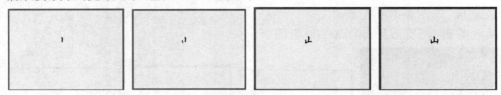

图 8-203

步骤 55:单击菜单栏"文件"/"新建"/"序列",新建一个"序列03"。

步骤 56:将"白色"彩色蒙板从项目窗口拖放到时间线窗口"序列03"的视频1轨道上,入点为00:00:00:00。

步骤 57:将"序列01"从项目窗口拖放到时间线窗口"序列03"的视频2轨道上,入点为00:00:00:00。

步骤 58:将"序列02"从项目窗口拖放到时间线窗口"序列03"的视频3轨道上,入点为00:00:03:00,如图8-204所示。

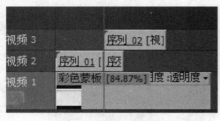

图 8-204

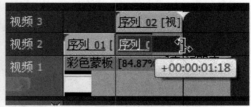

图 8-205

步骤 59:用 ✂ 剃刀工具将"序列01"在00:00:03:00处剪断,然后用 ⟷ 速率拉伸工具将后半段的末端拉长与"序列02"末端对齐,如图8-205所示。

步骤 60:选中"序列01"前半段,打开特效控制台窗口,展开"运动"参数选项,将"位置"设置为(250,410),将"缩放比例"设为200,如图8-206所示。

图 8-206

图 8-207

步骤 61:选中"序列01"前半段右键,在弹出的菜单中选择"复制",然后右键"序列

01"后半段，在弹出的菜单中选择"粘贴属性"。

步骤62：选中"序列02"，打开特效控制台窗口，展开"运动"参数选项，将"位置"设置为（440，390），将"缩放比例"设为200，如图8-207所示。这里的"位置"和"缩放比例"的调整可根据创作需要来确定。

最终效果如组图8-208所示。

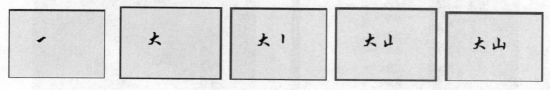

图 8-208

上述案例是借助PS将文字的每一笔拆分开来，再用Pr进行组合，目的是说明两个软件之间的兼容。如果嫌在两个软件之间切换比较麻烦，也可以在Pr字幕窗口，用钢笔工具将文字的笔画——"套出"，具体操作如下：

步骤1：打开字幕窗口，新建一个"大"字，并调整好字体大小和颜色（绿色）。

步骤2：点击字幕显示区左上方的"基于当前字幕新建字幕"按钮，新建一个名为"横"的字幕。如图8-209所示。

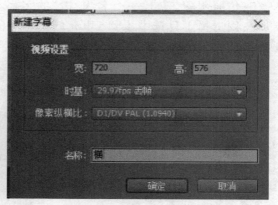

图 8-209

步骤3：先在"字幕工具"栏选择"钢笔"工具，然后移到"字幕显示区"的"大"字上，像使用"多边形套索"工具一样沿"横"的笔画外围 "套出"一横。如图8-210所示。

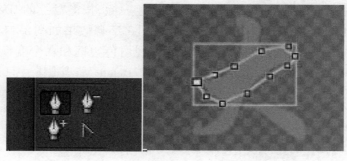

图 8-210

步骤4:点击字幕"属性"栏下的"绘图类型"右侧的下拉按钮,在弹出的菜单中选择"填充贝塞尔曲线"命令。如图8-211所示。

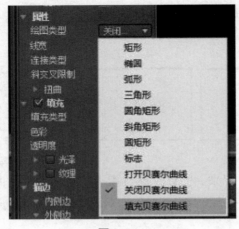 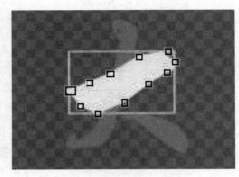

图 8-211　　　　　　　　　　　　图 8-212

步骤5:点击"填充类型",将其设为"实色",并在拾色器中将颜色选为白色。字幕效果如图8-212所示。

步骤6:仿照步骤2新建一个名为"撇"的字幕。

步骤7:用选择工具选中步骤5填充的白色一横,按键盘上的"Delete"将其删除。

步骤8:仿照步骤3至步骤5"套出"一"撇"。字幕效果如图8-213所示。

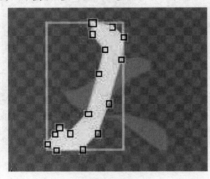 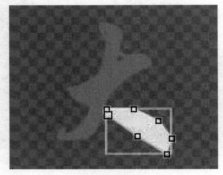

图 8-213　　　　　　　　　　　　图 8-214

步骤9:仿照步骤2新建一个名为"捺"的字幕。

步骤10:用选择工具选中步骤8填充的白色一撇,按键盘上的"Delete"将其删除。

步骤11:仿照步骤3至步骤5"套出"一"捺"。字幕效果如图8-214所示。

步骤12:选中字幕"大"字("大"字四周出现白色边框和八个变换点,表示"大"字被选中),如图8-215左图所示;然后按键盘上的"Delete"将其删除,只留下一捺,如图8-215右图所示。

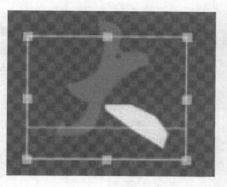

图 8-215

步骤 13：点击字"幕显示区"左上方的字幕名称右侧的下拉按钮，然后选择"撇"，将"撇"处于当前操作窗口。如图 8-216 所示。

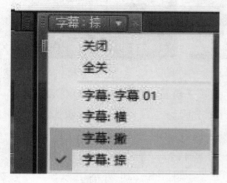

图 8-216

图 8-217

步骤 14：仿照步骤 11，选中字幕"大"字，然后按键盘上的"Delete"将其删除，只留下一撇，如图 8-217 所示。

步骤 15：仿照步骤 12、步骤 13，完成一横的操作。如图 8-218 所示。

关闭字幕窗口，刚才在字幕窗口新建的四个字幕保存在项目窗口。如图 8-219 所示。

图 8-218

图 8-219

步骤 16：将"横"从项目窗口拖放到时间线窗口的视频 1 轨道上，入点为 00:00:00:00。

步骤 17：打开"特效"面板，展开"视频切换"文件夹，再将其中的"擦除"类文件夹展开，将"擦除"转场效果拖放到视频 1 轨道上的"横"的开始端。如图 8-220 所示。

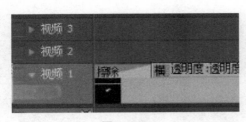

图 8-220　　　　　　　　　　　　　　　图 8-221

步骤 18：点击视频 1 轨道上"擦除"图标，打开特效控制台。如图 8-221 所示。将擦除方向设为"从西向东"（以笔画方向作为设置的依据）。如图 8-222 所示。还可以根据笔画的长短以及运笔的速度设置"持续时间"，这里保持默认值。

图 8-222　　　　　　　　　　图 8-223　　　　　　　　　　图 8-224

步骤 19：将"撇"从项目窗口拖放到时间线窗口的视频 2 轨道上，入点为 00:00:01:05。

步骤 20：再将"擦除"转场效果拖放到视频 2 轨道上的"撇"的开始端。如图 8-223 所示。

步骤 21：点击视频 2 轨道上"擦除"图标，打开特效控制台。将擦除方向设为"从北东到南西"（以笔画方向作为设置的依据，即右上向左下）。如图 8-224 所示。

步骤 22：将"捺"从项目窗口拖放到时间线窗口的视频 3 轨道上，入点为 00:00:02:10。

步骤 23：再将"擦除"转场效果拖放到视频 3 轨道上的"捺"的开始端。

步骤 24：点击视频 3 轨道上"擦除"图标，打开特效控制台，将擦除方向设为"从西北向东南"（即左上向右下）。

步骤 25：将视频 2 和视频 3 轨道上的素材末端变短与视频 1 轨道上"横"的末端对齐。如图 8-225 所示。

图 8-225　　　　　　　　　　　　　　图 8-226

步骤 26：点击菜单栏"文件"/"新建"/"序列"，新建序列 02。

步骤 27：将"序列 01"从项目窗口拖放到"序列 02"的视频 2 轨道，入点为 00:00:00:00。

步骤 28：将"大"字从项目窗口拖放到"序列 02"的视频 1 轨道，入点为 00:00:00:00。如图 8-226 所示。

步骤 29：打开"特效"，展开"视频特效"文件夹，将其中的"键控"子文件夹展开，再将"轨道遮罩键"特效拖放到视频 1 轨道的"大"字上。

步骤30：打开"特效控制台"窗口，将"轨道遮罩键"下的"遮罩"设为"视频2"。

此外，我们还可以用"书写"特效制作手写字的效果。

步骤1：打开软件，新建一个名为"书写"的项目，编辑模式为DV-PAL（720×576）。

步骤2：点击菜单栏"文件/新建/字幕"，新建一个字幕。

步骤3：在字幕窗口新建一个"大"字，将字体设为行楷，白色，关闭字幕窗口。

步骤4：点击菜单栏"文件/新建/透明视频"，新建透明视频（Pr CC中叫"调整图层"）。如图8-227所示。

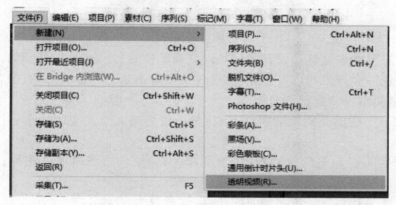

图 8-227

步骤5：将字幕"大"字从"项目"窗口拖放到视频1轨道，入点为00:00:00:00；再将"透明视频"从"项目"窗口拖放到视频2轨道，入点为00:00:00:00。如图8-228所示。

图 8-228

步骤6：点击"效果/视频特效/生成"，将"生成"子文件夹中的"书写"特效拖放到视频2轨道上的"透明视频"素材上。如图8-229所示。

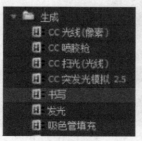

图 8-229

步骤7：选中"透明视频"素材，打开"特效控制台"窗口，展开"书写"特效参数，设置参数。如图8-230所示。

图 8-230

"画笔位置"：主要是通过设置关键帧改变画笔位置，让笔画产生运笔的动感效果。

"画笔颜色"：设置书写的文字颜色，要使文字写出来是红色的，则点击右边的色块，在弹出的颜色拾取器中选择红色即可。

"画笔大小"：指的是画笔的粗细，应将其设置为略大于文字的笔画，可在节目窗口直观看出。

"画笔硬度"：指画笔的软硬程度，硬度越大，画笔的边缘越清晰光滑；画笔硬度越小，画笔的边缘就越模糊柔和。一般可以保持默认值。

"描边长度"：指写完一个字的时间长度，这里设为50帧。

"画笔间距"：每一个画笔都是由一系列的点组成的，画笔间距指的是每个点之间的间隔，如果把这个参数改的很小，那么渲染的时间就会很长，做出来的效果就很平滑。这里设为0.03。

其他参数保持默认即可。

步骤8：将时间定位指针移到00:00:00:00位置，然后用鼠标在"特效控制台"窗口点击（选中）"书写"特效的名称，使其反色显示，这时在"节目"窗口就可以看到带十字的圆圈即笔画的位置。

步骤9：在"节目"窗口，用鼠标将带十字的圆圈（笔画的位置）拖到"大"字的起笔处（一横的左边），然后在"特效控制台"窗口点击"画笔位置"左边的关键帧按钮，打开关键帧开关。如图8-231所示。

图 8-231

步骤10：用鼠标在节目窗口点击"逐帧前进（步进）"按钮，前进2~3帧（或者按键盘上的右方向键，每按一次，前进一帧），然后拖动"笔画的位置（带十字的圆圈）"到一横的中间位置,打上第二个关键帧。如图8-232所示。

图8-232

步骤11: 仿照步骤10,再打上第三个关键帧。如图8-233所示。

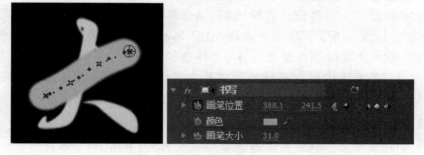

图8-233

步骤12: 仿照步骤10,完成其他笔画的关键帧设置。如图8-234所示。

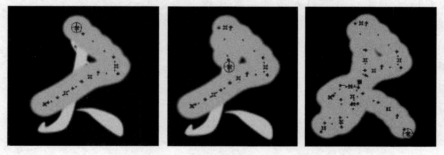

图8-234

步骤13: 在"时间线"窗口,将视频1轨道上的"大"字拖放到视频3轨道,入点为00:00:00:00。如图8-235所示。

图8-235

步骤14: 打开"视频特效",展开"键控"子文件夹,将其中的"轨道遮罩键"拖放到视频2轨道的"透明视频"素材上。

步骤15: 在"特效控制台"窗口将"遮罩"的参数设为"视频3"。如图8-236所示。

图 8-236

播放剪辑,可以看出手写的效果。

◆ **内容提要**

　　本章主要通过菜单栏创建汉字和字幕窗口功能的介绍,详细讲解了字幕效果的基本知识和在字幕窗口为字幕设计各种风格;结合具体案例着重讲解了创建球面化的动感字幕,让字幕逐渐出现,字幕逐个出现,让字幕改变颜色,星光在文字上掠过,耀光(发光)效果,文字变成粒子再聚成文字,立体旋转的字幕,文字鱼贯而出;利用Photoshop制作"书法"字体等10种字幕特效效果基本操作方法,为读者在进行影视非线性编辑中能够熟练地综合运用各种特效创造出更加绚丽多彩的字幕提供启示。

◆ **关键词**

字幕　　创建文字　　风格　　轨道遮罩键　　"书法"字体　　字幕特效

◆ **思考题**

1. 简要描述创建一个字幕对象的主要流程。
2. 创建字幕样式对影视非线性编辑有什么好处?
3. 如何创建球面化的动态字幕?
4. 如何利用Photoshop制作"书法"字体效果?
5. 如何创建多栏向下滚动的字幕效果?
6. 简述轨道遮罩键的作用。

第9章　音频剪辑与音频特效

【学习目标】

知识目标	技能目标
理解 Premiere Pro 中音频的三种分类	熟练掌握三种音频的联系与区别
理解音频过渡和音频特效在影视编辑中的不同作用	熟练掌握音频过渡和音频特效的基本操作方法
了解 Premiere Pro 中调音台的功能	熟练掌握调音台的操作方法

【知识结构】

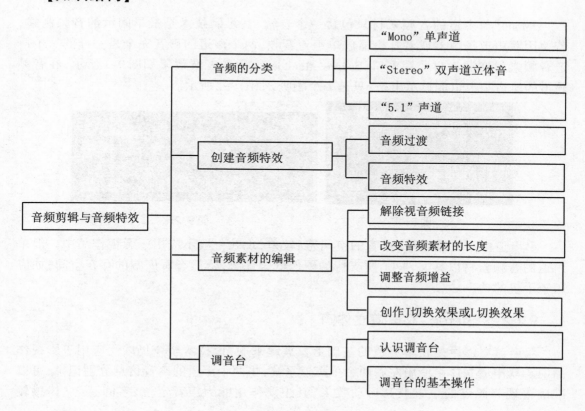

影视作品是通过视听双通道来传播的,声音的处理对一个影视作品来说是不可或缺的。前面我们介绍了画面(包括视频)的剪辑和特效运用,本章将介绍音频的剪辑和特效运用。

Premiere Pro能满足影视创作者和音响爱好者的所有需要,使他们的作品具有顶级的听觉品质。它有一个内置的调音台,其功能可以同录音工作室的硬件设备相媲美,这个调音台可以编辑单声道、立体声或5.1环绕声道,它具有内置的乐器和声音录制功能,可以提供多种方法混合选中的轨道。另外,与视频切换和视频特效一样,同样可以为音频素材添加切换(过渡)效果和特技效果。

9.1 音频的分类

在Premiere Pro中可以新建"Mono"单声道、"Stereo"双声道(又称立体声),以及5.1环绕立体声三种类型的音频轨道,每一种轨道只能添加相应类型的素材,也就是说,单声道的音频素材只能拖放到单声道的音频轨道上。同样,每一种类型的素材也只能应用相应类型的音频特效。

9.1.1 "Mono"单声道

"Mono"单声道的音频素材只包含一个音轨,其录制技术是最早问世的音频制式,若使用双声道扬声器或者耳机播放单声道音频,两个声道的声音完全是一样的。单声道音频素材在源素材监视窗口(Source Monitor)显示的音波效果如图9-1所示,在音频轨道的轨道头上也能显示出来,只是一个喇叭,如图9-2所示。

图9-1   图9-2

单声道由于听觉效果(声音的空间感)较差,现在一般不应用于影视作品中。但单声道的音频素材以其文件小、所支持的硬件低为优势,依然有着广阔的存在空间,如应用于手机的铃声。

9.1.2 "Stereo"双声道立体声

双声道立体声是在单声道的基础上发展起来的,该技术至今仍广泛应用于影视作品中。双声道立体声使用左右两个单声道系统,将两个声道的声音信息分别记录,可以准确再现声源点的位置及其运动效果,其主要作用能为声音定位,空间感、立体感较强，所以又叫立体声。双声道音频素材在源素材监视窗口（Source Monitor）显示的音波效果如图9-3所示。在音频轨道的轨道头上显示的是一对喇叭，如图9-4所示。

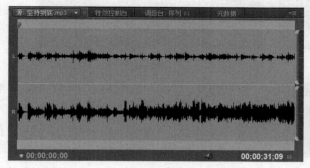

图9-3　　　　　　　　　　　　　　　　　　图9-4

在源素材监视窗口（Source Monitor）显示了上下两层音波，上面的是左声道，下面的是右声道，在窗口的左边框分别标有L和R字样。在Premiere Pro的音频轨道上，默认的都是双声道轨道。如果音频素材是单声道或5.1声道的，往双声道轨道上拖放是不允许操作的，但可以往下层轨道拖放，系统会自动添加一条与该素材相匹配的轨道。

9.1.3　"5.1"声道

"5.1"声道录音技术是美国杜比实验室于1994年发明的，因此最早也叫杜比数码（Dolby Digital，俗称"AC-3"）环绕声。主要应用于电影的音效系统，是DVD影片的标准音频格式，该系统采用高压缩的数码音频压缩系统，能在有限的范围内将5＋0.1声道的音频数据全部记录在合理的频率带宽之内。

"5.1"声道又称为环绕立体声，实际上包括前左、前中、前右和后左、后右环绕声道以及一个独立的超重低音声道，共6个声道。但是由于超重低音只提供100Hz以下的超低音信号，所以该声道被看做是0.1个声道，故名5.1声道。

9.2　创建音频特效

与视频特效一样，音频效果也分为音频过渡效果和音频特效两大类。

9.2.1　音频过渡

与视频切换相比，音频过渡的类型要少得多，只有三种类型，而且都是交叉渐隐的效果，如图9-5所示。

图 9-5　　　　　　　　　　　　　图 9-6

　　添加音频过渡效果跟添加视频切换效果相似,直接用鼠标将过渡效果从特效面板中拖拽到音频素材的开始端或末端。

　　步骤1:导入两段音频素材,分别将两段素材拖放到音频1和音频2轨道,使前一段素材的末尾与后一段素材的开头有一定的重叠。

　　步骤2:打开特效面板,展开"音频过渡"文件夹,只有一个子文件夹"交叉渐隐",将其打开,选中其中的一个"恒定功率"拖放到音频1轨道上素材的末端,调整持续时间,保持与两个音频素材的重叠时间一致。

　　步骤3:再将"恒定功率"拖放到音频2轨道上素材的开始端,调整持续时间,保持与两个音频素材的重叠时间一致,如图9-6所示。

　　调整过渡效果的持续时间也与视频切换效果一样,可以用鼠标直接在音频轨道素材上的过渡效果图标上直接拖拽,如图9-7所示。也可以在特效控制台窗口拖拽持续时间的数值或直接键入数值,如图9-8所示。也可以在菜单栏中单击"编辑"/"首选项"/"常规"的对话框中对"音频过渡默认持续时间"进行统一设置。

图 9-7　　　　　　　　　　　　　图 9-8

　　这三个过渡效果功能都差不多,不过"恒定功率"可以创建平滑、渐进的切换方式,它是默认的切换方式,所以用红色方框标识,与视频切换效果的"交叉叠化"相似。它先逐渐降低第一段素材的音量,然后在切换结尾处快速降低。对于第二个素材,这种音频交叉消退是先快速提高音频,而在接近切换结尾处事时慢慢提高。

9.2.2　音频特效

　　Premiere Pro为我们提供了20多个音频特效,通过它们可以改变音调、制造回音、添加混响和删除噪音等效果。如同视频特效一样,我们也可以设置音频特效参数的关键帧,使特效随着时间变化而调整。

　　和视频特效不同的是,音频特效是分类使用的,单声道的特效只对单声道的素材起作用,立体声的特效对单声道的素材无效,它只能对立体声素材起作用。也就是说,一个类型的音频特效只能应用于这个类型的音频素材。

在"单声道""立体声"和"5.1"三种音频素材中,立体声应用的最多,因此,这里主要介绍几个比较常见的立体声的特效。"立体声"类的音频特效如图9-9所示。

图9-9

图9-10

1. 多功能延迟

多功能延迟能够产生多路延迟,可以用在电子音乐中产生同步和重复的回声效果,也可以产生空谷回音的效果,其参数面板如图9-10所示。共有4路延迟、反馈和级别,可以根据需要适当调整参数。其中"延迟"设置原始声音的延时时间;"级别"设置声音的延时级别;"反馈"设置有多少延时声音被反馈到原始声音中。

除"多功能延迟"特效外,音频特效中还有一个"延迟"特效,它只能产生一路延迟。

2. DeNoiser(降噪)

该特效能自动发现声音中的噪音并移除,如嗡嗡的电流声等。

步骤1:打开软件进入界面,导入音频素材。

步骤2:将音频素材拖放到时间线窗口的音频1轨道上。

步骤3:打开"音频特效"文件夹,在子文件夹"Stereo"立体声(双声道)中将"DeNoise"(降噪)特效拖放到音频1上。

步骤4:选中音频素材,打开其"特效控制台"窗口进行参数设置:将Reduction(减少)设置为-20dB,Offset(偏移)设置为-5.0dB,如图9-11所示。Freeze(冻结)设置为off,如图9-12所示。这里需要直接输入数值而不能用鼠标拖动数值。

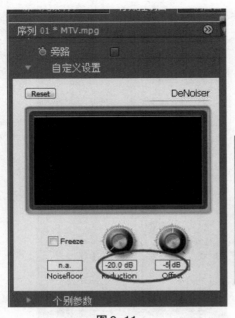

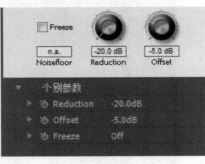

图 9-11   图 9-12

步骤 5：单击"个别参数"左边的展开按钮，可以看到上一步设置的参数。其中Reduction（减少）意思是将-20～0dB 范围内的噪音移除；Offset（偏移）是在自动检测噪音和评估噪音水平之间设置一个偏移量其范围是-10～10dB。在自动降噪不能达到很好效果时，可以辅助去除噪音；Freeze（冻结）的意思是在当前的检测中停止对噪音水平的评估，因此将其设为 off，也就是不勾选其左边的复选框；Noise Floor（噪声范围）是将指定范围（单位是分贝）内的噪音作为素材播放。

3. Reverb（混响）

用来模拟室内的声音效果。

步骤 1：打开"音频特效"的"Stereo"立体声（双声道）文件夹，选中"Reverb"（混响）特效，拖放到音频 1 轨道上。

步骤 2：打开"特效控制台"窗口，展开"Reverb"的"自定义参数"进行参数设置，如图9-13 所示。

Pre Delay（预延迟）：信号发出到回响之间的时间，该设置与距离有关，即声音从发出反射到墙面，再返回到人耳的时间，将其设置为 25.00ms；Absorption（吸收）：声音集中效果的百分比，将其设置为 2.0%，Size（尺寸）：被模拟的房间尺寸，将其设为 40%；Density（密度）：反射踪迹的密度，将其设为 71.48%；Lo Damp（低频率衰减）：设置低频率的衰减值，可以防止"嗡嗡"的声音，将其设为-6.0dB；Hi Damp（高频率衰减）：设置高频率衰减值，衰减值低可以让反射的声音变得柔和，将其设为 0.0dB；Mix（混合）：原声与特效声音的混合比例，将其设为 65.0%。如图 9-14 所示。

设置参数时，直接在数值框里键入数值，然后按 Enter 键即可，不能用鼠标在数值框里左右拖动来改变参数值。

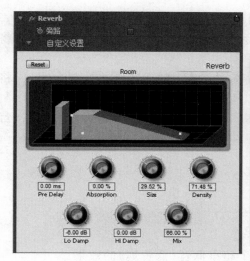
图 9-13

图 9-14

4. 平衡

用来控制左右声道的相对音量,仅支持立体声。其参数非常简单,正值增加右声道的音量比例,负值增加左声道的音量比例,通过关键帧设置可以调整声音在左右声道之间的变化,如从左声道转换到右声道。

5. 互换声道

用于交换立体声音频素材左右声道中的信息,常用来处理因话筒放置不当或线路连接不对所引发的问题,也用来编辑视频和音频同时出现的素材,使声音的节奏与画面的变化协调一致。

6. 使用(送)左声道

复制音频素材中左声道的信息并将其植入到右声道中,删除原来右声道中的信息。

7. 使用(送)右声道

复制音频素材中右声道的信息并将其植入到左声道中,删除原来左声道中的信息。
下面利用平衡和使用左右声道的特效做一个左右声道独自播放的效果。

步骤 1:导入素材"左右声道 1"和"左右声道 2"。

步骤 2:将导入的两段素材分别拖放到音频 1 轨道和音频 2 轨道,使其重叠,目的是同时播放两段素材,如图 9-15 所示。

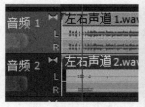
图 9-15

图 9-16　　　　　　　图 9-17

步骤 3:打开"音频特效"文件夹,在立体声"Stereo"文件夹中选中使用左声道"Fill Left"特效,拖放到音频 1 的素材上,将"使用右声道"(Fill Right)特效拖放到音频 2 的素材上。

步骤4：将"平衡"（Balance）特效分别拖放到音频1和音频2轨道的素材上。

步骤5：在音频轨道上选中"使用右声道"特效的素材，打开其特效控制台窗口，将平衡参数设置为100，如图9-16所示。

步骤6：在音频轨道上选中"使用左声道"特效的素材，打开其特效控制台窗口，将平衡参数设置为-100，如图9-17所示。

播放剪辑，现在两个轨道上的素材分别在不同的声道里发声。没有做特效之前，每个素材都在两个声道里发声，现在是每个素材只在规定的声道各自发声。

8. 低通

是过滤高频率的声音，通过低频率的声音。

9. 高通

作用是过滤低频率的声音，通过高频率的声音。

下面利用"低通"特效和调整增益来制作一个超重低音（低音炮）的效果。

步骤1：导入音频素材"超重低音"。

步骤2：将音频素材拖放到音频1轨道，仔细听一遍。

步骤3：再次将音频素材拖放到音频2轨道。

步骤4：右键音频2轨道上的素材，在弹出的菜单中选择"重命名"，将素材改名为"低音"。

步骤5：打开"音频特效"文件夹，在立体声"Stereo"文件夹中选中"低通"（Lowpass）特效，拖放到音频2轨道上。

步骤6：打开特效控制台窗口，对"低通"特效进行参数设置：将屏蔽度设置为300，使300Hz以上的声音被过滤掉，如图9-18所示。

| 图9-18 | 图9-19 |

步骤7：回到时间线窗口，右击音频2轨道上的"低音"素材，在弹出的快捷菜单中选择"音频增益"（Audio Gain），在弹出的对话框中将"设置增益为"改为10dB，然后单击"确定"。如图9-19所示。目的是把低音放大。

播放剪辑，可感觉到沉重的鼓点声，仿佛一股强大的气流从音响里传出。

10. 去除指定频率

可以用来协调并清除某个指定的频率。比如在电源线或者设备没有正确接地或者屏蔽时，音频文件会产生"嗡嗡"的电流声，那么可以通过这个特效来消除这种噪音。在特效控制台窗口中将其"中值"参数改成50即可。因为我国电力系统所使用的电源频率是50Hz，所产生的噪音频率也是50Hz，那么消除电流干扰就是指定频率50Hz。

还有一些没有提及的音频特效请读者自己去做试验，听听各种效果。没有哪一种特效具有破坏性，它们都不改变原来的音频素材，觉得不好玩清除即可。可以向单个素材添加任意多个特效、改变参数，然后删除它们，从头再来。这样会很快提高制作技巧。

9.3 音频素材的编辑

和视频素材一样，除了运用特效外，还可以对音频素材进行编辑。

9.3.1 解除视音频链接

解除视音频链接的方法在本书第2章的内容中已经讲过，此处简述这两种方法。

1. 在时间线窗口的视音频轨道上直接操作

步骤1：导入素材"MTV"。

步骤2：将导入的素材"MTV"拖放到时间线窗口的视频1轨道上，这时会发现音频轨道上也有素材。拖动视频轨道上的画面，音频轨道上的声音也会随之拖动，说明音、视频素材是关联在一起的。一般来说，摄像机拍摄的每一个镜头都包含着图像（画面）和声音。而在编辑过程中，除了少数情况需要使用声音与画面保持同步（同时切换），绝大部分情况下都使用声画分离的剪辑方法，使得节目中的听说双方的交流具有互动感，使得影视空间更具立体感、真实感。

步骤3：右键视频（或者音频）轨道上的素材，会发现音频（或者视频）轨道上的素材也被选中，在弹出的菜单中选择"解除视音频链接"选项。

步骤4：用鼠标在时间线轨道上的任意空白处点击一下，使视音频素材处于未被选中状态，让它们彻底分开。

步骤5：拖动音频轨道上的素材，视频轨道上的素材不动，表示视、音频已经彻底分开。选中音频素材，按键盘上的Delete键删除或者右键/清除，将音频素材从时间线的音频轨道中删除，或者将音视频错开位置。

2. 在源素材窗口解除视音频关联

步骤1：首先导入素材。

步骤2：在项目窗口双击导入的素材，素材便被导入到源素材窗口（或者在项目窗口直接用鼠标将导入的素材拖拽到源素材窗口）。这时在源素材窗口下边的功能控制面板中出现"仅拖动音频"和"仅拖动视频"两个图标，如图9-20所示。

图 9-20　　　　　图 9-21

图 9-22

步骤3：分别在源素材窗口按住"仅拖动音频"和"仅拖动视频"不放，将音频拖放到音频轨道上（如图9-21所示），将视频拖放到视频轨道（如图9-22所示）。

这样视音频就分开了，可以单独设置剪辑点了。

9.3.2　改变音频素材的长度

改变音频素材的长度与改变视频的"活动影像"方法一致。

方法一：用鼠标选中编辑界面右下方的"工具栏"中的"速率伸缩"工具（见图9-23），然后将鼠标移到音频轨道上的素材的末端，待鼠标出现如图9-24所示的图标时，按下鼠标不放向右（后）拖拽，便将音频素材延长。

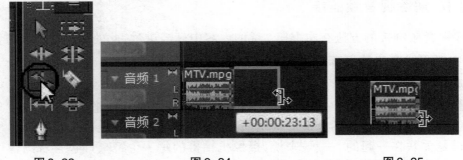

图9-23　　　　　　　图9-24　　　　　　　图9-25

如果要剪短（缩短）音频素材，可以直接将鼠标移到素材的首、尾两端，待鼠标出现如图9-25所示的图标时，按下鼠标不放向右（后）或向左（前）拖拽，便将音频素材剪短。

方法二：在时间线窗口的音频轨道上单击音频素材，在弹出的菜单中选择"速度/持续时间"，在弹出的对话框中设置"持续时间"的长短或者"速度"的快慢。然后按"确定"按钮。如图9-26所示。

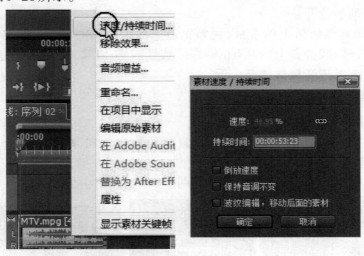

图9-26

这里要注意的是：改变音频素材的速度时，不仅改变了音频素材的长度，而且改变了原有声音的频率。可以把男声变成女声，反之也行。加快播放速度而使音频素材"缩短"与通过设置出点、入点或者用剃刀工具将音频素材"剪短"不是一个概念,"剪短"只是切断素材,但不改变速度,也就不会改变声音的频率,声音是正常的。"缩短"则改变了声音的频率。

9.3.3 调整音频增益

调整"音频增益"是指调整音频信号电平的强弱,它直接影响声音的大小。如果在前期拍摄过程中没有设置好录音的电平而出现的音量过大或者过小的缺陷,那么就需要通过"音频增益"来调整声音的大小。此外,如果一条音频轨道上有多个音频素材或者一段剪辑有多个音轨,而各音轨、各段素材的声音大小不一,也需要通过"音频增益"使它们平衡,消除或大或小的缺陷。

在 Premiere Pro CS4 编辑界面的右侧有一个音频增益浏览面板,又叫主音频计量器。当把素材拖放到时间线窗口并在节目窗口播放素材时,可以浏览音频电平的变化状况,如图9-27所示。它以两个柱状来表示当前音频电平的强弱,若音频的音量有超出安全范围的情况(柱状顶部出现两个红色方块),如图9-28所示,表示音量过大,会产生声音失真甚至损坏设备,需要减小增益。如果变化幅度较小,表示音量较小,听不清楚,则需要加大增益。

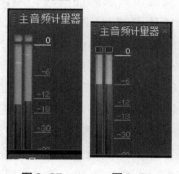
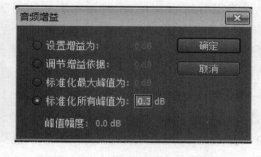

图 9-27 　　 图 9-28 　　　　　　　 图 9-29

浏览面板只能浏览而不能调节音频增益,调节音频增益的方法是:选中需要调节的音频素材,然后右键,在弹出的菜单中选择"音频增益"(或者单击菜单栏"素材"/"音频选项"/"音频增益"),在弹出的对话框中设置调整的增益参数,如图9-29所示。其中的几个参数的作用分别为:

设置增益为(Set Gain to):默认值为0,该选项将音频素材的整体增益峰值加大或减弱到创作者设置的参数。

调整增益依据(Adjust Gain to):默认值为0,在没有使用"设置增益为"选项之前,设置"调整增益依据(Adjust Gain to)"的作用与设置"设置增益为(Set Gain to)"选项的作用相同。但是当设置了"设置增益为(Set Gain to)"参数以后,再设置"调整增益依据(Adjust Gain to)"的参数时,将会在"设置增益为(Set Gain to)"的参数的基础上设置素材的音频增益,以反映实际应用到音频素材的实际增益值,如图9-30所示。

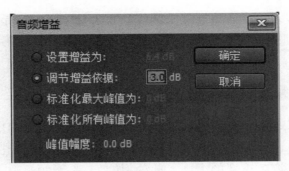

图 9-30

标准化最大峰值为（Normalize Max Peek to）：默认值为 0，用于控制音频增益的最大峰值，只对最大峰值起限制作用。

标准化所有峰值为（Normalize All Peek to）：用于调整整个音频素材的音频增益的峰值，常用于一次选择多个音频素材的平衡。这个功能把所选择的所有素材调整到一个统一的所需要的峰值。

9.3.4　创作 J 切换效果或 L 切换效果

在一个节目的编辑过程中，并不总是把一个镜头的声音或画面同时切换，我们会经常使用声音的串剪技巧，即所谓的捅声法和拖声法。所谓的 J 切换和 L 切换就是在剪辑过程中，采用捅声法和拖声法，使一个镜头的声音与画面的剪辑点（出入点）分开设置。捅声法是把下一个镜头的声音提前，与上一个镜头的画面相配合。也就是画面上是上个镜头的内容，而声音则是下个镜头的声音，以造成"未见其人先闻其声"的过渡效果，使剪辑不仅过渡自然流畅而且具有一定的悬念，因在时间线窗口视、音频的剪辑点呈 J 形状（声音的剪辑点在前，而画面的剪辑点在后），所以称为 J 切换。而拖声法则是将上个镜头的声音拖到下个镜头的画面上，即下个镜头开始的画面与上个镜头的声音配合，因在时间线窗口视、音频的剪辑点呈 L 形状，故称为 L 切换。比如人物之间的对话，甲在说话的时候，可以把镜头的画面换成乙的画面，这样可以很好地表现听说双方的呼应关系，既能听到说话人说的内容，也能看到听话人的表情动作。所以 J 切换和 L 切换常用于人物对话的剪辑和段落场景转换剪辑。

下面做一个 J 切换（捅声）。

步骤 1：导入素材"拖声讲话"和"注视"两个素材。

步骤 2：将"拖声讲话"拖放到时间线窗口的视频 1 轨道。播放素材，我们发现声音是一个人的一段完整讲话，声音的剪辑点（入点和出点）分别是音频 1 轨道上的开始点和结束点。但是和它组合的画面却是好几个镜头的组合。这段剪辑已经运用了拖声和捅声。前面是一个室外摇镜头，到 7 秒 13 帧才出现说话人的形象，这时候才声画同步。下面要把"注视"这个镜头的画面部分插入到摇镜头中间。

步骤 3：在项目窗口双击素材"注视"，使其在源素材窗口显示。如图 9-31 所示。这是一个既有画面又有声音的视听素材，长度 1 秒 11 帧。

步骤4：将时间定位指针移到00：00：04：17处，用鼠标在源素材窗口将"注视"的画面部分拖放到视频轨道的时间定位指针处，覆盖一段（1秒11帧）摇镜头的画面，如图9-32所示。这是声画交错剪辑比较简便的方法，需要声音拖声音，需要画面拖画面。

图 9-31　　　　　　　　　　　　　　　　　图 9-32

注意：这里不能使用源素材窗口的"插入"或者"覆盖"按钮，因为使用这两个按钮会把"注视"的声音也同时插入或覆盖到音频1轨道。一般情况下，如果要做人物对话的交错剪辑（拖声或插声）先把两个镜头的视音频解除关联，然后分别设置视频和音频的出入点。

9.4　调 音 台

除了上述对声音的调整外，还可以利用调音台来编辑音频素材。调音台是一个看上去很像调音台硬件设备的软件，也就是说Premiere Pro把原来属于硬件设备的功能软件化，通过这个软件操作达到原来硬件设备的效果。

9.4.1　认识调音台

进入系统编辑界面后，在上中部的与"源素材"窗口和"特效控制台"窗口集成的还有"调音台"面板。它由若干轨道控制器、主音频控制器和播放控制器等组成，如图9-33所示。

图 9-33

下面对面板中的主要参数和主要功能作简要介绍。

1. 轨道音频控制器

轨道音频控制器用于调节与其对应轨道上的音频素材,如图9-34所示。控制器1对应音频1轨道,控制器2对应音频2轨道,以此类推。时间线窗口有几条音频轨道,调音台面板就有几个音频控制器,如果在时间线窗口增加音频轨道,调音台面板便自动添加相应的控制器。轨道音频控制器由控制按钮、声道调节滑轮和音量调节滑块组成。

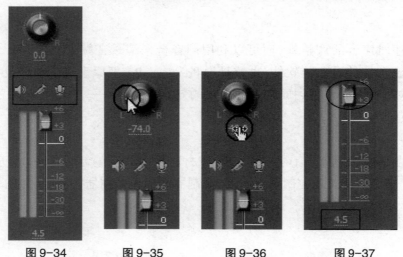

图 9-34　　　　图 9-35　　　　图 9-36　　　　图 9-37

（1）控制按钮。控制按钮是位于控制器上方的三个按钮,用于控制调节状态,如图9-34所示。

静音轨道 🔊:选中静音轨道,该轨道被设置为静音状态。

影视非线性编辑教程

独奏轨道 ：选中该按钮，其他没选中独奏按钮的轨道会自动设置为静音状态，可以一次只选择一个轨道，也可以一次选择几个轨道，凡没选中的音轨都设为静音。

激活录音 ：可以利用输入设备将声音直接录制在目标轨道上。

（2）声道调节旋钮。如果音频素材是双声道音频，可以使用声道调节旋钮调节播放声道。向左拖动旋钮（如图9-35所示，可以用鼠标直接拖动旋扭，也可以用鼠标左右移动改变数值，如图9-36所示），输出左声道声音增大（左声道数值为负数），向右拖动旋钮，输出到右声道的声音增大（右声道数值为正数）。

（3）音量调节滑块。通过音量调节滑块可以控制当前轨道音频素材的音量。默认值为0dB，向上拖动滑块，增加音量，向下拖动，减小音量。也可以直接修改下方的数值，如图9-37所示。

注意：向上拖动时不要超过安全值范围，当音量表上方的小方块出现红色时，表示音量超出安全范围。

使用主音频控制器（调音台最右边控制器）可以调节时间线窗口所有音轨上的音频素材。如图9-33所示最右侧的控制器。

2. 自动控制

"自动控制"位于"标题"下面，是调音台的重要组成部分，它能在播放当前所有音频轨道时根据需要实时控制音频，以及修改音频音量和左/右平衡值。自动控制功能的执行结果会在时间线窗口的轨道上表现为关键帧。自动控制包含5个选项，默认为"只读"，如图9-38所示。选择不同类型会得到不同的结果。

图9-38   图9-39

关（Off）：关闭模式。系统会忽略当前音频轨道上的调节，只按原来的默认值播放，只起到浏览音频作用。

只读（Read）：在"只读"状态下，系统会读取当前音轨上的调节效果，但是不能记录音频调节过程。

在"锁存""触动""写入"三种方式下，都可以实时记录音频调节。

锁存（Latch）：使用"锁存"功能后，系统可自动记录对数据的调节。再次播放音频时，音频可按之前的操作进行自动调节。

触动（Touch）：使用"触动"功能时，在播放过程中，调节数据后，数据会自动恢复初始状态。

写入（Write）：这是一项重要的功能，自动记录实时调节的音频，每调节一次，下一次调节时调节滑块停留在上一次调节后的位置。要在混音器中激活需要调节轨道自动记录状态，一般情况下选择"写入"功能。

3. 播放控制

在调音台面板底部有一排控制按钮 ，其用法与监视器窗口中对应的按钮功能相同，不再赘述。

9.4.2　调音台的基本操作

1. 利用"自动控制"功能导入素材、调节声道和音量

步骤1：导入一段音频素材，并将素材从项目窗口拖放到时间线窗口的音频1轨道。

步骤2：展开音频1轨道，并扩大音频1轨道的高度（将鼠标移到音频1和音频2轨道头的交界处，待鼠标出现如图9-39所示的图标时，按下鼠标左键不放并往下拉动）。

步骤3：单击音频1轨道左边的 "显示关键帧"按钮，在弹出的菜单中选择"显示素材关键帧"，如图9-40所示。

图9-40　　　　　　　　　　　　　　　　　　　图9-41

步骤4：将调音台上"音频1"轨道的自动控制模式设定为"写入"，然后单击调音台的播放按钮，或者直接按键盘上的空格键就可以播放音频。

步骤5：在播放过程中分别拖动"向左/向右平衡"旋钮，可以明显的听见声音在左右声道之间来回切换，停止播放后可以在时间线窗口的音频1轨道上显示刚才生成的轨道关键帧，也就是说系统把刚才的调节实时记录下来。

步骤6：再次从头播放素材，将音量滑块上下移动，可以听到音量大小不断变化，停止播放，音量关键帧也显示在音频轨道上，如图9-41所示。

2. 在调音台窗口添加音频特效

步骤1：导入一段音频素材，并将素材从项目窗口拖放到时间线窗口的音频1轨道上。

步骤2：打开调音台，展开音频1轨道左边的"显示/隐藏效果与发送"按钮，如图9-42所示，这将打开一组空白面板，如图9-43所示。上面空白部分是"显示特效"，使用它可以把特效添加到整个轨道，中间的空白部分是"发送"。

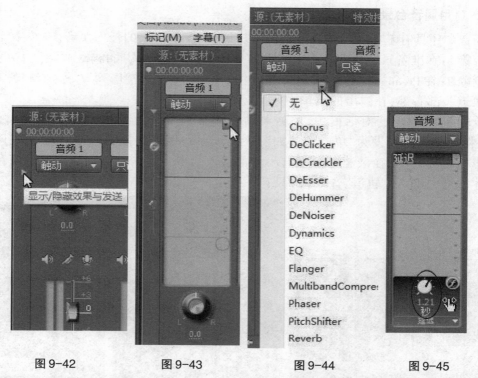

| 图 9-42 | 图 9-43 | 图 9-44 | 图 9-45 |

步骤3：在"显示效果"右上角点击"效果选择"按钮，如图9-44所示，在弹出的菜单中选择"延迟"，延迟特效被添加到面板中。

步骤4：用鼠标在面板下方调节延迟时间，如图9-45所示。

步骤5：再次点击右上角"效果选择"按钮，在弹出的菜单中选择混响"Reverb"，混响特效被添加到面板中，如图9-46所示。

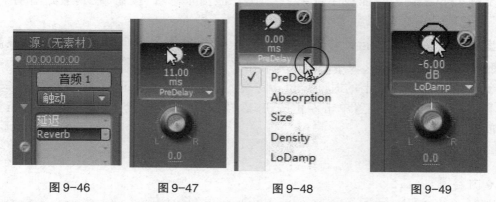

| 图 9-46 | 图 9-47 | 图 9-48 | 图 9-49 |

步骤6：在面板下方的效果参数调节处调整参数，先调节"PreDelay"参数，如图9-47所示。

步骤7：点击"参数调节选择"按钮，在弹出的菜单中选择"Lodamp"参数项，如图9-48所示。

步骤8：用鼠标在面板下方调节"Lodamp"，如图9-49所示。

3. 利用调音台录制声音

调音台还具有基本的录音功能，它可以录制由声卡输入的任何声音。

步骤1：在准备录音之前先将录音话筒连接到声卡的输入插孔。

步骤2：在Premiere Pro CS4编辑界面中，单击菜单命令"序列"/"添加轨道"（或在音频轨道头部右键，在弹出的菜单中选择"添加轨道"）。

步骤3：在弹出的对话框中，将音频轨道添加数量设为1，"放置"设为"跟随音频1"，并将"轨道类型"设为"单声道"，如图9-50所示。因为连接到PC机上的麦克风一般都是单声道的，并且在录制旁白（配音）时都输入为单声道信号。这时可以在调音台看到刚才添加的单声道轨道"音频2"（只有一条立柱），如图9-51所示。

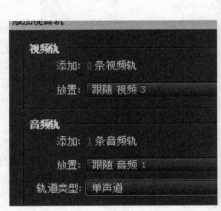  

图9-50   图9-51   图9-52

步骤4：单击调音台面板中音频2轨道 "激活录制轨"按钮，在其上方出现了"麦克风"可选项并选择麦克风，如图9-52所示。

步骤5：将时间定位指针移到需要录音的位置，单击调音台面板下方的 录制按钮，将看到按钮不断闪烁，表示已进入录音准备状态，然后单击 "播放"按钮。

步骤6：时间线轨道上的时间定位指针会向右移动并开始录音，对着麦克风开始录制配音，在需要停止的位置单击停止按钮，这样，录制的声音就会自动保存到项目窗口和时间线窗口的相应轨道。

◆ **内容提要**

本章从音频分类入手，详细介绍了音频的剪辑、特效处理、调音台等基本操作和实践技巧，读者可以通过音频剪辑和音频特效内容循序渐进地理解与实践，可以自己剪辑音频素材，可以通过"调音台"的音轨对剪接的素材进行配音，制作出视、音频配合的完整作品。

◆ **关键词**

"Mono"单声道　　"Stereo"双声道立体音　　"5.1"声道　　J切换效果　　L切换效果

◆ **思考题**

1. 什么是"Mono"单声道、"Stereo"双声道立体音和"5.1"声道？它们的关系是什么？
2. 如何使用音量控制线实现音频渐变？
3. 创建J切换效果的基本步骤有哪些？
4. 创建L切换效果的基本步骤有哪些？
5. 如何使用音频特效工具剪辑一首歌曲串烧？
6. 如何通过调音台的音轨为剪辑的素材进行配音？

第10章　输　出　剪　辑

【学习目标】

知识目标	技能目标
了解导出节目的基本方法	熟练掌握节目输出的基本操作步骤
了解常用文件格式	熟练掌握常用文件格式的输出方法和参数意义
了解输出网络媒体格式和单帧画面的方法	熟练掌握使用媒体编码器输出形式的基本方法

【知识结构】

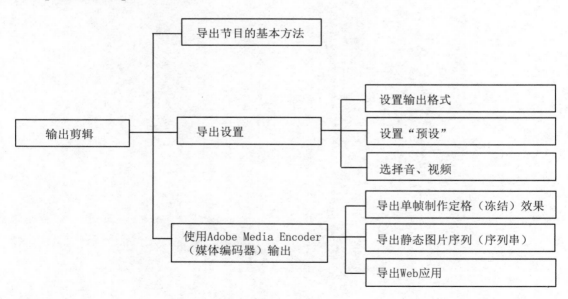

　　当我们在时间线窗口将剪辑工作完成后,还不能在其他任何播放器里播放,必须把它输出后才可以成为一个完整的视频,才能在其他播放器中播放。导出项目是影视制作的最后一个操作程序。

　　Adobe Premiere Pro CS4提供了多种导出方法,可以把编辑好的项目录制到磁带上,也可以转换成视频文件,或是刻录到DVD光盘上;也可以根据需要,选择导出单帧(静态图片)、系列帧(序列串)、某个片段或整个序列;还可以仅导出视频或仅导出音频。

从 Premiere Pro CS4 起,需要通过 Adobe Media Encoder 才能导出项目,这是一个可以自己独立运行或者从 Premiere Pro CS4 调用的独立应用软件。

10.1 导出节目的基本方法

当剪辑完成后,需要导出成品,基本方法如下。
步骤1:在时间线窗口或者项目窗口选择需要导出的序列(如果有多个序列)。
步骤2:单击菜单栏"文件"/"导出",弹出如图10-1所示对话框。

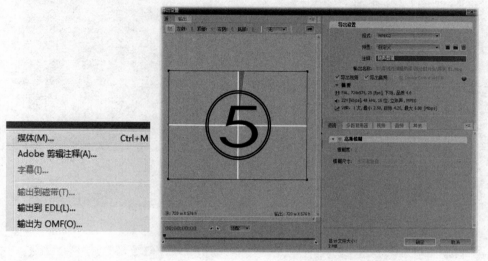

图 10-1   图 10-2

在导出文件菜单中,提供了多种导出选项。
➢ **媒体(M)/电影**:选择该选项,将打开输出设置面板,如图10-2所示,通过选择可以导出所有流行的媒体格式。
➢ **Adobe 剪辑注释(A)**:选择该选项将项目文件输出成 PDF 格式,进行评论。
➢ **字幕(T)**:将字幕导出为独立文件。因为 Premiere Pro 把字幕设计器创建的字幕作为一个文件存储在项目窗口,所以在多个项目中使用相同字幕的唯一方法就是将字幕作为文件导出。如果需要导出字幕,必须先在项目窗口选中字幕文件。
➢ **输出到磁带(T)**:如果需要把剪辑输出到磁带,需选择该选项。当然录制磁带的外接设备必须和计算机连接好。
➢ **输出到 EDL(L)**:使用该选项将创建一个 EDL 编辑决策表,以便将项目文件送到编辑机房进行精编。一般用于初编。
步骤3:选择"媒体(M)",进入"导出设置"对话框,如图10-2所示。
对话框分左右两部分,左边部分是输出项目的预览区,显示右边设置区域设置的基本输出信息;拖动预览区下面的进度条可以快速预览输出的视频。

对话框的右边是设置区域，用于对输出的项目进行设置。

步骤4：根据需要，在"导出设置"中设置"格式""制式"、存放路径等，然后点击"确定"按钮。如图10-2所示。

步骤5：系统自动启动Adobe Media Encoder（媒体编码器）导出程序，在Adobe Media Encoder（媒体编码器）面板中，单击"开始列队"按钮即可将当前序列输出为需要的文件。如图10-3所示。输出完成后，Adobe Media Encoder（媒体编码器）"状态"一栏显示为绿色的☑，如图10-4所示。

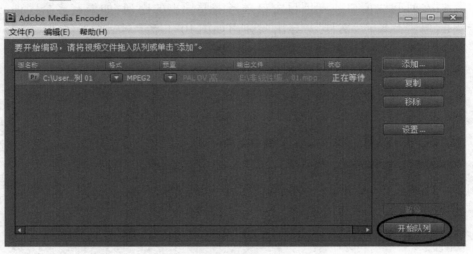

图10-3

图10-4

10.2 导 出 设 置

Adobe Premiere Pro CS4为创作者提供了丰富的影片输出格式。不同的格式，压缩的比例不同，所占硬盘空间的大小也不一样，画面质量也不相同。所以输出格式的选择要根据需要，慎重选择。下面将具体介绍一些常见的格式。

10.2.1 设置输出格式

在"导出设置"面板区域的"格式"选项右侧点击"选择格式"下拉菜单，弹出格式选择菜单,如图 10-5 所示。从中可以看出有视频格式也有音频格式,有静态格式也有可供电影影片和电视播放的格式,也有流媒体播放格式。

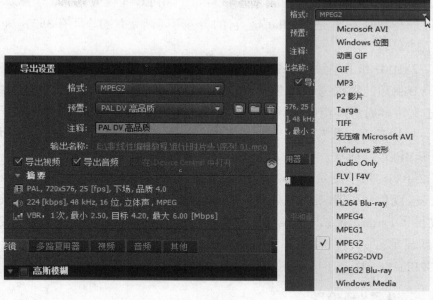

图 10-5

1. Microsoft AVI 格式

Microsoft AVI 格式与 QuickTime(在苹果机上使用)是编辑 SD(标清)视频最常用的两种格式。画面质量比较好,但是占用的磁盘空间很大。一分钟长度的 DV-PAL(4:3)的文件接近 200MB。

2. Windows 位图、GIF、TGA、TIFF

这些都属于静态图片文件。如果要输出静态文件,可以选择其中的一种格式。

3. 无压缩 Microsoft AVI

没有压缩的 AVI 格式,用于编辑制作 HD(高清)视频文件。

4. FLV／F4V

Flash 动画格式,基于网络传播的流媒体格式。

5. Windows Media

这是 Windows PC 机上最通用的视频格式,也是 Internet 最常见的视频播放格式。Mac 用户不能使用 Windows Media 导出。

6. MPEG 格式

MPEG(Moving Picture Experts Group,"运动图像专家组"首字母缩写)是 ISO(International Standardization Organization,国际标准化组织)和 IEC(International Electrotechnical Commission,国际电工技术委员会)下设的一个工作委员会。

MPEG 负责开发数字视频和音频压缩标准，它成立于 1988 年，已经发布了以下的多个压缩标准。

MPEG-1：Video CD 和 MP3 音频基于该标准。MPEG-1 视频达到 CD 音质和 VHS 品质的视频，最高数据速率是 1.5Mbit/s。它的分辨率（画幅尺寸）只有 352×240（大约是 DV 质量的 25%）。

MPEG-2：DVD 和卫星数字视频信号质量标准，标清视频的数据速率是 15～30Mbit/s（高质量 DVD 视频的数据速率通常达到 7～9Mbit/s），HD 信号的数据速率是 3～15Mbit/s。MPEG-2 还支持多通道环绕声音频编码。它适合于高清和隔行扫描视频。

MPEG-4：用于固定和移动网络的多媒体。其文件的扩展名为".3gp"，另外 H.264 格式也是使用 MPEG-4 标准。

MPEG2-DVD：用于刻录成 DVD 光盘的格式选择。该格式提供多种预设，为了找到合适的预设，既保证画面质量又不超过 DVD 光盘上 4.38GB 的空间限制，Adobe Media Encoder 提供了 Estimated File Size（估算文件大小），在每次改变预设或者自定设置时，它都会更新显示。

MPEG2Blu-ray：适合于准备用 Blu-ray Disc（蓝光 DVD）发行的高清视频。

10.2.2 设置"预设"

Adobe Premiere Pro 还为每种格式提供了多种制式的预设。相同的格式下选择不同的制式，其画幅大小、宽高比以及画面质量也是不相同的。所以选择格式重要，选择"预设"也很重要。

在"导出设置"面板中展开"预设"选项下拉菜单可以看出每种格式的不同预设。如图 10-6 所示。

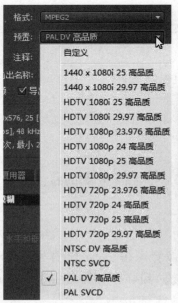

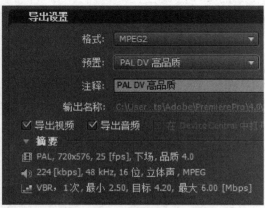

图 10-6 　　　　　　　　　　　图 10-7

影视非线性编辑教程

当我们在下拉菜单中选择某一种制式时,在下面的"摘要"栏中提供了相关的信息,如图10-7所示。比如将"预设"选为"PAL DV高品质",摘要如图10-7所示,基本信息包含视频尺寸的大小"720×576",时间基以及场优先等,音频的采样率、声道类型、格式等,还有VBR(可变速率)或CBR(固定速率)信息。

1440×1080i 25:画幅大小为1440×1080,也表现为画面的像素大小;25表示时间基,每秒运动(播放)25帧,这是PLA制式的时间基。29.97(30)是NTSC制式的,而24是电影格式。

HDTV 1080i是1920×1080的画幅尺寸,属于高清,像素达到两百多万。

这里要注意的是:画幅尺寸(像素)越大,输出时需要占用的磁盘(硬盘)空间就越大,输出需要的时间也长一些。如果编辑的源素材是DV格式的720×576,那么输出为1440×1080i是没有任何意义的,原素材的像素就比较低(40多万像素),所以输出后再大的画幅尺寸也改变不了原有的品质。

10.2.3 选择视、音频

除了"格式"的选择和"预设"的选择,还可以选择"导出视频""导出音频"。它可以只输出视频或只输出音频,当然也可以将视音频同时输出。如果不勾选"导出视频",而只勾选"导出音频",那么输出的只有音频,在"导出设置"对话框左边的预览区也看不到画面,所以输出时要根据需要来选择。

10.3 使用Adobe Media Encoder
(媒体编码器)输出

10.3.1 导出单帧制作定格(冻结)效果

步骤1:新建一个DV PAL制式、宽高比为4:3项目,命名为"定格"。

步骤2:导入素材"打球1",并将其从项目窗口拖放到时间线窗口的视频1轨道。

步骤3:在节目窗口点击 ▶ "播放/停止"按钮播放素材,当播放到00:00:07:17时(画面中人物跳起上篮的最高处),再次点击 ▶ "播放/停止"按钮,停止播放(可以用 ▶| "步进"或 |◀ "步退"按钮精确定位),如图10-8所示。下面将把时间定位指针处的这帧画面输出。

步骤4:单击菜单栏"文件"/"导出"/"媒体",在弹出的"导出设置"对话框中设置"格式"为"Windows位图",将"预设"设置与序列设置保持一致,设为"PAL位图",输出名称设为想要的路径和名称,如图10-9所示。

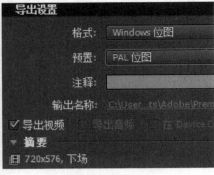

图 10-8   图 10-9

当然除了"Windows 位图"（其扩展名为".bmp"）外，还可以选择前面所说的 GIF、TGA、TIFF 等格式，设置为静态图片格式时，"导出音频"不可选。

设置完成后点击对话框下面的"确定"按钮，系统自动启动 Adobe Media Encoder 并添加到渲染队列。

步骤 5：单击"开始列队"按钮导出。也有的版本在导出单帧时，直接输出而不需要使用 Adobe Media Encoder。

步骤 6：导入刚才输出的单帧。

步骤 7：在项目窗口双击导入的单帧画面，使其在源素材窗口显示。

步骤 8：在源素材窗口将时间定位指针移到 00：00：02：00 处，点击 ![按钮] "设置出点"按钮，设置出点（也可以只设置入点）。入点为素材的起始点，系统默认的。系统默认的出点是素材的结束点。此步的目的是要保持定格时间为 2 秒。

步骤 9：点击源素材窗口下面的 ![按钮] "插入"按钮，将源素材窗口剪辑的 2 秒钟静态画面插入到时间线窗口的 00：00：07：17 处。如图 10-10 所示。

图 10-10

步骤 10：在节目窗口从头播放剪辑，发现播放到 7 秒 17 帧（跳起上篮最高）处，动作定格 2 秒，2 秒钟后动作继续，动作过程没有中断省略。这是在动作过程中定格，体育节目中最为常见。如果定格用作镜头的结束，常用于定格转场。

10.3.2　导出静态图片序列（序列串）

在 Premiere Pro CS4 编辑系统中，还可以将视频导出为图片序列，即将视频画面的每一帧都分别导出为一张静态图片。这一系列图片的每一张都有一个自动编号，导出的序列图片可用于 AE 或 3D 软件的动态贴图等，还可以方便移动和存储。导出序列图片的操作方法与导出静态图像相似，包括"Windows 位图"、GIF、TGA、TIFF 等序列图片。

步骤1：在时间线窗口确定并选择要导出的序列。

步骤2：点击菜单命令"文件"/"导出"/"媒体"，进入"导出设置"对话框，在"格式"下拉菜单中选择 TGA，"预设"设置为"PAL 位图"。

步骤3：在"视频"参数面板中勾选"导出为序列"，这是导出图片序列最为关键的一步，如图 10-11 所示。

步骤4：在"帧速率"下拉菜单中选择需要的数值。数值大，导出的图片张数就多。PAL 制式通常选择 25，即一秒钟的视频输出为 25 张图片，每张图片自动编号。设置完成后单击"确定"按钮，系统自动启动 Adobe Media Encoder 并添加到渲染队列。

步骤5：单击"开始列队"，文件自动形成 TGA 文件序列，如图 10-12 所示。

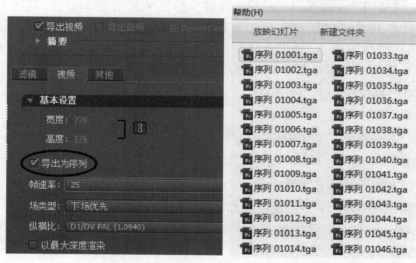

图 10-11　　　　　　　　　　　　　图 10-12

10.3.3　导出 Web 应用

针对网络传输需要，Adobe Premiere Pro CS4 也提供多种视音频导出和编码选择。我们这个例子是把视频导出为 Adobe Flash Video。

Adobe Flash Video 是基于 Adobe Flash Player 的技术，所以它可以在任何一台支持 Flash 的计算机浏览器上播放。

步骤1：在时间线窗口确定并选择要导出的序列。

步骤2：点击菜单命令"文件"/"导出"/"媒体"，进入"导出设置"对话框，在"格式"下拉菜单中选择 FLV／F4V，"预设"设为在"Adobe Media Player、Flash Player 9.0.r115 和更高版本中播放的编码内容"，如图 10-13 所示。

图 10-13　　　　　　　　　　图 10-14

步骤 3：单击"确定"按钮，系统自动启动 Adobe Media Encoder 并添加到渲染队列。

步骤 4：单击"开始列队"，生成的文件如图 10-14 所示。

◆ **内容提要**

本章重点介绍了 Premiere Pro CS4 自带的输出功能的基本方法，简述了 Premiere Pro CS4 输出各种格式的媒体文件的方法、设置与注意事项，着重了解了使用 Adobe Media Encoder（媒体编码器）导出单帧制作定格（冻结）效果，导出静态图片序列（序列串），导出 Web 应用的基本操作步骤。通过输出剪辑的学习，读者可以真正让人们欣赏到编辑出来的影视作品。

◆ **关键词**

Microsoft AVI 格式　　MPEG 格式　　媒体编码器　　序列串　　Web 应用

◆ **思考题**

1. 输出节目的基本方法有哪些？

2. 如何输出 VCD 和 DVD？主要操作区别是什么？

3. 在 Premiere Pro CS4 中输出的网络媒体格式有哪些？输出的基本操作有哪几步？

4. 如何导出单帧定格效果？

5. 如何导出静态图片（序列串）？

第11章　综合技能拓展

【学习目标】

知识目标	技能目标
了解影视后期制作创作流程	熟练使用"边角固定"特效制作在"电脑"中播放视频
了解在剪辑过程中会用到的一些有效技巧	熟练掌握火箭发射倒计时制作过程
了解在编辑影片时关于画面效果的注意事项	熟练制作宣传片头

【知识结构】

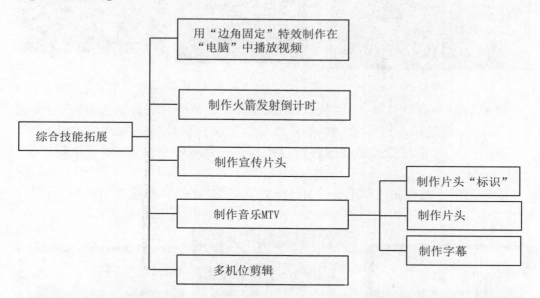

前面我们完整地介绍了影视节目后期制作从"采集素材"到"节目输出"的创作流程。为提高制作的综合技能,本章通过几个创作实例把前面所介绍的各部分的分散知识点串起来,达到巩固基础、强化技能、拓展创新的训练目的。

11.1 用"边角固定"特效制作
在"电脑"中播放视频

步骤1：新建一个编辑模式为DV PAL制式，宽高比为4∶3的项目，将项目命名为"电脑播放"。

步骤2：导入素材。单击"文件"/"导入"，在弹出的对话框中选择"E盘"/"非编素材"/"桂林风光图片"，将"桂林风光5.gif""桂林风光6.gif""桂林风光7.gif"图片选中，单击"打开"按钮，将图片导入"项目"窗口。

步骤3：在项目窗口点击"桂林风光5.gif"，我们可以在素材的浏览面板中看到其基本信息，其中画面大小为720×480，如图11-1所示，而我们创建的项目是720×576画幅尺寸，所以接下来要调整画面尺寸。

  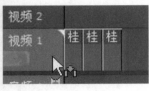

图11-1   图11-2

步骤4：在项目窗口将导入的"桂林风光5.gif"等三幅图片全部框选，然后对准选中的某一素材按住鼠标左键不放，将选中的三个素材一次性拖到视频1轨道，入点为00∶00∶00∶00，三个素材会按照在项目窗口排列的先后顺序在视频1轨道上顺序排列。如图11-2所示。

步骤5：在视频1轨道上框选三个素材，然后右键，在弹出的菜单中选择"适配为当前画幅大小"，画面在节目窗口的显示如图11-3所示，画面还是没有充满画框。

图11-3   图11-4   图11-5

步骤6：在视频1轨道上分别单击三个素材，展开其特效控制台窗口，再展开"运动"

效果,将"缩放比例"调整为110,如图11-4所示,使画面充满画框,画面大小在节目窗口的显示如图11-5所示。

　　步骤7:在视频1轨道上框选三个图片,然后右键,在弹出的菜单中选择"速度/持续时间",在弹出的对话框中设置"持续时间"为00:00:05:00,并勾选"波纹编辑,移动后面的素材"选项,单击"确定"按钮。如图11-6所示。

图 11-6

图 11-7

　　步骤8:在"项目"窗口的空白处右键鼠标,在弹出的对话框中选择"E盘"/"非编素材"/"桂林风光"文件夹,将其中的"桂林风光4.mpg""漓江5.mpg""漓江7.mpg"视频选中,单击"打开"按钮,将三个视频导入"项目"窗口。

　　步骤9:在项目窗口将"桂林风光4.mpg""漓江5.mpg""漓江7.mpg"视频全部框选,然后对准选中的某一素材按住鼠标左键不放,将选中的三个视频素材一次性拖到视频1轨道,入点与"桂林风光7.gif"出点相接,三个视频素材会按照在项目窗口排列的先后顺序在视频1轨道上顺序排列。

　　步骤10:单击节目窗口的播放按钮,浏览素材。当播放到00:00:30:05时,会发现素材"漓江5.gif"实际上是由两个镜头组成的。00:00:30:05是一个剪辑点,前一个镜头是远景,结尾晃动幅度比较大,影响观看效果,需要把晃动的几帧剪掉。把时间定位指针定在00:00:29:23处(此处画面不抖动了),用鼠标点击编辑界面右下角"工具栏"中的 "剃刀"工具,再将鼠标移到时间定位指针所在的00:00:29:23处,鼠标变成"剃刀"状,单击鼠标左键,将素材"漓江5"一剪两断。

　　步骤11:单击节目窗口的 "播放/停止"按钮,继续浏览素材。当播放到第二个镜头出现全景画面时(即00:00:30:05)再次单击 "播放/停止"按钮,停止播放(可以用 "步进"或 "步退"按钮精确定位),再用 "剃刀"对准时间定位指针处的素材剪一刀,将素材"漓江5.gif"剪成三段。

步骤12：用鼠标点击屏幕右下角"工具栏"中的 "选择"工具，然后将鼠标移到素材"漓江5"的中间（即00：00：29：23至00：00：30：05）一段，右键鼠标，在弹出的菜单中选择"涟漪（波纹）删除"，将这几帧抖动较大的画面删除，后面的素材自动向前靠拢。

步骤13：素材浏览完毕后，给各素材之间添加视频切换效果。打开特效面板的"视频切换"/"3D运动"文件夹，将"门"特效拖放到"桂林风光5.gif"与"桂林风光6.gif"之间，单击时间线上"门"特效，弹出其"效果控制"窗口，将切换效果的"持续时间"设为00：00：03：00；"对齐"设为"居中对齐"；将"反转（向）"右边的复选框勾选，这样让"门"产生打开而不是关闭的效果，如图11-7所示。

步骤14：将"3D运动"文件夹中的"窗帘"特效拖放到"桂林风光6.gif"与"桂林风光7.gif"之间，单击时间线上"窗帘"特效，弹出其"效果控制"窗口，将切换效果的"持续时间"设为00：00：03：00，"对齐"设为"居中对齐"。

步骤15：将"伸展"文件夹中的"交叉伸展"特效拖放到"桂林风光7.gif"与"桂林风光4.mpg"之间，单击时间线上"交叉伸展"特效，弹出其"效果控制"窗口，将切换效果的"持续时间"设为00：00：03：00，"对齐"设为"居中对齐"。

步骤16：将"滑动"文件夹中的"漩涡"特效拖放到"桂林风光4.mpg"与"漓江5.mpg"之间，单击时间线上"漩涡"特效，弹出其"效果控制"窗口，将切换效果的"持续时间"设为00：00：03：00，"对齐"设为"居中对齐"。

步骤16：将"缩放"文件夹中的"缩放"特效拖放到"漓江5.mpg"后半段与"漓江7.mpg"之间，单击时间线上"缩放"特效，弹出其"效果控制"窗口，将切换效果的"持续时间"设为00：00：03：00，"对齐"设为"居中对齐"。这里的切换效果的"持续时间"是相同的，都是三秒，可以进行统一设置。

步骤17：单击"文件"/"新建"/"序列"，新建一个"序列02"。

步骤18：在"项目"窗口的空白处右键鼠标，在弹出的对话框中打开"E盘"/"非编素材"/"非编图片"文件夹，将"电脑.jpg"图片选中，单击"打开"按钮，将图片导入"项目"窗口。

步骤19：将素材"电脑"从"项目"窗口拖到序列2中的视频1轨道，将"序列01"从"项目"窗口拖到"序列02"的视频2轨道，使视频1轨道上的"电脑"素材与视频2轨道上的素材等长，如图11-8所示。

图11-8

步骤20：打开"视频特效"文件夹，将"扭曲"文件夹中的"边角固定"特效拖放到视频2轨道中的"序列1"上。

步骤21：点击视频2轨道中的"序列01"，打开"特效控制台"窗口，用鼠标点击"边角固定"特效的名称,使其反黑显色。这时在节目窗口的四个角上出现带十字的圆圈,如图11-9所示。

图 11-9

步骤22:将左上角的圆圈拖到"电脑"屏幕的左上角;将左下角的圆圈拖到"电脑"屏幕的左下角;右上角的圆圈拖到"电脑"屏幕的右上角;右下角的圆圈拖到"电脑"屏幕的右下角。如图11-10所示。如果发现拖放不到位,可以不断调整,直到跟"电脑"屏幕相匹配。如图11-11所示。

图 11-10

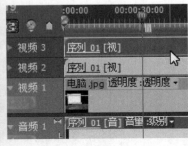

图 11-11　　　　　　　　　　　　　　　　图 11-12

注意：这里的"电脑"屏幕不是矩形，而是一个梯形，所以要用"边角固定"特效来改变素材的形状。如果是矩形，直接改变"运动"特效的"宽""高"比例及位置即可。"边角固定"特效可以把矩形变成任意四边形甚至变成三角形（使其中的两个边角重合或重叠）。下面将在桌面上制作一个倒影。

步骤 23：复制视频 2 上的"序列 1"，放到视频 3 轨道上。做法是：右键视频 2 上的"序列 1"，在弹出的菜单中选择"复制"，将时间定位标尺移到视频 1 轨道的空白处（"电脑"素材的末端即可），然后按键盘上的组合键"Ctrl＋V"进行粘贴。再将粘贴的"序列 1"拖到视频 3 轨道，如图 11-12 所示。

步骤 24：右键视频 3 轨道上的素材，在弹出的菜单中选择"重命名"，将其命名为"倒影"。

步骤 25：将"视频特效"中的"变换"文件夹中的"垂直翻转"特效拖到视频 3 轨道上的"倒影"上，效果如图 11-13 所示。

图 11-13　　　　　　　　　　　　　　　　图 11-14

步骤26：选中（单击）"倒影"，打开"特效控制台"窗口的"运动"特效，设置素材"倒影"的"位置"和"旋转"的参数分别为（378.4，532）和-12，如图11-14所示。节目窗口的效果如图11-15所示。由于是桌面反光而不是镜面反射，倒影不应该这么清晰，所以再将"透明度"参数设为21。

图 11-15

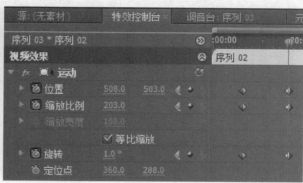

图 11-16

下面再给"电脑"的屏幕做一个"推、拉镜头效果"。这需要用到序列嵌套。

步骤27：单击"文件"/"新建"/"序列"，新建一个"序列03"。

步骤28：将"序列02"从"项目"窗口拖放到"序列03"的视频1轨道，入点为00∶00∶00∶00，如图11-15所示。

步骤29：选中（单击）"序列03"视频1轨道上的素材，使"特效控制台"窗口打开，再把时间定位指针移到00∶00∶09∶00位置，设置"位置""比例"和"旋转"的关键帧，打开这三个选项的关键帧开关即可，保持原参数不变，这个时间点为推镜头的起点。

步骤30：把时间定位指针移到00∶00∶22∶19位置，设置"位置""缩放比例"和"旋转"的第二个关键帧分别为（508，503）、203、1°，使"电脑屏幕"充满节目窗口并成为"推镜头"落幅的开始点，如图11-16所示。

步骤31：把时间定位指针移到00∶00∶25∶19处，设置"位置""缩放比例"和"旋转"的第三个关键帧分别为（508，503）、203、1°，与第二个关键帧参数保持一致，使其成为"推镜头"落幅的结束点和"拉镜头"起幅的开始点。如图11-17所示，左图是参数关键帧设置，右图是画面效果。

图 11-17

步骤32：把时间定位指针移到00∶00∶35∶05位置，设置"位置""缩放比例"和"旋转"的第四个关键帧分别为(360,288)、100、0°。还原素材原状,使其成为拉镜头的落幅。

图 11-18

这里只有通过序列嵌套,才能把"序列02"上的三个轨道上的剪辑同时放大或缩小,并同时改变位置,产生推、拉镜头的运动效果。

11.2 制作火箭发射倒计时

本小节介绍如何制作火箭发射时的倒计时片头。

效果组图如下:

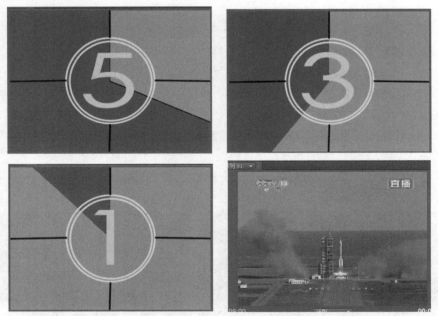

图 11-19

步骤1:新建一个编辑模式为DV PAL制式、宽高比为4:3的项目,将项目命名为"倒计时片头"。

步骤2:点击菜单栏"编辑"/"首选项"/"常规"命令,在弹出的对话框中将"视频切换默认持续时间"选项设为25帧,将"静态图像默认持续时间"选项设为25帧。然后单击"确定"按钮。如图11-20所示。

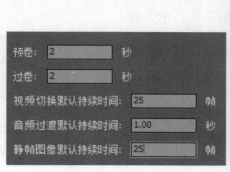

图 11-20   图 11-21

步骤 3:单击"文件"/"新建"/"通用倒计时片头",弹出对话框"新建通用倒计时片头",将"时基"改为25fps,如图11-21所示。单击"确定"按钮,弹出"通用倒计时片头设置"对话框。

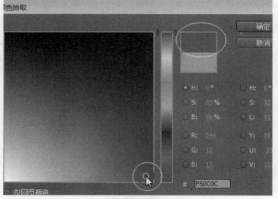

图 11-22

步骤 4:在"通用倒计时片头设置"对话框中进行设置:

①用鼠标点击"划变色"颜色框(如图11-22左图所示),弹出"颜色拾取器"。在"颜色拾取器"中选择红色,单击"确定"按钮(如图11-22右图所示)。

②仿照①用鼠标点击"背景色"颜色框,在弹出的"拾色器"中选择绿色,单击"确定"按钮。

③用鼠标点击"数字色"颜色框,在弹出的拾色器中选择黄色,单击"确定"按钮。

④分别将"出点提示"和"音频"里的"倒数第二秒提示音"选项左边的复选框里的☑"勾"取消。

⑤将"每秒开始时提示音"左边复选框☑勾选上。再点击"确定"按钮。

设置效果如图11-23所示。

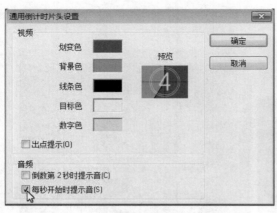

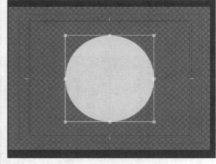

图 11-23 图 11-24

步骤 5：将"通用倒计时片头"从"项目"窗口拖到时间线上浏览，发现倒计时的数字是从 8 开始至 2 结束，却没有 1，不符合倒计时常规，仿佛提前一秒钟开始。直接调用系统自动生成的倒计时片头不方便，下面我们照刚才的模式自己动手做一个"倒计时片头"。

步骤 6：打开字幕窗口，新建一个名为"5"的字幕，做一个倒数 5 个数的片头。

步骤 7：用鼠标选中绘图工具栏中的"椭圆"工具，在字幕设计器中画一个正圆（同时按住键盘上的"Shift"键），将直径（宽和高）设为 365，如图 11-24 所示。

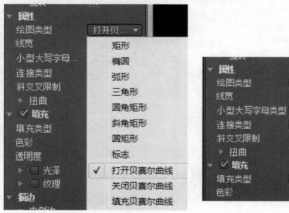

图 11-25

步骤 8：将"属性"中的"绘图类型"右边的下拉三角形展开，打开下拉菜单，在下拉菜单中选择"打开贝塞尔曲线"，如图 11-25 左图所示。将"属性"中的"线宽"设置为 7，将"填充类型"设为"实色"，将"颜色"设为"白色"，如图 11-25 右图所示。使"正圆"变成白色"圆圈"，如图 11-26 所示。

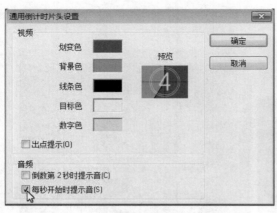
（影视 非线性 编辑教程）

288

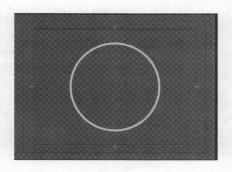

图 11-26

步骤 9：选中"白色圆圈"，按键盘上的组合键"Ctrl＋C"和"Ctrl＋V"，复制、粘贴一个圆圈，然后用鼠标拖开，并将复制的圆圈的直径设为 350。如图 11-27 所示。

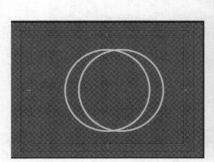

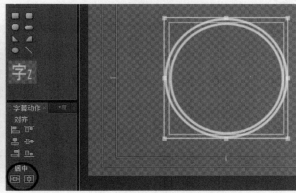

图 11-27   图 11-28

步骤 10：同时框选两个圆圈，按左边"字幕动作"栏里的"对齐"中"水平居中"和"垂直居中"。如图 11-28 所示。

步骤 11：用鼠标选中绘图工具栏中的"直线"工具，在字幕设计器中水平居中和垂直居中各划 4 条直线，将"线宽"设为 7，"颜色"设为"黑色"，如图 11-29 所示。

步骤 12：点击 **T**"文字工具"按钮并在字幕设计器中按下鼠标，光标闪烁后，输入数字 5，将"字体"设为"XiHei 细黑"；"颜色"设为"黄色"，"字体大小"为 285，并放置在中间位置。如图 11-30 所示。

步骤 13：单击字幕设计器左上方的 **T**"基于当前字幕新建字幕"按钮，在弹出的"新建字幕"对话框中为字幕取名"字幕 4"，单击"确定"按钮。

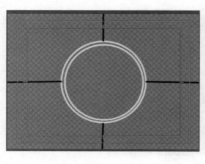

图 11-29　　　　　　　　　　　　图 11-30

　　步骤 14：再次点击![T]"文字工具"按钮，在字幕设计器中按下鼠标不放从左往右把"5"选中，待字幕完全出现反白色时松开鼠标，如图 11-31 所示。然后键入字幕 4，"字幕 4"新建成功，如图 11-32 所示。

图 11-31　　　　　　　　　　　　图 11-32

　　步骤 15：仿照步骤 13、14，新建"字幕 3""字幕 2""字幕 1"。

　　注意：新建"字幕 3""字幕 2""字幕 1"时都不需要再次点击![T]"文字工具"按钮，只有第一次使用![]"基于当前字幕新建字幕"按钮时，需要再次点击![T]"文字工具"。

　　步骤 16：单击"文件"/"新建"/"彩色蒙板"，弹出"新建彩色蒙板"对话框，直接在对话框中点击"确定"按钮，在弹出的"颜色拾取"面板中选择"红色"后，单击"确定"按钮，在随后弹出的"选择名称"对话框中将其命名为"划变色"。

　　步骤 17：再次单击"文件"/"新建"/"彩色蒙板"，弹出"新建彩色蒙板"对话框，直接在对话框中点击"确定"按钮，在弹出的"颜色拾取"面板中选择"绿色"后，单击"确定"按钮，在随后弹出的"选择名称"对话框中将其命名为"背景色"。

　　步骤 18：将时间线窗口的"通用倒计时片头"清除。

　　步骤 19：将"背景色"从"项目"窗口拖到时间线窗口的视频 1 轨道，入点为 00∶00∶00∶00，将其持续时间设为 00∶00∶05∶00。

　　步骤 20：将"划变色"从"项目"窗口拖到时间线的视频 2 轨道，入点为 00∶00∶00∶00，如图 11-33 所示。

图 11-33

图 11-34

步骤21：右击"划变色"，在菜单中选择"重命名"，将其命名为"划变色1"。

步骤22：打开"视频切换"文件夹中的子文件夹"擦除"文件夹，将其中的"时钟式划变（擦除）"拖放到"划变色1"的末端，待鼠标变成 ![icon] 后松开鼠标，如图11-34所示，我们发现切换效果的持续时间正好与"划变色"时间相等，这是因为我们在进入编辑界面时统一设置为25帧。然后点击"划变色1"，打开"特效控制台"窗口，将"时钟擦除"特效的"边宽"设为2，"边色"设为"黑色"（保持默认的黑色），如图11-35所示。画面效果如图11-36所示。

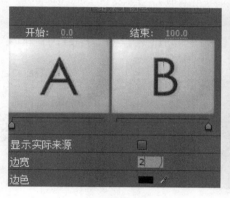

图 11-35

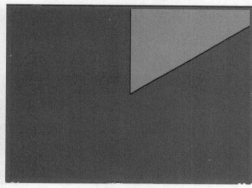

图 11-36

步骤23：将"划变色"从"项目"窗口拖到时间线窗口的视频2轨道，入点为00：00：01：00，即紧接"划变色1"之后。

步骤24：右击"划变色"，在菜单中选择"重命名"，将其命名为"划变色2"。

步骤25：将"时钟式划变（擦除）"从特效面板拖放到"划变色2"的末端，待鼠标变成 ![icon] 后松开鼠标，然后点击"划变色2"，打开"特效控制台"窗口，将"时钟擦除"特效的"边宽"设为2，"边色"设为"黑色"。

步骤26：将"划变色"从"项目"窗口拖到时间线的视频2轨道，入点为00：00：02：00。

步骤27：右击"划变色"，在菜单中选择"重命名"，将其命名为"划变色3"。

步骤28：将"时钟式划变（擦除）"从特效面板拖放到"划变色3"的末端，待鼠标变成 ![icon] 后松开鼠标，然后点击"划变色3"，打开"特效控制台"窗口，将"时钟擦除"特效的"边宽"设为2，"边色"设为"黑色"。

步骤29：将"划变色"从"项目"窗口拖到时间线的视频2轨道，入点为00：00：03：00。

步骤30：右击"划变色"，在菜单中选择"重命名"，将其命名为"划变色4"。

步骤 31：将"时钟式划变（擦除）"从特效面板拖放到"划变色 4"的末端，待鼠标变成 ![] 后松开鼠标，然后点击"划变色 4"，打开"特效控制台"窗口，将"时钟擦除"特效的"边宽"设为 2，"边色"设为"黑色"。

步骤 32：将"划变色"从"项目"窗口拖到时间线的视频 2 轨道，入点为 00：00：04：00。

步骤 33：右击"划变色"，在菜单中选择"重命名"，将其命名为"划变色 5"。

步骤 34：将"时钟式划变（擦除）"从特效面板拖放到"划变色 5"的末端，待鼠标变成 ![] 后松开鼠标，然后点击"划变色 5"，打开"特效控制台"窗口，将"时钟擦除"特效的"边宽"设为 2，"边色"设为"黑色"。

步骤 35：将"字幕 5"从"项目"窗口拖放到视频 3 轨道，入点为 00：00：00：00。

步骤 36：将"字幕 4"从"项目"窗口拖放到视频 3 轨道，入点为 00：00：01：00。

步骤 37：将"字幕 3"从"项目"窗口拖放到视频 3 轨道，入点为 00：00：02：00。

步骤 38：将"字幕 2"从"项目"窗口拖放到视频 3 轨道，入点为 00：00：03：00。

步骤 39：将"字幕 1"从"项目"窗口拖放到视频 3 轨道，入点为 00：00：04：00。轨道排列如图 11-37 所示。

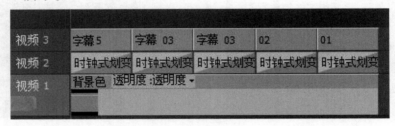

图 11-37

步骤 40：从头播放剪辑，画面效果如图 11-38 所示。

图 11-38

下面借用系统自带的声音给画面配上倒计时的声响。

步骤 41：将"通用倒计时片头"从"项目"窗口拖到源素材窗口。

步骤 42：按住源素材窗口底部的 ![] "仅拖动音频"按钮将声音拖放到音频轨道，如图 11-39 所示。我们发觉从音频 1 到音频 3 轨道都不让放置，因为拖拽的这个声音是单声道的，而上面三个音频轨道都是双声道的，所以不让放。但是继续往下拖拽，系统会自动添加一个适合单声道音频素材的音频 4 轨道（单声道）。

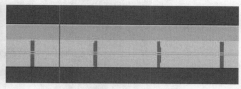

图 11-39　　　　　　图 11-40　　　　　　　图 11-41

步骤 43：点击音频 4 轨道左边的"三角形"按钮，展开音频 4 轨道，如图 11-40 所示，这时可以看到轨道上的音波（竖条状为发出的声音波），如图 11-41 所示。

步骤 44：将"时间定位指针"移到最后一声响的后面位置，用鼠标选择"工具栏"里的  "剃刀"工具，对准"时间定位指针"的位置将音频素材剪断，如图 11-42 所示。

步骤 45：将"时间定位指针"移到倒数第五声（倒数第五个竖条）的左边的位置，用鼠标选择"工具栏"里的 "剃刀"工具，对准"时间定位指针"的位置将音频素材再剪一次。如图 11-43 所示。

图 11-42　　　　　　　　图 11-43

步骤 46：删除剪断后的头、尾两段素材，将中间的 5 声响音拖到与视频 2 轨道的 5 个剪辑点对齐，使声画一致，如图 11-44 所示。

步骤 47：导入素材"倒数五个数"和"火箭发射"两个素材。

步骤 48：在项目窗口双击素材"倒数五个数"，让其在源素材窗口显示。

步骤 49：按住源素材窗口底部的 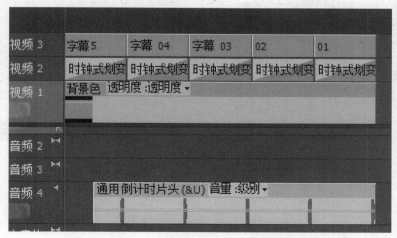 "仅拖动音频"按钮将声音拖放到音频 1 轨道，使数数的声音与各剪辑点匹配，如图 11-45 示。

图 11-44

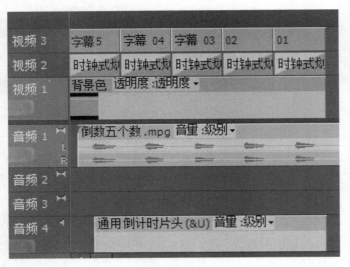

图 11-45

步骤 50：在项目窗口双击素材"火箭发射"，让其在源素材窗口显示。

步骤 51：按住源素材窗口底部的 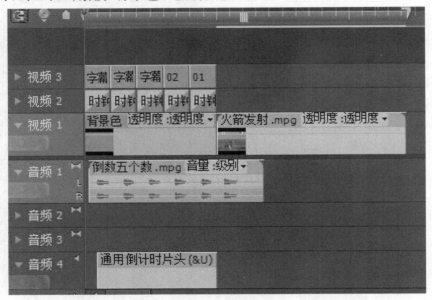"仅拖动视频"按钮将画面拖放到视频 1 轨道，入点为 00：00：05：00，紧接"背景色"之后，如图 11-46 所示。

图 11-46

步骤 52：播放剪辑，浏览视听效果。

11.3　制作宣传片头

本小节将介绍利用字幕窗口的插入标志以及多画屏分割等功能,通过绘制底片(如图11-47)、插入静态图片(如图11-48)和多画屏分隔(如图11-49)等步骤,制作一个电影胶片似的宣传片头。

图 11-47　　　　图 11-48　　　　　　　　图 11-49

步骤1:新建一个编辑模式为DV PAL制式、宽高比为4:3的项目,将项目命名为"桂林山水"。

步骤2:单击"文件"/"新建"/"字幕",新建一个名为"底片1"的字幕。

步骤3:在字幕窗口左边的绘图工具一栏里选择(单击鼠标左键)▧"矩形工具",然后将鼠标移到字幕设计器里左上角某一位置,按下鼠标左键不放拖动(同时按住键盘的Ctrl键),画出一个白色小正方块,如图11-50所示。

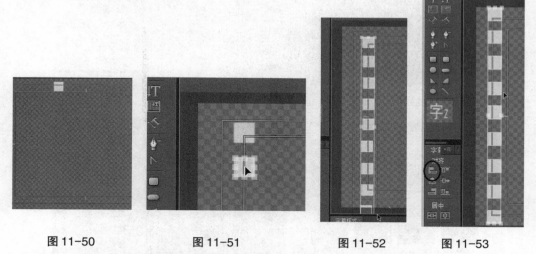

图 11-50　　　　　　图 11-51　　　　　　　图 11-52　　　　图 11-53

步骤4:选中(单击鼠标左键)小方块,然后按键盘上的"Ctrl+C"组合键复制,再反复按"Ctrl+V"粘贴10次(也可以鼠标右键点击方块,在弹出的菜单中选择"复制",再反复按"Ctrl+V"10次,因为菜单中没有"粘贴"选项,所以只能用键盘上的"Ctrl+V"组合键来粘贴)。

步骤5:先用鼠标点击▶"选择工具",然后将鼠标移到小方块上,待鼠标变成一黑色三角形时,按住鼠标左键不放向下拖动小方块,当与上面的小方块有一定距离时松开鼠标，如图11-51所示。

步骤6：重复步骤5，从最上面的方块中拖下其他几个方块（因为步骤4已经粘贴了10个，重叠在一起），按照相应的距离排开，左右不对齐没关系，但是上下之间的距离最好保持大体一致，如图11-52所示。

步骤7：框选全部方块，然后点击"字幕动作"栏里的"左对齐"按钮，方块自动靠左对齐，然后把它拖放到合适的位置，如图11-53所示。

步骤8：按键盘上的"Ctrl＋C"（复制）组合键，再按"Ctrl＋V"（粘贴）一次。然后将全部复制的方块整体拖动到字幕设计器的中间的某一位置，松开鼠标，如图11-54所示。

步骤9：在字幕窗口的任意空白处单击鼠标右键，在弹出的菜单中选择"标志"/"插入标志"，如图11-55所示，弹出一个对话框，在对话框中找到要插入图片的文件夹（此处为"E"/"非编素材"/"桂林风光图片"），打开"桂林风光图片"文件夹，双击所要插入的图片"桂林风光2.gif"（如图11-56所示），或者选中需要插入的图片，然后点击对话框右下角的"打开"按钮，图片被插入到字幕窗口中。

注意：只有图片、图标或文字等静态画面可以作为标志被插入到字幕窗口，动态的视频不可以。

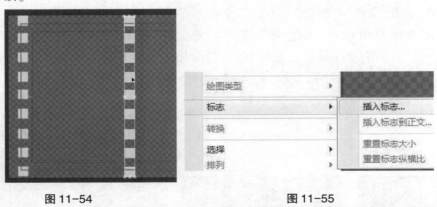

图 11-54　　　　　　　　　　图 11-55

图 11-56

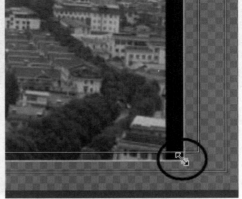

图 11-57

步骤10：将鼠标移到字幕窗口中"图片"的任一拐角，待鼠标出现黑色双箭头图标时（如图11-57所示），按住鼠标左键不放，拖动鼠标对图片进行缩放，缩放到一定大小和一定位置时松开鼠标，如图11-58所示。可以反复修改，直到图片大小和位置达到满意效果为止。

图 11-58

图 11-59

步骤11：仿照步骤9、步骤10，再插入"桂林风光4.gif"和"桂林风光7.gif"两张图片，如图11-59所示。

步骤12：单击字幕设计器左上方的 ▤ "字幕滚动"按钮，弹出对话框，将对话框中"字幕类型"设为"滚动"（点击"滚动"选项左边的圆圈按钮），并将"时间"选项中的"屏幕外开始"和"屏幕外结束"左边的复选框勾选上，单击"确定"按钮，如图11-60所示。

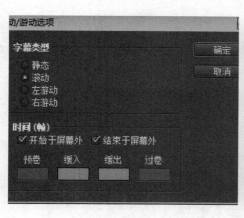

图 11-60

图 11-61

图 11-62

步骤13：单击字幕设计器左上方的 ▥ "基于当前字幕新建字幕"按钮，将新建字幕命名为"底片2"，单击"确定"按钮。

步骤14：将字幕窗口中的三幅图片删除。

步骤15：仿照步骤9、步骤10、步骤11，再插入三张图片，如图11-61所示。

步骤16：关闭字幕窗口，单击"文件"/"新建"/"字幕"，建一个名为"桂林风光"的字幕。字幕内容为"桂林风光迷人眼"，字幕设置如下：字体为"STXinwei"；字体大小为96，字幕样式为"方正隶变金质"，如图11-62所示。然后关闭字幕窗口。

步骤17：将字幕"底片1"从项目窗口拖放到视频1轨道，入点时间为00：00：00：00。

步骤18：再将字幕"底片2"从项目窗口拖放到视频2轨道，入点时间为00：00：03：02，让"底片2"的画面紧接在"底片1"画面后面出现。

步骤19：将字幕"桂林风光"从项目窗口拖放到视频3轨道，入点时间为00：00：00：00，将持续时间设为00：00：07：08，如图11-63所示。

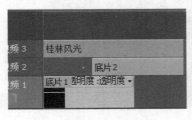  

图11-63　　　　　　　　　　　　　图11-64

步骤20：打开"特效"窗口的"视频切换"文件夹，将"擦除"类中的"擦除"切换效果拖放到视频3轨道上的"桂林风光"字幕的开始端，如图11-64左图所示。

步骤21：打开"特效控制台"窗口，将"擦除"效果的持续时间设为00：00：06：03，擦除方向设为"从北到南"，如图11-64右图所示。

步骤22：将"擦除"类中的"渐变擦除"切换效果拖放到视频3轨道上的"桂林风光"字幕的末端，将"渐变擦除"效果的持续时间设为00：00：01：05。

思考：大家可能注意到，在做"底片1"和"底片2"时，用"插入标志"的方法只能将静态的图片插入到字幕窗口，如果想把动态的视频做成如"底片1"一样的形式，该怎么做呢？需要用多画屏分割，或者说画中画效果。

步骤23：单击"文件"/"新建"/"字幕"，新建一个名为"底片3"的字幕。

步骤24：仿照"底片1"的方法，建一个横向穿孔的底片，注意不要设为滚动，只要建一个静态的"底片3"字幕，如图11-65所示。

 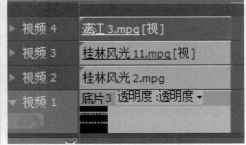

图11-65　　　　　　　　　　　　　图11-66

步骤25：关闭字幕窗口，单击菜单栏"文件"/"新建"/"序列"，新建一个"序列02"。

步骤26：单击"文件"/"导入"，在弹出的"导入"对话框中打开"E盘"/"非编素材"/"桂林风光"文件夹,导入视频素材"桂林风光2.mpg""桂林风光11.mpg"和"漓江3.mpg"。

步骤27:将"底片3"从项目窗口拖放到"序列02"的视频1轨道,入点时间为00:00:00:00,将持续时间设为00:00:10:00。

步骤28:将视频素材"桂林风光2.mpg"从"项目"窗口拖到"序列02"中的视频2轨道,出、入点与视频1轨道的素材相同。

步骤29:将视频素材"桂林风光11.mpg"从"项目"窗口拖到"序列02"中的视频3轨道,出、入点与视频1轨道的素材相同。

步骤30:将视频素材"漓江3.mpg"从"项目"窗口拖到"序列02"中的视频3轨道上方的空白处,系统自动添加视频4轨道。出、入点与视频1轨道的素材相同,如图11-66所示。

步骤31:关闭视频3和视频4轨道开关,只显示视频1轨道和视频2轨道,如图11-67所示。

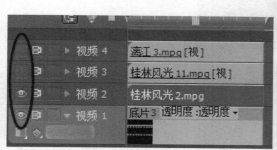

图 11-67   图 11-68

步骤32:选中视频2轨道上的素材"桂林风光2.mpg",打开"特效控制台"窗口,展开"运动"特效,将"位置"设为(115,252);取消"等比缩放"复选框,将"缩放宽度"设为32,"缩放高度"设为35,如图11-68所示。这些参数的设置取决于"底片3"的"胶片孔"的位置。其画面效果如图11-69所示。

步骤33:打开视频3轨道开关,选中视频3轨道上的素材"桂林风光11.mpg",打开"特效控制台"窗口,展开"运动"特效,将"位置"设为(355,252);取消"等比缩放"复选框,将"缩放宽度"设为32,"缩放高度"设为35。其画面效果如图11-70所示。

图 11-69   图 11-70   图 11-71

步骤34:打开视频4轨道开关,选中视频4轨道上的素材"漓江3.mpg",打开"特效控制台"窗口,展开"运动"特效,将"位置"设为(595,252);取消"等比缩放"复选框,将"缩放宽度"设为32,"缩放高度"设为35。其画面效果如图11-71所示。

步骤35:点击时间线窗口上的"序列01",使其处于当前窗口,并将"序列02"从"项目"窗口拖放到"序列01"的视频1轨道,入点为00:00:07:12。

步骤36:选中视频1轨道上的素材"序列02",打开"特效控制台"窗口,"展开运动"特效,将"时间定位指针"拖到00:00:07:12(即"序列02"的开始)处,设置"位置"的关键帧为(1073,288),让素材从右边入画。

步骤37:将时间定位指针拖到00:00:17:05(即"序列02"的结尾)处,设置"位置"的关键帧为(-360,288),让素材从左边出画。

步骤38:新建字幕"阳朔美景",内容为"阳朔美景甲天下",设置如下:字体为"STXinwei";字体大小为93,字幕样式为方正瘦金书,如图11-72所示。

图11-72

步骤39:关闭字幕窗口,将字幕"阳朔美景"拖放到"序列01"中的视频3轨道,入点为00:00:08:00,持续时间00:00:09:13。

步骤40:打开"特效"面板的"视频切换"文件夹,将"擦除"中的"擦除"切换效果拖放到视频3轨道上的"阳朔美景"字幕的开始端。

步骤41:打开"特效控制台"窗口,将"擦除"效果的持续时间设为00:00:04:19,将擦除方向设为"从西到东"。

步骤42:将"擦除"中的"百叶窗"切换效果拖放到视频3轨道上的"阳朔美景"字幕的结尾,将"百叶窗"效果的持续时间设为00:00:02:04,并将擦除方向设为"从西向东"。

步骤43:从头播放剪辑,最终效果如图11-73(组图)所示。

影视非线性编辑教程

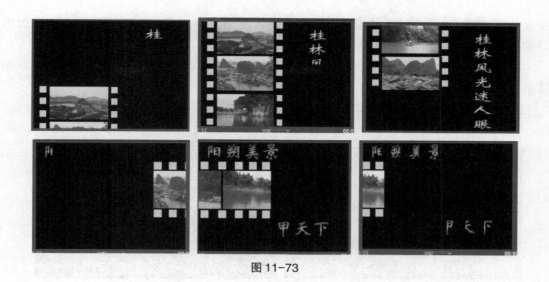

图 11-73

11.4 制作音乐MTV

本小节将介绍如何利用彩色蒙板改变唱词字幕的颜色来制作 MV。主要步骤是先制作一个片头,然后让序曲部分的男声唱词随声音逐渐出现,而让女声部分的唱词随歌唱节奏而变色。效果如图 11-74(组图)所示。

图 11-74

11.4.1 制作片头"标识"

步骤 1:启动程序,新建一个DV PAL制式、宽高比为4:3的项目,将项目命名为《音乐 MTV》，并将"新建序列"的名称改为"片头"，也可在项目窗口的序列上右键，在弹出的菜单中选择"重命名"来改变序列名称。

　　步骤2：新建一个名为"标识"的字幕，按"确定"按钮，打开字幕窗口，如图11-75所示。

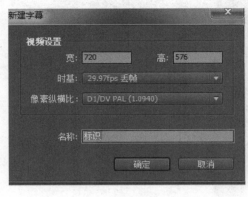

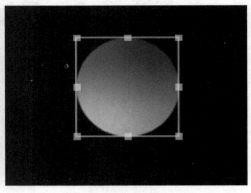

图 11-75　　　　　　　　　　　　　　　图 11-76

　　步骤3：在工具栏里选取椭圆工具 ，按住"Shift"键，绘制一个正圆。将圆的直径（宽和高）设为152；"填充类型"设为"四色渐变"（颜色为红蓝黄绿），如图11-76所示。

　　步骤4：在工具栏中选取钢笔工具，绘制一条路径，将"线宽"设为8，"填充类型"为"四色渐变"，同上。如图11-77所示。

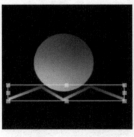

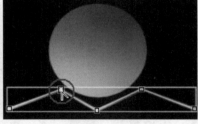

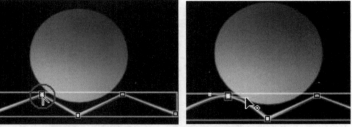

图 11-77　　　　　　　　　　　　图 11-78

　　步骤5：在工具栏中选取修改定位点工具，然后将鼠标移到路径的顶点位置按下鼠标左键不放并拖动鼠标，如图11-78组图所示，调整路径的角定位点，使其变得圆滑，如图11-79所示。

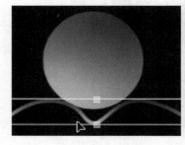

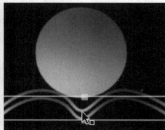

图 11-79　　　　　　　　图 11-80　　　　　　　　图 11-81

　　步骤6：选中路径，按"Ctrl＋C"组合键复制，再按"Ctrl＋V"组合键粘贴，然后用鼠标拖动选中框往下拉,适当调整其位置,如图11-80所示。

步骤7:选择文本工具▣在正圆上输入文字"音乐",将其"填充颜色"设为白色,再将"MTV"设为黑色,如图11-81所示。

步骤8:关闭字幕窗口,返回Premiere Pro CS4工作界面。

11.4.2 制作片头

步骤1:单击"文件"/"导入",打开"非编素材"文件夹,导入素材"景色5"。

步骤2:将素材"景色5"从项目窗口拖到视频1轨道,入点为00:00:00:00,持续时间设为00:00:08:00;打开特效控制台窗口,将"缩放比例"设为76。

步骤3:新建一个名为"片头字幕1"的字幕,打开字幕窗口。

步骤4:使用▣文本工具输入文字"珠穆朗玛"并设置文字的属性。字体为"STxinwen",字体大小为140,纵横比为82,字幕样式为方正大黑-内外边立体。如图11-82所示。

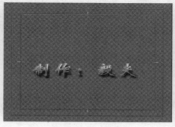
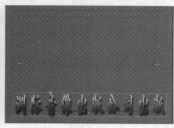

图11-82　　　　　　　　图11-83　　　　　　　　图11-84

步骤5:在字幕编辑对话框中选中(单击)"基于当前字幕新建字幕"按钮▣,新建"片头字幕2",将片头字幕1"珠穆朗玛"删掉,然后输入文字"制作:毅夫"。将字体大小改为66,纵横比123,并将"填充颜色"设为"绿色",如图11-83所示。

步骤6:参照步骤5,新建片头字幕3,内容为"洲际音像出版公司出版"。适当调整位置和大小。字体大小为110,纵横比为52,颜色为红色,如图11-84所示。

步骤7:关闭字幕窗口,返回Premiere Pro CS4工作界面。

步骤8:将项目窗口的字幕"标识"拖放到视频轨道2上,入点为00:00:00:00,持续时间与视频1轨道的"景色5"相同。

步骤9:选中视频2轨道上的字幕"标识",在"特效控制台"窗口展开"运动"选项,将时间定位指针移到00:00:00:00位置,设置位置的坐标参数为(80,55),并单击"位置"左侧的▣"关键帧开关"按钮,设置"位置"的第一个关键帧。将"缩放比例"设为76,画面效果如图11-85所示。

图11-85　　　　　　　　图11-86　　　　　　　　图11-87

步骤10：将时间定位指针移到00：00：05：00位置，设置位置的坐标参数为（600，55），如图11-86所示。

步骤11：将"片头字幕1"从"项目"窗口拖放到视频3轨道，入点为00：00：00：00。并将持续时间调整为00：00：08：00，如图11-87所示。

步骤12：选中视频3轨道的字幕"片头字幕1"，在"特效控制台"窗口中展开"运动"选项，将时间定位指针移到00：00：00：00位置，设置"缩放比例"0，单击"缩放比例"左侧的 ⏱ "关键帧开关"按钮，设置"缩放比例"的第一个关键帧。

步骤13：将时间定位指针移到00：00：02：00位置，设置"片头字幕1"的"缩放比例"设为100，系统自动添加"缩放比例"的关键帧，效果如图11-88所示。

　　图11-88　　　　　　　　　图11-89　　　　　　　　　图11-90

步骤14：打开"特效"面板，展开"视频特效"/"透视"文件夹，将其中的"基本3D"拖放到"片头字幕1"上，如图11-89所示。

步骤15：在"特效控制台"窗口中展开"基本3D"参数选项，设置"旋转"在00：00：02：00处的关键帧为0，点击"旋转"左侧的 ⏱ "关键帧开关"即可。

步骤16：将时间定位指针移到00：00：03：00处，设置"旋转"的关键帧为60。效果如图11-90所示。

步骤17：将时间定位指针移到00：00：04：00处，设置"旋转"的关键帧为-60。效果如图11-91所示。

步骤18：将时间定位指针移到00：00：05：00处，设置"旋转"的关键帧为60。

　　图11-91　　　　　　　　　图11-92　　　　　　　　　图11-93

步骤19：将时间定位指针移到00：00：06：00处，设置"旋转"的关键帧为0。

步骤20：将"片头字幕2"从"项目"窗口拖放到视频4轨道（将"片头字幕2"从"项目"窗口拖到视频3轨道上面，系统会自动添加一条视频4轨道），入点为00：00：00：00，将持续时间调整为00：00：08：00，如图11-92所示。

　　步骤21：选中字幕"片头字幕2"，在"特效控制台"窗口中展开"运动"选项，将"时间定位指针"移到00：00：00：00位置，设置"位置"的参数为(-200,288)，单击"位置"左侧的 ◎"关键帧开关"按钮，目的是让字幕从左边入画。

　　步骤22：将"时间位指针"移到00：00：05：00位置，设置"片头字幕2"的"位置"的参数设为(360,288)。

　　步骤23：将"片头字幕3"从"项目"窗口拖放到视频5轨道(将"片头字幕3"从"项目"窗口拖到视频4轨道上面，系统会自动添加一条视频5轨道)，入点为00：00：00：00，将持续时间调整为00：00：08：00。

　　步骤24：选中字幕"片头字幕3"，在"特效控制"面板中展开"运动"选项，将"时间定位指针"移到00：00：00：00位置，设置"位置"的参数为(1042,288)，单击"位置"左侧的 ◎"关键帧开关"按钮，目的是让字幕从右边入画。

　　步骤25：将"时间定位指针"移到00：00：05：00位置，设置"片头字幕3"的"位置"的参数设为(360,288)。片头制作完毕。效果如图11-93所示。

11.4.3　制作字幕

　　步骤1：在项目窗口空白处右键，在弹出的菜单中选择"新建文件夹"，新建一个文件夹，取名"字幕"。如图11-94所示。

图 11-94　　　　　　　　　　　　　图 11-95

　　步骤2：打开字幕窗口，新建"字幕01"，内容为"珠穆朗玛珠穆朗玛"，字体设为"STxingkai"，字体大小为87，颜色为"白色"，并将字幕的位置放于字幕窗口的下方，如图11-95所示。

　　步骤3：用鼠标点击字幕窗口的"基于当前字幕新建字幕"按钮 ▣，新建"字幕02"，将字幕01的"珠穆朗玛珠穆朗玛"选中并改为"珠穆朗玛"。

　　步骤4：参照步骤3，新建"字幕03""字幕04""字幕05""字幕06""字幕07""字幕08"内容分别是"你高耸在人心中""你屹立在蓝天下""你用爱的阳光""抚育格桑花""你把美的阳光洒满""喜马拉雅"。字幕建好后，关闭字幕窗口。

11.4.4 根据唱词的变化速度制作"序曲蒙板"关键帧

步骤1：单击"文件"/"新建"/"序列"，新建一个名为"序曲蒙版"的序列。

步骤2：单击"文件"/"导入"命令，导入音频素材"珠穆朗玛.mp3"。

步骤3：单击"文件"/"新建"/"彩色蒙板"，在弹出的对话框中点击"确定"按钮，在随后弹出的"颜色拾取"对话框中选择"红色"，然后按"确定"按钮。目的是要将原来的"白色字幕"变成"红色字幕"。

步骤4：单击"文件"/"新建"/"黑场视频"，新建一个黑场视频。

步骤5：在项目窗口双击"珠穆朗玛.mp3"，在"源素材"窗口按下 ▶ "播放/停止"按钮播放音乐，当播放到男声开始唱"珠穆朗玛"的"珠"字时（00：00：13：10），按下 ▶ "播放/停止"按钮，停止播放（可用 ◀ "逐帧后退"或 ▶ "逐帧前进"按钮精确定位），然后在源素材窗口下方点击 ▼ "设置未编号标记"按钮，设置一个未编号的标记点，如图11-96所示。

图11-96　　　　　　　　　　　**图11-97**

步骤6：在源素材窗口将"珠穆朗玛.mp3"拖放到时间线窗口的"序曲蒙板"序列的音频1轨道，入点为00：00：00：00，会发现音频1轨道上的素材添加了一个标记点，如图11-97所示。

步骤7：将时间线窗口的"时间定位指针"移到00：00：13：10处，将"黑场视频"从项目窗口拖放到"序曲蒙版"序列的视频1轨道，入点与标记点对齐，并将其名称改为"黑场视频1"。

步骤8：再次按下 ▶ "播放/停止"按钮继续播放，当放到男声唱"珠穆朗玛珠穆朗玛"的后一个"玛"字结束时，再次按下 ▶ "播放/停止"按钮，停止播放，本例为00：00：19：15（可用 ◀ "逐帧后退"或 ▶ "逐帧前进"按钮精确定位）。

步骤9：放大时间线窗口的轨道显示，然后将鼠标移到"黑场视频1"的右侧，待鼠标变成"拉伸" ╋ 形状时按下鼠标左键不放并往右拖动到"时间定位指针"处（即00：00：19：15）松开鼠标。如图11-98所示。

步骤10：将"字幕01"从项目窗口拖放到"序曲蒙版"序列的视频2轨道，入点为00：00：13：10，出点与"黑场视频1"的出点对齐，即00：00：19：15，如图11-99所示。

图 11-98　　　　　　图 11-99　　　　　　　图 11-100

步骤11：打开"特效"面板，点击"视频特效"/"生成"文件夹，将其中的"渐变"特效拖放到"黑场视频1"上。

步骤12：选中"黑场视频1"，打开特效控制台窗口，展开"渐变"参数选项。将"时间定位指针"移到"黑场视频1"的开始端，打开"渐变起点"和"渐变终点"左侧的 ⏱ "关键帧开关"，设置它们的关键帧分别为（10，0）和（20，0）如图11-100所示。其画面效果如图11-101所示。

图 11-101　　　　　　　图 11-102　　　　　　　图 11-103

步骤13：在节目窗口按下 ▶ "播放/停止"按钮继续播放，当放到男声唱第一句"珠穆朗玛"的"玛"字结束时（00:00:16:10），再次按下 ▶ "播放/停止"按钮，停止播放，设置此时"黑场视频1"的"渐变起点"和"渐变终点"的第二个关键帧分别为（350，0）和（360，0），效果如图11-102所示。

步骤14：在节目窗口按下 ▶ "播放/停止"按钮继续播放，当放到男声唱第二句"珠穆朗玛"的"玛"字结束时（00:00:19:14），再次按下 ▶ "播放/停止"按钮，停止播放，设置此时"黑场视频1"的"渐变起点"和"渐变终点"的第三个关键帧分别为（688，0）和（698，0），效果如图11-103所示。

步骤15：将"黑场视频"再次从项目窗口拖到视频1轨道，入点接"黑场视频1"之后，并将其改名为"黑场视频2"。

步骤16：在节目窗口按下 ▶ "播放/停止"按钮继续播放，当放到男声唱第三遍"珠穆朗玛"的"玛"字结束时，再次按下 ▶ "播放/停止"按钮，停止播放，本例为00:00:26:04。

步骤17：将鼠标移到"黑场视频2"的右侧，待鼠标变成"拉伸" ↔ 形状时，按下鼠标左键不放并往右拖动到"时间定位指针"处（即00:00:26:04）松开鼠标。

步骤18：将"字幕02"拖到视频2轨道，入点紧接"字幕01"之后，出点与"黑场视频2"的出点对齐。

步骤19：打开"视频特效"/"生成"文件夹，将其中的"渐变"特效拖放到"黑场视频2"上。

步骤20：选中"黑场视频2"，打开特效控制台窗口，展开"渐变"参数选项。将"时间定位指针"移到"黑场视频2"的开始端，打开"渐变起点"和"渐变终点"左侧的"关键帧开关"，设置它们的关键帧分别为（10，0）和（20，0）。

步骤21：在节目窗口按下 ▶ "播放/停止"按钮继续播放，当播放到男声唱"珠穆朗玛"的"穆"字结束时（00：00：21：06），再次按下 ▶ "播放/停止"按钮，停止播放，设置此时"黑场视频2"的"渐变起点"和"渐变终点"的第二个关键帧分别为（180，0）和（190，0），效果如图11-104所示。

图11-104   图11-105   图11-106

步骤22：在节目窗口按下 ▶ "播放/停止"按钮继续播放，当播放到男声唱"珠穆朗玛"的"朗"字结束时（00：00：22：19），按下节目窗口 ▶ "播放/停止"按钮，停止播放，设置此时"黑场视频2"的"渐变起点"和"渐变终点"的第三个关键帧分别为（258，0）和（268，0），效果如图11-105所示。

步骤23：按下节目窗口 ▶ "播放/停止"按钮继续播放，当播放到男声唱"珠穆朗玛"的"玛"字结束时（00：00：26：05），按下节目窗口 ▶ "播放/停止"按钮，停止播放，设置此时"黑场视频2"的"渐变起点"和"渐变终点"的第四个关键帧分别为（346，0）和（356，0），效果如图11-106所示。

步骤24：将"字幕01"拖到视频2轨道，入点接"字幕02"后，将黑场视频再次拖到视频1轨道，入点接"黑场视频2"后，并将其改名为"黑场视频3"。

步骤25：按下节目窗口 ▶ "播放/停止"按钮继续播放，当播放到男声再次唱"珠穆朗玛珠穆朗玛"的最后一个"玛"字结束时（00：00：32：02），按下节目窗口 ▶ "播放/停止"按钮，停止播放。

步骤26：将鼠标移到"黑场视频3"的右侧，待鼠标变成"拉伸"➕形状时，按下鼠标左键不放并往右拖动到"时间定位指针"处（即00：00：19：15）松开鼠标。

步骤27：将"字幕01"的出点与"黑场视频3"的出点对齐。如图11-107所示。

图11-107

步骤 28：将"渐变"特效拖放到"黑场视频 3"上。

步骤 29：仿照步骤 12、步骤 13、步骤 14，为"黑场视频 3"设置关键帧。

步骤 30：仿照步骤 15 至步骤 23，设置"黑场视频 4"和"字幕 02"的持续时间以及为"黑场视频 4"设置关键帧。以上关键帧参数值的设置与字幕的位置有关。

步骤 31：单击"文件"/"新建"/"序列"，新建一个名为"序曲字幕"的序列。

步骤 32：将"序曲蒙版"序列中的视频 2 轨道中的字幕全部选中，右键，在弹出的对话框中选择"剪切"选项。

步骤 33：在时间线窗口单击"序曲字幕"序列，使其处于当前窗口，然后按"Ctrl＋V"组合键粘贴，入点位置为 00：00：00：00。

步骤 34：回到"序曲蒙版"序列中，将视频 1 轨道上的所有黑场视频选中，然后向左拖动，使其入点为 00：00：00：00，目的是与"序曲字幕"序列时间点对应。

11.4.5　制作唱词蒙版关键帧

步骤 1：单击"文件"/"新建"/"序列"，新建一个名为"唱词蒙板"的序列。

步骤 2：将"序曲蒙版"序列中的音频 1 轨道上的音频文件选中，然后右键，在弹出的菜单中选择"剪切"选项，粘贴在"唱词蒙板"序列的音频 1 轨道，入点为 00：00：00：00。

步骤 3：在节目窗口按下 ▶ "播放/停止"按钮播放音频，当播放到女声唱"珠穆朗玛"的"珠"字时，按下 ▶ "播放/停止"按钮，停止播放（00：00：38：14）。

步骤 4：将"字幕 01"从项目窗口拖到"唱词蒙版"序列的视频 2 轨道，入点 00：00：38：14。

步骤 5：将"彩色蒙板"从项目窗口拖到"唱词蒙版"序列的视频 1 轨道，入点为 00：00：38：14，并将其重命名为"彩色蒙板 1"。

步骤 6：按下节目窗口 ▶ "播放/停止"按钮继续播放，当播放到女声唱第二遍珠穆朗玛的"玛"字结束，按下节目窗口 ▶ "播放/停止"按钮停止播放，保持此时的时间位置，可通过 ◀ "逐帧后退"或 ▶ "逐帧前进"按钮精确定位，本例为 00：00：56：08。

步骤 7：将鼠标移到"彩色蒙版 1"的末端，待鼠标变成"拉伸" ✛ 形状时（如图 11-108所示）按下鼠标左键不放并往右拖动到时间定位指针处（即 00：00：56：08）出现一条垂直黑线，表示与时间定位指针对齐，松开鼠标，如图 11-109 所示。

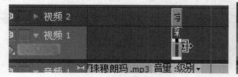
图 11-108

图 11-109

步骤 8：按照上一步骤的方法，将"字幕 01"出点跟"彩色蒙板 1"的出点对齐（即 00：00：56：08）。

步骤 9：选中视频 1 轨道的"彩色蒙板 1"，打开特效控制台窗口，将"时间定位指针"移到"彩色蒙板 1"的入点位置（00：00：38：14）。

步骤 10：展开"运动"选项，打开"位置"左侧的 ◉ "关键帧开关"，设置"位置"的关键帧为(-350;288),让彩色蒙板从左边入画,效果如图11-110所示。

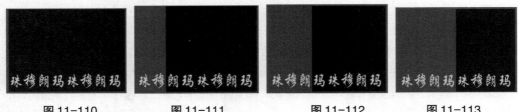

| 图11-110 | 图11-111 | 图11-112 | 图11-113 |

步骤11:按下节目窗口▶"播放/停止"按钮继续播放,当播放到女声唱第一句"珠穆朗玛"的"穆"字结束时(00:00:40:03),按下节目窗口▶"播放/停止"按钮停止播放,设置"位置"的第二个关键帧为(-178,288)(用鼠标直接向右拖动"位置"的横坐标值,使彩色蒙板的右边框处在"穆"与"朗"字之间,比较直观)。效果如图11-111所示。

步骤12:按下节目窗口▶"播放/停止"按钮继续播放,当播放到女声唱第一句"珠穆朗玛"的"朗"字结束时(00:00:42:03),按下节目窗口▶"播放/停止"按钮停止播放,设置"位置"的第三个关键帧为(-92,288)。效果如图11-112所示。

步骤13:按下节目窗口▶"播放/停止"按钮继续播放,当播放到女声唱第一句"珠穆朗玛"的"玛"字结束时(00:00:44:24),按下节目窗口▶"播放/停止"按钮停止播放,设置"位置"的第四个关键帧为(-4,288)。效果如图11-113所示。

步骤14:按下节目窗口▶"播放/停止"按钮继续播放,当播放到女声唱第二遍"珠穆朗玛"的"穆"字结束时(00:00:46:13),按下节目窗口▶"播放/停止"按钮停止播放,设置"位置"的第五个关键帧为(172,288)。效果如图11-114所示。

| 图11-114 | 图11-115 | 图11-116 |

步骤15:按下节目窗口▶"播放/停止"按钮继续播放,当播放到女声唱第二遍"珠穆朗玛"的"朗"字结束时(00:00:48:05),按下节目窗口▶"播放/停止"按钮停止播放,设置"位置"的第六个关键帧为(254,288)。效果如图11-115所示。

步骤16:按下节目窗口▶"播放/停止"按钮继续播放,当播放到女声唱第二遍"珠穆朗玛"的"玛"字结束时(00:00:56:05),按下节目窗口▶"播放/停止"按钮停止播放,设置"位置"的第七个关键帧为(339,288)。效果如图11-116所示。

步骤17:按下节目窗口▶"播放/停止"按钮继续播放,当播放到女生唱"你高耸在人心中"的"中"字结束时,按下节目窗口▶"播放/停止"按钮停止播放,保持此时的时间定位指针,本例为00:01:03:20。

步骤18:将"字幕03"从项目窗口拖到"唱词蒙版"序列的视频2轨道,入点紧接"字幕01"之后。

步骤19：将"彩色蒙板"从项目窗口拖到"唱词蒙版"序列的视频1轨道，入点紧接"彩色蒙板1"之后，并将其重命名为"彩色蒙板2"。

步骤20：仿照步骤7将"字幕03"和"彩色蒙板2"的持续时间拉伸到"时间定为指针"处（00：01：03：20）。

步骤21：选中视频1轨道的"彩色蒙板2"，打开特效控制台窗口，将"时间定位指针"移到00：00：57：18处（彩色蒙板2的开始处），展开"运动"选项，打开"位置"左侧的 🕐 "关键帧开关"，设置"位置"的关键帧为（-350，288）。效果如图11-117所示。

图11-117　　　　图11-118　　　　图11-119　　　　图11-120　　　　图11-121

步骤22：按下节目窗口 ▶ "播放/停止"按钮继续播放，当播放到女生唱"你高耸在人心中"的"在"字结束时（00：00：58：24），按下节目窗口 ▶ "播放/停止"按钮停止播放，保持此时的时间定位指针，设置"彩色蒙板2"的"位置"的第二个关键帧为（-5，288）。效果如图11-118所示。之所以把第二个关键帧设在"在"字之后，是因为"你高耸在"四个字的变化速度大体一致，当然创作者可以根据每一个唱词的变化来设置关键帧，那样会更精确些。

步骤23：按下节目窗口 ▶ "播放/停止"按钮继续播放，当播放到女生唱"你高耸在人心中"的"人"字结束时（00：00：59：23），按下节目窗口 ▶ "播放/停止"按钮停止播放，保持此时的时间定位指针，设置"彩色蒙板2"的"位置"的第三个关键帧为（85，288）。效果如图11-119所示。

步骤24：按下节目窗口 ▶ "播放/停止"按钮继续播放，当播放到女生唱"你高耸在人心中"的"心"字结束时（00：01：00：20），按下节目窗口 ▶ "播放/停止"按钮停止播放，保持此时的时间定位指针，设置"彩色蒙板2"的"位置"的第四个关键帧为（169，288）。效果如图11-120所示。

步骤25：按下节目窗口 ▶ "播放/停止"按钮继续播放，当播放到女生唱"你高耸在人心中"的"中"字结束时（00：01：03：22），按下节目窗口 ▶ "播放/停止"按钮停止播放，保持此时的时间定位指针，设置"彩色蒙板2"的"位置"的第五个关键帧为（249，288）。效果如图11-121所示。

步骤26：按下节目窗口 ▶ "播放/停止"按钮继续播放，当播放到女声唱"你屹立在蓝天下"的"下"字结束时，按下节目窗口 ▶ "播放/停止"按钮停止播放，保持此时的时间定位指针。本例为00：01：10：04。

步骤27：将"字幕04"从项目窗口拖到"唱词蒙版"序列的视频2轨道，入点紧接"03字幕"之后。

步骤28：将"彩色蒙板"从项目窗口拖到"唱词蒙版"序列的视频1轨道，入点紧接

"彩色蒙板2"之后,并将其重命名为"彩色蒙板3"。

　　步骤29:仿照步骤7将"字幕04"和"彩色蒙板3"的持续时间拉伸到"时间定位指针"处(00:01:10:04)。

　　步骤30:将"时间定位指针"移到"彩色蒙板3"的开始处(00:01:03:24),选中视频1轨道的"彩色蒙板3",打开特效控制台窗口,展开"运动"选项,打开"位置"左侧的 　"关键帧开关",设置"位置"的关键帧为(-350,288)。效果如图11-122所示。

| 图11-122 | 图11-123 | 图11-124 | 图11-125 | 图11-126 |

　　步骤31:按下节目窗口 "播放/停止"按钮继续播放,当播放到女声唱"你屹立在蓝天下"的"在"字结束时(00:01:05:13),按下节目窗口 "播放/停止"按钮停止播放,设置"彩色蒙版3"的位置的第二个关键帧为(-6,288)。效果如图11-123所示。

　　步骤32:按下节目窗口 "播放/停止"按钮继续播放,当播放到女声唱"你屹立在蓝天下"的"蓝"字结束时(00:01:06:07),按下节目窗口 "播放/停止"按钮停止播放,设置"彩色蒙版3"的位置的第三个关键帧为(86,288)。效果如图11-124所示。

　　步骤33:按下节目窗口 "播放/停止"按钮继续播放,当播放到女声唱"你屹立在蓝天下"的"天"字结束时(00:01:07:03),按下节目窗口 "播放/停止"按钮停止播放,设置"彩色蒙版3"的位置的第四个关键帧为(171,288)。效果如图11-125所示。

　　步骤34:按下节目窗口 "播放/停止"按钮继续播放,当播放到女声唱"你屹立在蓝天下"的"下"字结束时(00:01:10:02),按下节目窗口 "播放/停止"按钮停止播放,设置"彩色蒙版3"的位置的第五个关键帧为(249,288)。效果如图11-126所示。

　　步骤35:按下节目窗口 "播放/停止"按钮继续播放,当播放到女声唱"你用爱的阳光"的"光"字结束时(00:01:13:13),按下节目窗口 "播放/停止"按钮停止播放,保持此时的时间定位指针。

　　步骤36:将"字幕05"从项目窗口拖到"唱词蒙版"序列的视频2轨道,入点紧接"04字幕"之后。

　　步骤37:将"彩色蒙板"从项目窗口拖到"唱词蒙版"序列的视频1轨道,入点紧接"彩色蒙板3"之后,并将其重命名为"彩色蒙板4"。

　　步骤38:仿照步骤7将"字幕05"和"彩色蒙板4"的持续时间缩短到"时间定位指针"处(00:01:13:13),如图11-127所示。

图11-127

步骤39：将"时间定位指针"移到"彩色蒙板4"的开始处（00：01：10：04），选中视频1轨道的"彩色蒙板4"，打开特效控制台窗口，展开"运动"选项，打开"位置"左侧的 ⏱ "关键帧开关"，设置"位置"的关键帧为（-350，288）。效果如图11-128所示。

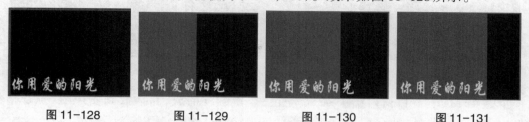

图11-128   图11-129   图11-130   图11-131

步骤40：按下节目窗口 ▶ "播放/停止"按钮继续播放，当播放到女声唱"你用爱的阳光"的"的"字结束时（00：01：11：11），按下节目窗口 ▶ "播放/停止"按钮停止播放，保持此时的时间定位指针。设置"彩色蒙版4"的"位置"的第二个关键帧为（-10，288）。效果如图11-129所示。

步骤41：按下节目窗口 ▶ "播放/停止"按钮继续播放，当播放到女声唱"你用爱的阳光"的"阳"字结束时（00：01：12：17），按下节目窗口 ▶ "播放/停止"按钮停止播放，保持此时的时间定位指针。设置"彩色蒙版4"的"位置"的第三个关键帧为（80，288）。效果如图11-130所示。

步骤42：按下节目窗口 ▶ "播放/停止"按钮继续播放，当播放到女声唱"你用爱的阳光"的"光"字结束时（00：01：13：12），按下节目窗口 ▶ "播放/停止"按钮停止播放，保持此时的时间定位指针。设置"彩色蒙版4"的"位置"的第四个关键帧为（169，288）。效果如图11-131所示。

步骤43：按下节目窗口 ▶ "播放/停止"按钮继续播放，当播放到女声唱"抚育格桑花"的"花"字结束时（00：01：16：12），按下节目窗口 ▶ "播放/停止"按钮停止播放，保持此时的时间定位指针。

步骤44：将"彩色蒙板"从项目窗口拖到"唱词蒙版"序列的视频1轨道，入点紧接"彩色蒙板4"之后，并将其重命名为"彩色蒙板5"。

步骤45：将"字幕06"从项目窗口拖到"唱词蒙版"序列的视频2轨道，入点紧接"字幕05"之后。

步骤46：仿照步骤38将"字幕06"和"彩色蒙板4"的持续时间缩短到"时间定为指针"处（00：01：16：12）。

步骤47：将"时间位指针"移到"彩色蒙板5"的开始处（00：01：13：13），选中视频1轨道的"彩色蒙板5"，打开特效控制台窗口，展开"运动"选项，打开"位置"左侧的 ⏱ "关键帧开关"，设置"位置"的关键帧为（-350，288）。效果如图11-132所示。

图 11-132　　　　　　　图 11-133　　　　　　　图 11-134

步骤48：按下节目窗口 ▶ "播放/停止"按钮继续播放，当播放到女声唱"抚育格桑花"的"桑"字结束时(00：01：15：01)， ▶ "播放/停止"按钮停止播放，设置"彩色蒙版5"的位置的第二个关键帧为(-6,288)。效果如图11-133所示。

步骤49：按下节目窗口 ▶ "播放/停止"按钮继续播放，当播放到女声唱"抚育格桑花"的"花"字结束时(00：01：16：10)， ▶ "播放/停止"按钮停止播放，设置"彩色蒙版5"的位置的第三个关键帧为(85,288)。效果如图11-134所示。

步骤50：按下节目窗口 ▶ "播放/停止"按钮继续播放，当播放到女声唱"你把美的月光洒满"的"满"字结束时(00：01：23：00)，按下节目窗口 ▶ "播放/停止"按钮，停止播放，保持此时的时间定位指针。

步骤51：将"彩色蒙板"从项目窗口拖到"唱词蒙版"序列的视频1轨道，入点紧接"彩色蒙板5"之后，并将其重命名为"彩色蒙板6"。

步骤52：将"字幕07"从项目窗口拖到"唱词蒙版"序列的视频2轨道，入点紧接"字幕06"之后。

步骤53：仿照步骤7将"字幕07"和"彩色蒙板6"的持续时间拉伸到"时间定位指针"处(00：01：23：00)。

步骤54：将"时间定位指针"移到"彩色蒙板6"的开始处(00：01：16：12)，选中视频1轨道的"彩色蒙板6"，打开特效控制台窗口，展开"运动"选项，打开"位置"左侧的 ⏱ "关键帧开关"，设置"位置"的关键帧为(-350,288)。效果如图11-135所示。

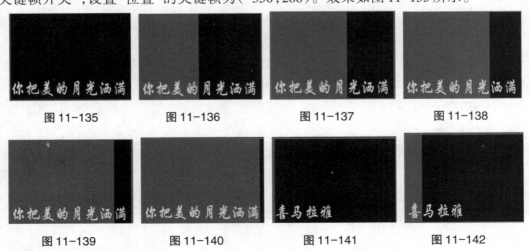

图 11-135　　　　图 11-136　　　　图 11-137　　　　图 11-138

图 11-139　　　　图 11-140　　　　图 11-141　　　　图 11-142

步骤55：按下节目窗口 ▶ "播放/停止"按钮继续播放，当播放到女声唱"你把美的月光洒满"的"的"字结束时（00：01：18：09），按下节目窗口 ▶ "播放/停止"按钮，停止播放，保持此时的时间定位指针，设置"彩色蒙版6"的"位置"的第二个关键帧为（-8，288）。效果如图11-136所示。

步骤56：按下节目窗口 ▶ "播放/停止"按钮继续播放，当播放到女声唱"你把美的月光洒满"的"月"字结束时（00：01：18：15），按下节目窗口 ▶ "播放/停止"按钮，停止播放，保持此时的时间定位指针，设置"彩色蒙版6"的"位置"的第三个关键帧为（85，288）。效果如图11-137所示。

步骤57：按下节目窗口 ▶ "播放/停止"按钮继续播放，当播放到女声唱"你把美的月光洒满"的"光"字结束时（00：01：19：16），按下节目窗口 ▶ "播放/停止"按钮，停止播放，保持此时的时间定位指针，设置"彩色蒙版6"的"位置"的第四个关键帧为（168，288）。效果如图11-138所示。

步骤58：按下节目窗口 ▶ "播放/停止"按钮继续播放，当播放到女声唱"你把美的月光洒满"的"洒"字结束时（00：01：21：17），按下节目窗口 ▶ "播放/停止"按钮，停止播放，保持此时的时间定位指针，设置"彩色蒙版6"的"位置"的第五个关键帧为（258，288）。效果如图11-139所示。

步骤59：按下节目窗口 ▶ "播放/停止"按钮继续播放，当播放到女声唱"你把美的月光洒满"的"满"字结束时（00：01：22：24），按下节目窗口 ▶ "播放/停止"按钮，停止播放，保持此时的时间定位指针，设置"彩色蒙版6"的"位置"的第六个关键帧为（338，288）。效果如图11-140所示。

步骤60：按下节目窗口 ▶ "播放/停止"按钮继续播放，当播放到女声唱"喜马拉雅"的"雅"字结束时（00：01：29：08），按下节目窗口 ▶ "播放/停止"按钮，停止播放，保持此时的时间定位指针。

步骤61：将"字幕08"从项目窗口拖到"唱词蒙版"序列的视频2轨道，入点紧接"字幕07"之后。

步骤62：将"彩色蒙板"从项目窗口拖到"唱词蒙版"序列的视频1轨道，入点紧接"彩色蒙板6"之后，并将其重命名为"彩色蒙板7"。

步骤63：将"时间定位指针"移到"彩色蒙板7"的开始处（00：01：23：00），选中视频1轨道的"彩色蒙板7"，打开特效控制台窗口，展开"运动"选项，打开"位置"左侧的 🕐 "关键帧开关"，设置"位置"的关键帧为（-350，288）。效果如图11-141所示。

步骤64：按下节目窗口 ▶ "播放/停止"按钮继续播放，当播放到女声唱"喜马拉雅"的"喜"字结束时（00：01：23：18），按下节目窗口 ▶ "播放/停止"按钮，停止播放，保持此时的时间定位指针。设置"彩色蒙版7"的"位置"的第二个关键帧为（-262，288）。效果如图11-142所示。

步骤65：按下节目窗口 ▶ "播放/停止"按钮继续播放，当播放到女声唱"喜马拉雅"的"马"字结束时（00:01:24:18），按下节目窗口 ▶ "播放/停止"按钮，停止播放，保持此时的时间定位指针。设置"彩色蒙版7"的"位置"的第三个关键帧为（-179,288）。效果如图11-143所示。

图11-143　　　　　　　　图11-144　　　　　　　　图11-145

步骤66：按下节目窗口 ▶ "播放/停止"按钮继续播放，当播放到女声唱"喜马拉雅"的"拉"字结束时（00:01:26:18），按下节目窗口 ▶ "播放/停止"按钮，停止播放，保持此时的时间定位指针。设置"彩色蒙版7"的"位置"的第四个关键帧为（-93,288）。效果如图11-144所示。

步骤67：按下节目窗口 ▶ "播放/停止"按钮继续播放，当播放到女声唱"喜马拉雅"的"雅"字结束时（00:01:29:06），按下节目窗口 ▶ "播放/停止"按钮，停止播放，保持此时的时间定位指针。设置"彩色蒙版7"的"位置"的第五个关键帧为（-8,288）。效果如图11-145所示。

步骤68：将"时间定位指针"移到00:01:29:08处，用鼠标点击"工具栏"的"剃刀工具"，然后在00:01:29:08处将音频素材剪断，并将后面部分清除。

这里我们只做前面一小段，后面大家自己去做。按照上述步骤60至步骤67的方法，将全部歌词对应下的彩色蒙版关键帧设置完毕。

步骤69：单击"文件"/"新建"/"序列"，新建一个名为"唱词字幕"的序列。

步骤70：将"唱词蒙版"序列中视频1轨道的蒙版全部选中，然后向左拖动，使其入点为00:00:00:00。

步骤71：将"唱词蒙版"序列中视频2轨道的字幕全部选中，右键，在弹出的对话框中选择"剪切"选项。

步骤72：在时间线窗口单击"唱词字幕"序列，使其处于当前窗口，然后按"Ctrl＋V"组合键粘贴，入点位置为00:00:00:00。

11.4.6　编辑画面及合成

步骤1：单击"文件"/"新建"/"序列"，新建一个名为"合成"的序列。

步骤2：右键"合成"序列轨道头部，在弹出的菜单中选择"添加轨道"命令，在弹出的对话框中设置增加3条音频轨道，然后按"确定"按钮，如图11-146所示。

图 11-146   图 11-147

步骤 3：将"片头"序列从项目窗口拖放到"合成"序列视频 1 轨道，入点为 00：00：
00：00。

步骤 4：在"唱词蒙板"序列中选中音频"珠穆朗玛.mp3"并右键，在弹出的对话框中
选择"剪切"选项。

步骤 5：在时间线窗口单击"合成"序列，使其处于当前窗口，然后按"Ctrl＋V"组合
键粘贴。再将之前粘贴的"珠穆朗玛.mp3"从音频 1 轨道拖放到音频 6 轨道，入点位置
为 00：00：00：00。如图 11-147 所示。

之所以将音频素材放在音频 6 轨道，是为了防止在后面的序列嵌套中造成对声音
的干扰破坏。虽然说只有合成序列有音频素材，其他序列没有声音，但序列嵌套时，系
统会自动生成音频电平，这个音频电平也是没有声音的。当我们把"唱词字幕序列"嵌
套到"合成序列"的视频 4 轨道时，音频 4 轨道相应的位置也会出现"唱词字幕"序列的
声音电平。如果把音频素材放在音频 1 轨道或音频 2、音频 3、音频 4 轨道，那么相应轨
道上的无声的音频电平会覆盖音频素材的声音。

步骤 6：将"序曲蒙版"序列从项目窗口拖放到"合成"序列视频 3 轨道，入点与标记
点对齐。如图 11-148 所示。

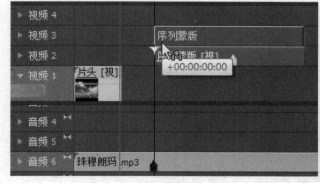

图 11-148   图 11-149

步骤 7：将"序曲字幕"序列从项目窗口拖放到"合成"序列视频 2 轨道，入点与"序曲
蒙版"入点对齐。

步骤 8：打开"特效"面板，单击"视频特效"/"键控"文件夹，将其中的"轨道蒙版（遮
罩）"拖放到视频 2 轨道上的"序曲唱词"上。

步骤9：选中视频2轨道上的"序曲字幕"，打开"特效控制台"窗口，展开"轨道蒙版（遮罩）"参数选项，将"遮罩"选项改为"视频3"，将"合成方式"设为"Luma遮罩"，将"反向"右侧的复选框勾选上，如图11-149所示。

步骤10：将"唱词蒙版"序列从项目窗口拖放到"合成"序列视频3轨道，入点接"序曲蒙版"出点。

步骤11：将"唱词字幕"序列从项目窗口分别拖放到"合成"序列的视频2轨道和视频4轨道，入点与"唱词蒙版"对齐，如图11-150所示。

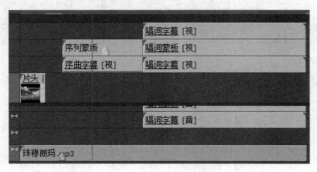

图 11-150

图 11-151

步骤12：将"视频特效"的"键控"文件夹的"轨道蒙版（遮罩）"拖放到视频3轨道上的"唱词蒙版"上。

步骤13：在特效控制台窗口展开"轨道蒙版（遮罩）"特效的参数选项，将"遮罩"选项改为"视频4"，其他保持默认值，如图11-151所示。

步骤14：单击"文件"/"导入"，在弹出的对话框中找到"E盘"/"非编素材"/"珠穆朗玛"/文件夹。然后选中"图片"文件夹，在对话框的右下角点击"导入文件夹"按钮。

步骤15：在项目窗口展开"图片"文件夹，将所有图片全部框选，然后将其拖到"合成"序列的视频1轨道，入点紧接"片头序列"之后。

步骤16：在视频1轨道将上一步拖放的图片全部选中，然后右键，在弹出的菜单中选择"适配为当前画幅大小"，调整各图片的比例大小，使其充满节目窗口。

步骤17：删除后面多余的图片。

步骤18：在各图片之间添加过渡效果（具体步骤略）。最终剪辑如图11-152所示。

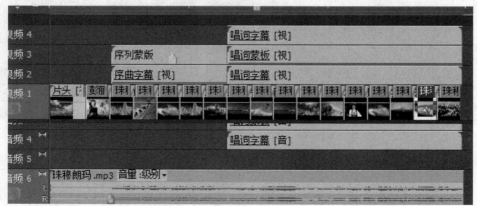

图 11-152

到此为止,前面一段MTV制作完成。当然对视频1轨道上的图片除了运用过渡效果之外,还可以运用一些特效进行处理,如设置运动和比例缩放等。

　　本例在序曲部分没有改变字幕的颜色,而是让其根据歌唱节奏逐渐出现,只在女声部分根据歌唱节奏改变唱词字幕的颜色。

　　本例的制作思路是采用序列嵌套。先在各序列上进行蒙版和字幕的局部组合,再利用序列嵌套进行总体组合。这也是一般的影视制作思路。当然也可以不用序列嵌套,只用一个序列进行制作。下面再用Pr CC演示一下在一个序列里用其它方法完成字幕的逐渐出现和颜色的改变,也让读者对Pr CC的使用有一个基本的了解。

11.5　用"线性擦除"特效改变唱词字幕的颜色

步骤1:打开Pr CC,弹出开始对话框。如图11-153所示。

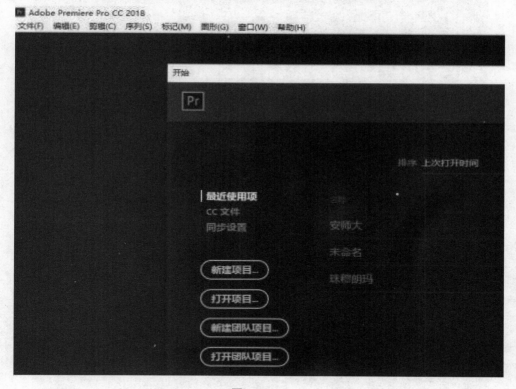

图11-153

　　步骤2:点击"新建项目"按钮,弹出如图11-154所示的对话框。

　　步骤3:在弹出的对话框里将名称设为"珠穆朗玛",并确定保存位置,然后点击对话框下方的"确定"按钮。弹出如图11-155编辑界面。

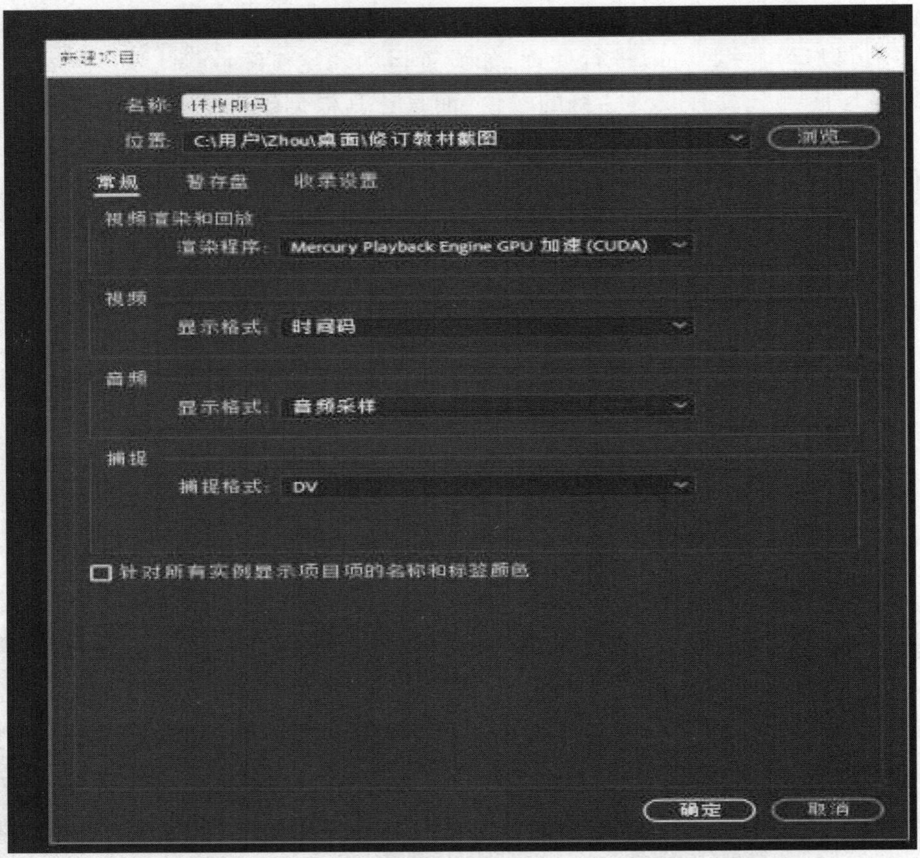

图 11-154

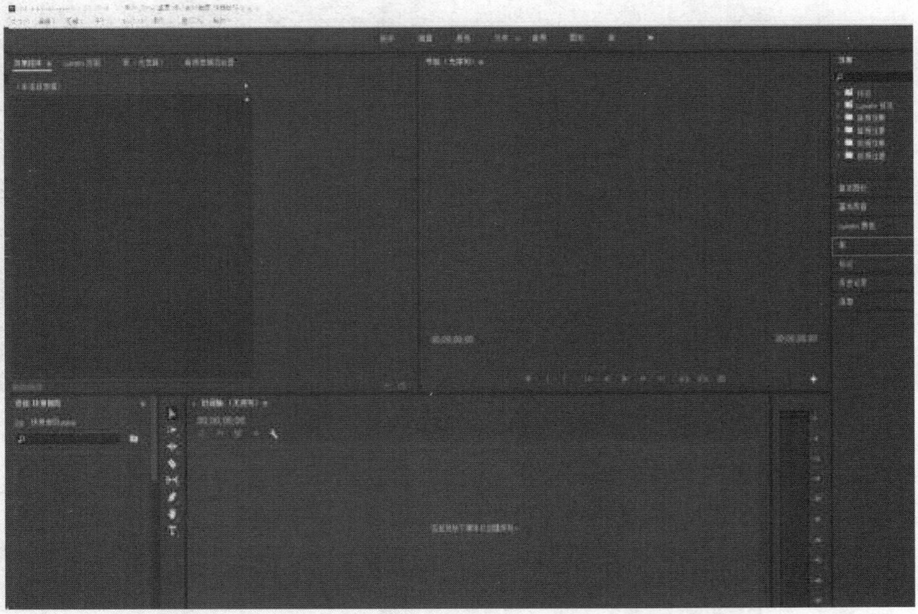

图 11-155

Pr CC默认编辑界面与Pr CS4的排列略有不同:"效果"窗口和"项目"窗口放在左下角;"工具栏"放在了"项目"窗口与"时间线"窗口之间。另外"特效控制台"窗口改名为"效果控件"窗口。

另外,菜单栏也有一些变化,没有了"项目"菜单,增加了"图形"菜单。

在编辑界面中我们发现没有"时间线–序列"窗口显示,需要我们新建一个序列。如果在项目窗口导入了视频素材,将素材从"项目"窗口拖放"时间线"窗口的任意位置,系统会添加一个与素材相匹配的"时间线–序列"。

步骤4:点击菜单"文件"/"新建"/"序列"命令,新建一个DV-PAL(720×576)制式宽高比为4:3序列。如图11-156所示。

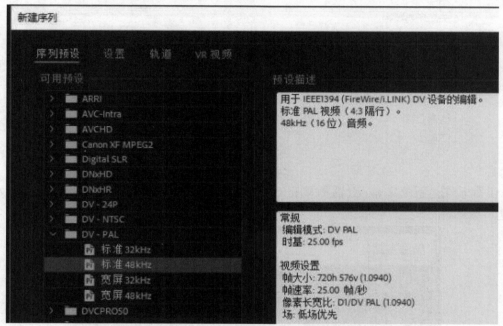

图 11-156

接下来我们要新建字幕和彩色蒙版。先建两种相同内容不同颜色的字幕,黄色字幕和白色字幕。

步骤5:点击菜单"文件"/"新建"/"旧版标题"命令,弹出"新建字幕"对话框。注意在Pr CC里打开字幕窗口的命令是"旧版标题"而不是"字幕"。如图11-157所示。

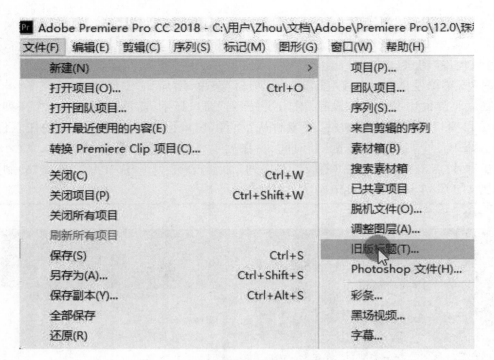

图 11-157

步骤6：在"新建字幕"对话框里将名称设为"珠穆朗玛黄"，以区别白色字幕。如图11-158所示。

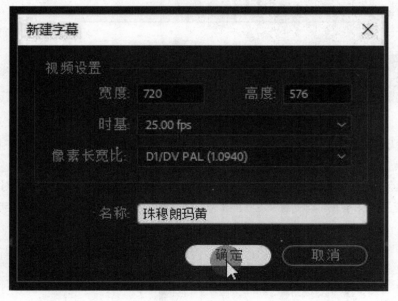

图 11-158

步骤7：在字幕设计器里输入"珠穆朗玛"，将字体设为"华文新魏"，字号大小为90，位置置于字幕安全框的左下边，字幕颜色为黄色，如图11-159所示。

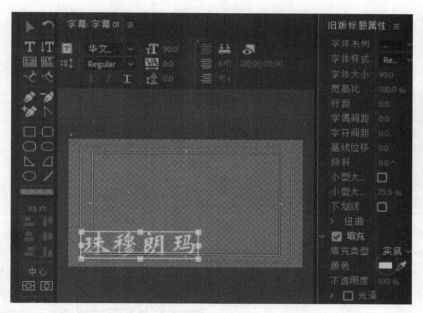

图 11-159

步骤8：点击字幕窗口左上方的"基于当前字幕新建字幕"按钮，新建一个名为"你高耸黄"的字幕，字幕内容为"你高耸在人心中"。如组图11-160所示。

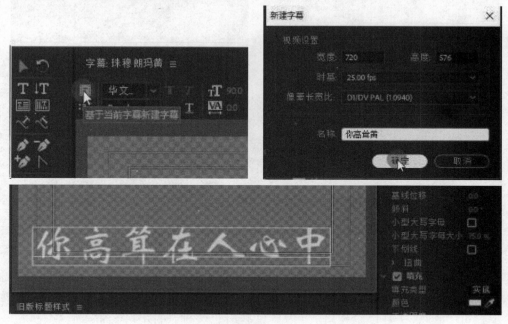

组图 11-160

步骤9：参照步骤8，再新建名为"你屹立黄""你用黄""抚育黄""你把黄""喜马拉雅黄"等五个字幕，内容分别为"你屹立在蓝天下""你用爱的阳光""抚育格桑花""你把美的月光洒满""喜马拉雅"。

步骤10：点击字幕窗口左上角的"字幕名称"右边的下拉菜单，如组图11-161所示，在下拉菜单中选中(点击)"珠穆朗玛黄"字幕名称,使其呈现在当前字幕窗口。

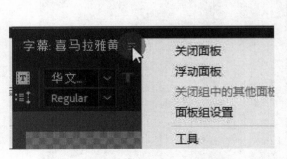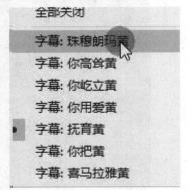

图 11-161

步骤 11:点击字幕窗口左上方的"基于当前字幕新建字幕"按钮,新建一个名为"珠穆朗玛白"的字幕,然后将黄色的字幕填充为白色。如组图 11-162 所示。

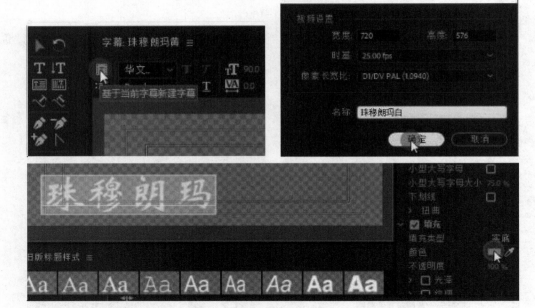

组图 11-162

步骤 12:参照步骤 10 和步骤 11,将其他六个黄色字幕通过"基于当前字幕新建字幕",新建六个白色字幕。

步骤 13:至此,字幕已经建好,分为黄色和白色两种,关闭字幕窗口。

步骤 14:在"项目"窗口右键,然后导入音频素材"珠穆朗玛 mp3"。

步骤 15:将音频素材"珠穆朗玛 mp3"从"项目"窗口拖放到"原素材"窗口。

步骤 16:在"原素材"窗口播放音频素材,当播放到男声开始唱"珠穆朗玛"的"珠"字时(00:00:13:10),按下 ▶ "播放/停止"按钮,停止播放,然后在"源素材"窗口下方点击▮按钮（添加标记），设置一个未编号的标记点。继续播放素材，当女声唱完第一段歌词（你把美的月光洒满喜马拉雅）时（00:01:29:07），按下▮▮"播放/停止"按钮，停止播放，然后在"源素材"窗口下方点击设置出点▮（右大括号）按钮，设置出点。

步骤17：将音频素材"珠穆朗玛mp3"从"项目"窗口拖放到"时间线"窗口的音频1轨道上。浏览音频素材会发现素材上有一个标记点，而且音频长度为00:01:29:07。

当视音频素材在"源素材"窗口进行剪切或标记等操作后，"项目"窗口的这一素材也会发生相应的改变。

步骤18：点击菜单"文件"/"新建"/"颜色遮罩（彩色蒙版）"命令，新建一个红色的遮罩。

步骤19：将颜色遮罩从"项目"窗口拖放到"时间线"窗口的视频1轨道，入点与标记点对齐。如图11-163所示。

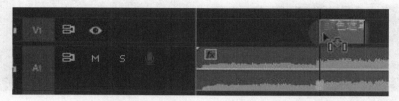

图11-163

步骤20：再将字幕"珠穆朗玛黄"从"项目"窗口拖放到"时间线"窗口的视频2轨道，入点与标记点对齐。如图11-164所示。

图11-164

步骤21：在"节目"窗口按下▮▮"播放/停止"按钮继续播放，当放到男声唱"珠穆朗玛"的"玛"字结束时，再次按下▮▮"播放/停止"按钮，停止播放，本例时间码为00:00:16:11。这一步骤的目的是确定每句唱词的时间长度。

步骤22：将鼠标移到字幕"珠穆朗玛黄"的右侧，待鼠标变成"拉伸"形状时按下鼠标左键不放并往左拖动到"时间位指针"处（即00:00:16:11）松开鼠标。

步骤23：将鼠标移到"颜色遮罩"的右侧，待鼠标变成"拉伸"形状时按下鼠标左键不放并往左拖动到"时间位指针"处（即00:00:16:11）松开鼠标。

步骤24：选中视频1轨道上的"颜色遮罩"，打开"效果控件"窗口，展开"运动"参数选项。将"时间定位指针"移到"颜色遮罩"的开始端，即00:00:13:10处。打开"位置"左边的关键帧开关，将"位置"的参数设置为（-330；288），使遮罩靠近字幕的左侧。如组图11-165所示。

图 11-165

步骤 25： 在节目窗口按下 ▶ "播放/停止"按钮继续播放，当放到男声唱第一句"珠穆朗玛"的"穆"字结束时（约 00:00:15:00），再次按下 ▶ "播放/停止"按钮，停止播放，设置此时"位置"的第二个关键帧为（-151，288），遮罩运动到"穆"字与"朗"字之间，效果如图 11-166 所示。

图 11-166

步骤 26： 在节目窗口按下 ▶ "播放/停止"按钮继续播放，当放到男声唱第一句"珠穆朗玛"的"朗"字结束时（约 00:00:15:17），再次按下 ▶ "播放/停止"按钮，停止播放，设置此时"位置"的第三个关键帧为（-63，288），遮罩运动到"朗"字与"玛"字之间，效果如图 11-167 所示。

图 11-167

步骤 26： 在"效果控件"窗口将"时间定位指针"拖到最后，设置此时"位置"的第四个关键帧为（48，288），遮罩运动到"玛"字右侧将"玛"字完全覆盖，效果如图 11-168 所示。

图 11-168

步骤 27： 将"颜色遮罩"从视频 1 轨道拖到视频 3 轨道，出入点与视频 2 轨道上的字幕对齐。如图11-169所示。

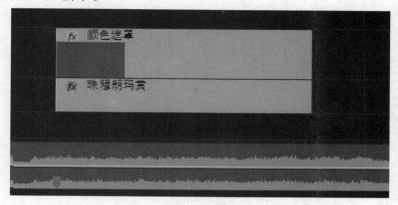

图 11-169

步骤28:打开"效果"/"视频特效"/"键控"文件夹,将其中的"轨道遮罩键"特效拖放到视频2轨道的"珠穆朗玛黄"字幕上。

步骤29:打开"效果控件"窗口,展开"轨道遮罩键"参数,将"遮罩"设为"视频3",其余参数保持默认。如图11-170所示。

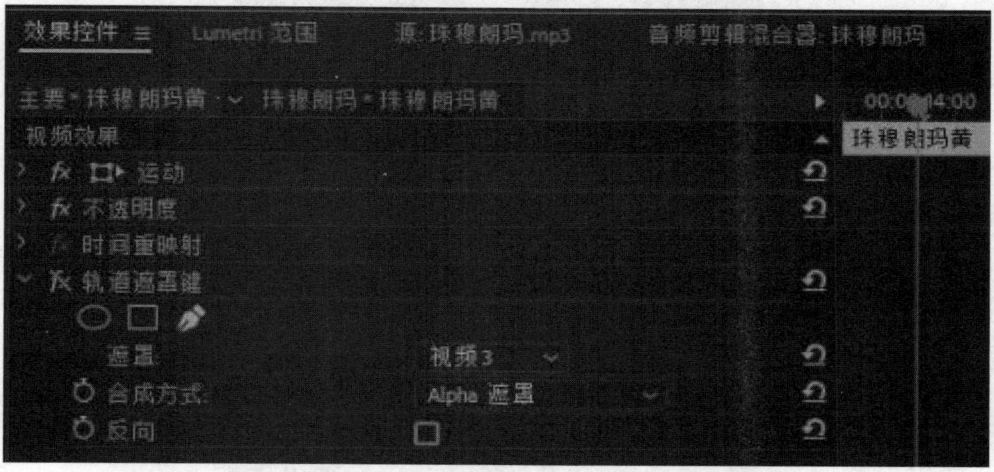

图 11-170

至此第一句唱词字幕随着声音节奏的变化而出现。

步骤30:再次将颜色遮罩从"项目"窗口拖放到"时间线"窗口的视频1轨道,入点紧接前一句唱词后。如图11-171所示。

图 11-171

327

步骤31: 再次将字幕"珠穆朗玛黄"从"项目"窗口拖放到"时间线"窗口的视频2轨道,入点紧接前一句唱词后。如图11-172所示。

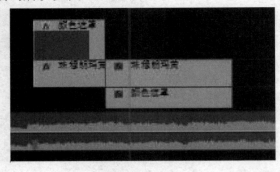

图11-172

步骤32: 仿照步骤21至步骤30将第二句、第三句唱词做好。时间线窗口排列如图11-173所示。

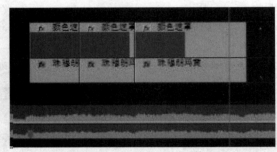

图11-173

步骤33: 框选视频2和视频3的所有素材,右键鼠标,在弹出的下拉菜单中选择"复制"命令,将时间定为指针移到第三句唱词的后面空白处,按组合键"Ctrl+v"粘贴。如图11-174所示。

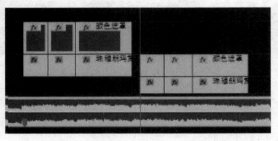

图11-174

步骤34: 框选粘贴后的视频1和视频2的所有素材,将其拖放到前一段剪辑的后面,如图11-175所示。

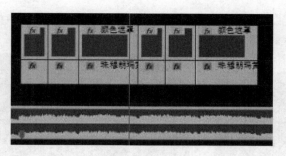

图 11-175

之所以复制前面三句唱词,是因为后三句是重复的节奏。如果想要准确的字幕变化节奏,最好根据声音的变化在每句唱词的每个字之间打上关键帧。至此,我们将男声部的序曲完成,下面换种方法用"线性擦除"制作女声唱词部分。

步骤 35:将字幕"珠穆朗玛黄"从"项目"拖放到时间线窗口的视频3轨道上,紧接第六个"颜色遮罩"之后(入点约为00:00:38:14),再将字幕"珠穆朗玛白"从"项目"拖放到时间线窗口的视频2轨道上,入点与视频3轨道的"珠穆朗玛黄"对齐,使两个字幕重叠,只是颜色不同而已。如图11-176所示。

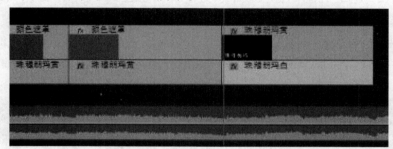

图 11-176

步骤 36:在节目窗口按下 ██ "播放/停止"按钮继续播放,当放到女声唱完"珠穆朗玛"的"玛"字结束时(时间定位指针约00:00:44:22),再次按下 ██ "播放/停止"按钮,停止播放。

步骤 37:分别将字幕"珠穆朗玛黄"和"珠穆朗玛白"末端拖到时间定位指针(约00:00:44:22)处,以确定字幕的长度。如图11-177所示。

图 11-177

329

步骤38：打开 "效果"/"视频特效"/"过渡"文件夹,将其中的"线性擦除"特效拖放到视频3轨道的"珠穆朗玛黄"字幕上。如图11-178所示。

图11-178　　　　　　　　　　　　　　　　　图11-179

提示：利用"效果"/"视频特效"/"变换"中的"裁剪"特效也能做出同样的效果。

步骤39：打开"效果控件"窗口,将"时间定位指针"移到最左端,展开"线性擦除"参数,将"过渡完成"左边的关键帧开关打开,如图11-179所示。然后将其右边的参数设为3(即3%),使"节目"窗口的过渡效果接近字幕的左边。

步骤40：在节目窗口按下 "播放/停止"按钮继续播放,当播放到女声唱第一个字"珠"字结束时,再次按下 "播放/停止"按钮,停止播放,设置此时"过渡完成"的第二个关键帧为18,画面效果为白色字幕"珠"遮住黄色字幕"珠"字,效果如组图11-180所示。

图11-180

步骤41：在节目窗口按下 "播放/停止"按钮继续播放,当放到女声唱第二个字"穆"字结束时,再次按下 "播放/停止"按钮,停止播放,设置此时"过渡完成"的第三个关键帧为28,画面效果为白色字幕"穆"遮住黄色字幕"穆"字,效果如组图11-181所示。

图11-181

步骤42：在节目窗口按下 "播放/停止"按钮继续播放,当放到女声唱第三个字"朗"字结束时,再次按下 "播放/停止"按钮,停止播放,设置此时"过渡完成"的第四个关键帧为40,画面效果为白色字幕"朗"遮住黄色字幕"朗"字。

步骤43：在节目窗口按下 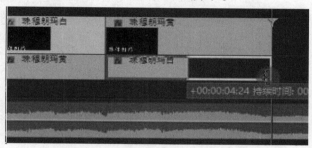"播放/停止"按钮继续播放，当放到女声唱第四个字"玛"字结束时，再次按下 "播放/停止"按钮，停止播放，设置此时"过渡完成"的第五个关键帧为57，画面效果为白色字幕"玛"遮住黄色字幕"玛"字。至此，女声第一句唱词"珠穆朗玛"随着声音节奏的变化由黄色变化成白色。

步骤44：再次将字幕"珠穆朗玛黄"从"项目"窗口拖放到时间线窗口的视频3轨道上，紧接前一个"珠穆朗玛黄"之后，再将字幕"珠穆朗玛白"从"项目"窗口拖放到时间线窗口的视频2轨道上，入点与视频3轨道的第二个"珠穆朗玛黄"对齐。

步骤45：在节目窗口按下 "播放/停止"按钮继续播放，当放到女声唱完"珠穆朗玛"的"玛"字结束时（时间定位指针约00:00:54:20），再次按下 "播放/停止"按钮，停止播放。

步骤46：分别将字幕"珠穆朗玛黄"和"珠穆朗玛白"的末端拖到时间定位指针（约00:00:54:20）处，以确定字幕的长度。如图11-182所示。

图 11-182

步骤47：仿照步骤38至步骤44，完成女声第二句唱词的节奏变化。

步骤48：仿照步骤35至步骤44，完成其他六句唱词节奏变化的制作。

最终在时间线上字幕的组合效果如图11-183所示。

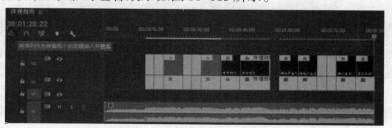

图 11-183

最后导入图片素材并将其从"项目"窗口拖放到"时间线"窗口视频1轨道上，与字幕对齐。如图11-184所示。

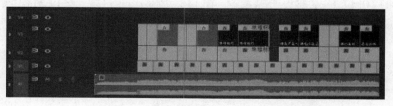

图 11-184

这样，我们在一个序列中利用"颜色遮罩"的运动和"轨道遮罩键"综合运用，让男声唱词字幕随着声音的节奏出现；用"线性擦除"特效让女生唱词随着声音节奏的变化而转换颜色。

通过此例的操作，我们知道同样的制作效果可以用不同的方法来实现。

11.6　多机位剪辑

多机位剪辑主要运用于将同一个动作分解成几个镜头（不同的角度或景别）的拍摄和组合。以握手为例，镜头1是两人见面握手（中景），镜头2是握手（特写），镜头1的剪接点应该是两人伸出手即将相握前一帧，镜头2是两手相握的这一帧，这样的动作连接是最流畅的。或者是同一时空的多个机位拍摄的组合，如春节联欢晚会的"歌伴舞"等节目，多台摄像机同时在现场拍摄（有拍歌手唱歌的特写，有拍伴舞者的中景，还有拍现场观众的全景等），然后按照声音的同步将这些镜头有机地缝合起来。

下面我们分别用Pr CS4和Pr CC两个不同版本的软件介绍以声音作为同步的多机位剪辑。

Pr CS4的操作方法：

步骤1：打开编辑软件，新建一个名为"多机位"的项目，然后导入素材。如图11-185所示。

图11-185　　　　　　　　　　　　　　　　图11-186

步骤2：在"项目"窗口双击"机位1"素材，或者拖拽"机位1"素材至原素材窗口。

步骤3：在"源素材"窗口播放"机位1"素材，当听到说完"这个时间的长短我已经做了调整"，停止播放，并在此时间点（00:00:03:18）添加一个标记点。如图11-186所示。

步骤4：将"机位1"素材从"源素材"窗口拖放到"时间线"窗口的视频1轨道上，入点为00:00:00:00。素材上可以看到标记点。如图11-187所示。

图 11-187

步骤 5：仿照步骤 2、步骤 3 和步骤 4，分别对"机位 2""机位 3""机位 4"三个素材做同样的声音标记（当听到说完"这个时间的长短我已经做了调整"）处理，并分别拖到不同的视频轨道上。如图 11-188 所示。

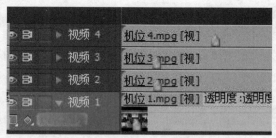

图 11-188

从图中可以看到声音标记点的位置各不相同，下面需要将标记点与"机位 4"对齐。

步骤 6：选中"机位 1"素材并向右拖拽，当拖到与"机位 4"标记点对齐时，标记点变成黑色并出现一条垂直黑线，松开鼠标。如图 11-189 所示。

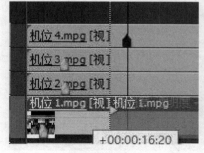

图 11-189

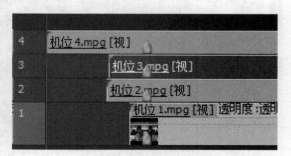

图 11-190

步骤 7：分别拖拽"机位 2"和"机位 3"素材，使其标记点与"机位 4"标记点对齐。如图 11-190 所示。

这样就完成了声音同步，但是前面一段时间三个机位没有画面，所以下面要将四个机位的素材起点相同。

步骤 8：分别将"机位 4""机位 3""机位 2"三个素材在与"机位 1"起点对齐处剪断，并删除前面一段。如图 11-191 所示。

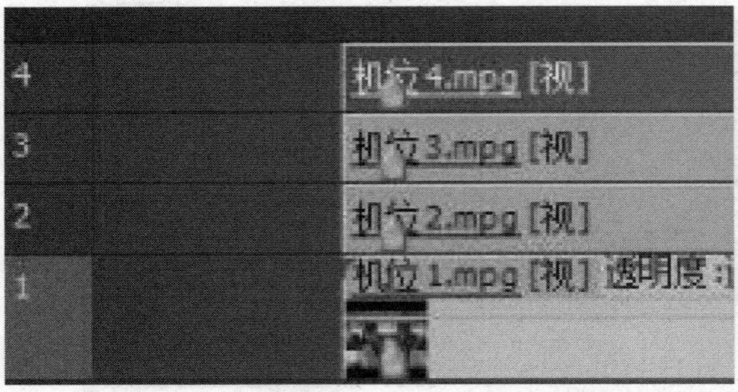

图 11-191 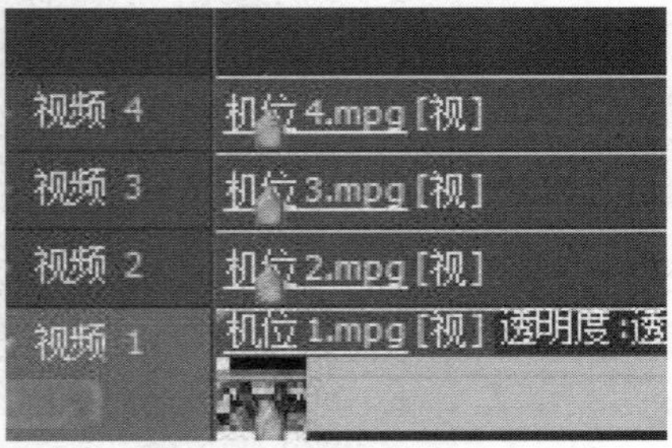 图 11-192

步骤9：框选四个素材，将其拖到00:00:00:00处。如图11-192所示。

步骤10：新建一个与序列01相同大小的序列02。

步骤11：将序列01从"项目"窗口拖到序列02的视频1轨道上。

步骤12：在菜单栏选择"素材/多机位/启用"命令。

步骤13：在菜单栏选择"窗口/多机位监视器"命令，弹出"多机位剪辑"窗口。如图11-193所示。

图 11-193

窗口左边显示了四个机位的画面，窗口右边显示的是当前选择的"机位1"的画面，即剪辑的画面，用黄色框线显示的。

步骤14：将时间定为指针移到开始处，点击播放按钮播放素材，这时可以一边播放一边用鼠标点击想要的其中某一机位的画面（选中的为红色框线显示，此为"机位2"的画面），窗口右边即显示此画面。每一次选择就是切换一次。如图11-194所示。

图 11-194

步骤 15：点击"播放/暂停"按钮，停止播放，这时时间线窗口的素材被剪成多段，每一段就是一个机位的切换。如图 11-195 所示，[MC1]、[MC3]就是机位 1、机位 3 的画面。

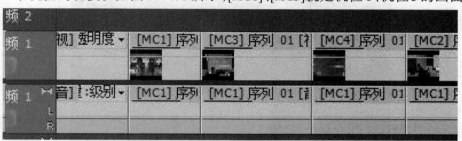

图 11-195

如果在回放中我们发现机位选择有问题，可以进行修改。先打开多机位窗口，然后在时间线窗口找到需要修改的机位素材（被替换的素材）如 1 号机位，点击选中。再在多机位窗口选择用来替换的机位素材如 2 号机位。则 1 号机位的素材被 2 号机位的素材所代替。

用 Pr CC 操作更为简单：

步骤 1：打开 Pr CC（2018），新建一个名为"多机位"的项目，然后导入素材"多机位素材"文件夹。如图 11-196 所示。

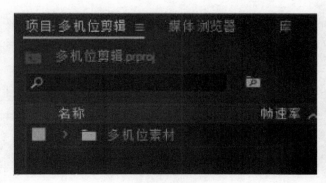

图 11-196

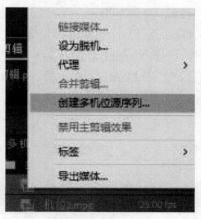

图 11-197

步骤2：在"项目"窗口展开"多机位素材"文件夹，将四个机位的素材全部框选。

步骤3：将鼠标移到素材左边的图标上右击，在弹出的菜单中选择"创建多机位源序列"命令。如图11-197所示。

步骤4：在"创建多机位源序列"对话框中，将"同步点"选为"音频"；取消"将原剪辑移动至处理的剪辑素材箱"左边的"√"。如图11-198所示。

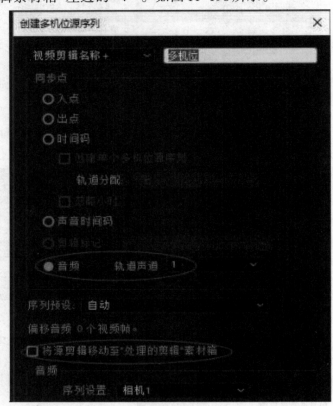

图 11-198

当我们设置"同步点"为"音频"时，系统自动把四个机位素材的声音同步，省略了在Pr CS4中设置各素材声音的标记点操作；另外系统默认"将原剪辑移动至处理的剪辑素材箱"左边的复选框勾选，意思是要把这些素材放在一个文件夹里。我们导入的就是文件夹，所以不需要这一设置了。

步骤5：完成上述两处设置后，点击对话框下放的"确定"按钮（图11-198截图不完整），在"项目"窗口增加了一个"机位4mpg多机位序列"。如图11-199所示。

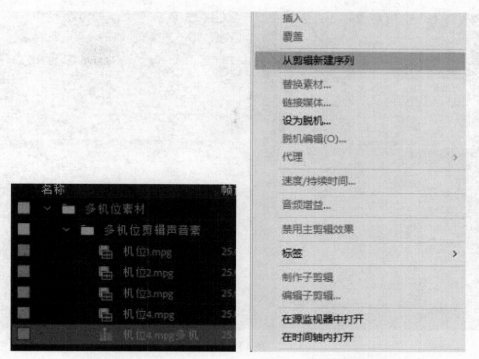

图 11-199　　　　　　　　　　　　　　　　　　　　图 11-200

步骤6：在"项目"窗口右键"机位4mpg多机位序列"，在弹出的菜单中选择"从剪辑新建序列"命令。如图11-200所示。便将"机位4mpg多机位序列"发送到"时间线"窗口。

步骤7：用鼠标点击"节目"窗口右下角的"设置"按钮，如图11-201所示，在弹出的菜单中选择"多机位"命令，如图11-202所示，"节目"窗口变成"多机位剪辑窗口"。如图11-203所示。

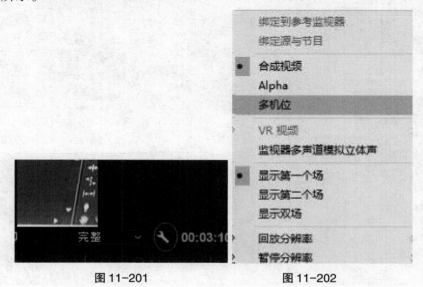

图 11-201　　　　　　　　　　图 11-202

图 11-203

在窗口的左边显示的是多机位,右边显示的是切换的素材。由于声音同步以后,机位1、机位2、机位3的素材没有显示,只有机位4的素材显示,所以需要调整。

步骤9:在"节目"窗口点击"播放/停止"按钮,播放素材,至四个机位的素材都能看到时,停止播放。如图11-204所示。

图 11-204

步骤10：用"剃刀"工具在"时间线"窗口上的时间定位指针处（00:00:17:16）剪断素材，并将左边的素材"波纹删除"。

步骤:11：在"节目"窗口点击"播放/停止"播放素材，这时可以一边播放一边用鼠标点击想要的其中某一机位的画面（选中的为红色框线显示，此为"机位2"的画面），窗口右边即显示此画面。每一次选择就是切换一次（与Pr CS4操作相同）。

步骤12：选择（切换）完成后，再次点击"播放/停止"按钮，停止播放。时间线窗口的素材被剪成多段，每一段就是一个机位的切换。

步骤13：用鼠标点击"节目"窗口右下角的"设置"按钮，在弹出的菜单中选择"合成视频"命令（如图11-205所示），关闭多机位窗口。

图11-205

如果需要修改或者继续进行多机位剪辑，用鼠标点击"节目"窗口右下角的"设置"按钮，在弹出的菜单中选择"多机位"命令，打开多机位窗口，便可进行修改或继续操作。修改的方法与Pr CS4相同。

通过两个版本的比较，可以看出新的版本更简单、更智能。

◆ **内容提要**

本章通过用"边角固定"特效制作在"电脑"中播放视频以及制作火箭发射倒计时、宣传片头和音乐MTV四个实践操作案例，来完整地实现影视节目后期制作从"采集素材"到"节目输出"的创作全流程，旨在提高读者的综合实战能力。

◆ **关键词**

"边角固定"特效　　多画屏分割　　蒙版　　关键帧　　插入功能

◆ **思考题**

1. 使用视频特效，自选音乐素材完成"星空日记"的效果。

2. 制作一个倒数五个数的倒计时片头。

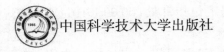中国科学技术大学出版社

教学资源索取单

尊敬的老师:

您好!

感谢您使用由周建国、杨龙飞老师编著的《影视非线性编辑教程》一书。为了便于教学,本书配有相关的教学资源。如贵校已使用了本教材,您只要把下表中的相关信息以电子邮件或邮寄方式发至我社,经我社确认后,即可免费获取我们提供的教学资源。

我们的联系方式如下:

联系编辑:杨振宁　　　　　　　　电子邮件:yangzhn@ustc.edu.cn

办公电话:(0551)63607216　　　　QQ:2565683988

办公地址:合肥市金寨路70号　　　邮政编码:230022

姓　　名		性　　别		职　　务		职　　称	
学　　校		院/系				教 研 室	
研究领域		办公电话				手　　机	
E－mail						QQ	
学校地址						邮　　编	
使用情况	用于_____专业教学,每学年使用_____册。						

您对本书的使用有什么意见和建议?

您还希望从我社获得哪些服务?

☐教师培训　　　　　　　　☐教学研讨活动

☐寄送样书　　　　　　　　☐获得相关图书出版信息

☐其他_____